煤炭分选加工技术丛书

煤炭开采与洁净利用

徐宏祥　主　编
邓雪杰　副主编

北　京
冶金工业出版社
2023

内 容 提 要

本书共两篇，第 1 篇为煤炭开采，内容包括煤田地质及煤的性质、井田开拓、采区准备方式、采煤方法与采煤工艺、露天开采和煤矿特殊开采方法；第 2 篇为煤炭的洁净利用，内容包括煤炭的洁净利用概况、煤炭提质、煤炭热解、煤炭液化、煤炭气化、煤炭燃烧与发电、煤基材料和煤系共伴生资源综合利用等新技术。本书编写深入浅出、通俗易懂，书中还引入了煤炭开采与洁净利用领域的前沿理念和工程案例，以拓宽读者的学术视野。

本书可作为采矿工程及相关专业的教材，也可供矿业领域的科研及生产人员参考。

图书在版编目 (CIP) 数据

煤炭开采与洁净利用/徐宏祥主编 . —北京：冶金工业出版社，2020. 6
(2023. 8 重印)
（煤炭分选加工技术丛书）
ISBN 978-7-5024-8499-6

Ⅰ. ①煤⋯　Ⅱ. ①徐⋯　Ⅲ. ①煤矿开采—研究　②清洁煤—煤炭利用—研究　Ⅳ. ①TD82　②TD94

中国版本图书馆 CIP 数据核字 (2020) 第 074625 号

煤炭开采与洁净利用

出版发行	冶金工业出版社	电　话	(010)64027926
地　址	北京市东城区嵩祝院北巷 39 号	邮　编	100009
网　址	www. mip1953. com	电子信箱	service@ mip1953. com

责任编辑　徐银河　王梦梦　美术编辑　彭子赫　版式设计　孙跃红　禹　蕊
责任校对　卿文春　责任印制　窦　唯
三河市双峰印刷装订有限公司印刷
2020 年 6 月第 1 版，2023 年 8 月第 2 次印刷
787mm×1092mm　1/16；13 印张；312 千字；192 页
定价 56. 00 元

投稿电话　(010)64027932　投稿信箱　tougao@cnmip. com. cn
营销中心电话　(010)64044283
冶金工业出版社天猫旗舰店　yjgycbs. tmall. com
（本书如有印装质量问题，本社营销中心负责退换）

《煤炭分选加工技术丛书》序

　　煤炭是我国的主体能源，在今后相当长时期内不会发生根本性的改变，洁净高效利用煤炭是保证我国国民经济快速发展的重要保障。煤炭分选加工是煤炭洁净利用的基础，这样不仅可以为社会提供高质量的煤炭产品，而且可以有效地减少燃煤造成的大气污染，减少铁路运输，实现节能减排。

　　进入21世纪以来，我国煤炭分选加工在理论与技术诸方面取得了很大进展。选煤技术装备水平显著提高，以重介选煤技术为代表的一批拥有自主知识产权的选煤关键技术和装备得到广泛应用。选煤基础研究不断加强，设计和建设也已发生巨大变化。近年来，我国煤炭资源开发战略性西移态势明显，生产和消费两个中心的偏移使得运输矛盾突出，加大原煤入选率，减少无效运输是提高我国煤炭供应保障能力的重要途径。

　　《煤炭分选加工技术丛书》系统地介绍了选煤基础理论、工艺与装备，特别将近年来我国在煤炭分选加工方面的最新科研成果纳入丛书。理论与实践结合紧密，实用性强，相信这套丛书的出版能够对我国煤炭分选加工业的技术发展起到积极的推动作用！

　　是为序！

中国工程院院士

中国矿业大学教授

2011 年 11 月

《煤炭分选加工技术丛书》前言

煤炭是我国的主要能源，占全国能源生产总量70%以上，并且在相当长一段时间内不会发生根本性的变化。

随着国民经济的快速发展，我国能源生产呈快速发展的态势。作为重要的基础产业，煤炭工业为我国国民经济和现代化建设做出了重要的贡献，但也带来了严重的环境问题。保持国民经济和社会持续、稳定、健康的发展，需要兼顾资源和环境因素，高效洁净地利用煤炭资源是必然选择。煤炭分选加工是煤炭洁净利用的源头，更是经济有效的清洁煤炭生产过程，可以脱除煤中60%以上的灰分和50%~70%的黄铁矿硫。因此，提高原煤入选率，控制原煤直接燃烧，是促进节能减排的有效措施。发展煤炭洗选加工，是转变煤炭经济发展方式的重要基础，是调整煤炭产品结构的有效途径，也是提高煤炭质量和经济效益的重要手段。

"十一五"期间，我国煤炭分选加工迅猛发展，全国选煤厂数量达到1800多座，出现了千万吨级的大型炼焦煤选煤厂，动力煤选煤厂年生产能力甚至达到3000万吨，原煤入选率从31.9%增长到50.9%。同时随着煤炭能源的开发，褐煤资源的利用提到议事日程，由于褐煤含水高，易风化，难以直接使用，因此，褐煤的提质加工利用技术成为褐煤洁净高效利用的关键。

"十二五"是我国煤炭工业充满机遇与挑战的五年，期间煤炭产业结构调整加快，煤炭的洁净利用将更加受到重视，煤炭的分选加工面临更大的发展机遇。正是在这种背景下，受冶金工业出版社委托，组织编写了《煤炭分选加工技术丛书》。丛书包括：《重力选煤技术》、《煤泥浮选技术》、《选煤厂固液分离技术》、《选煤机械》、《选煤厂测试与控制》、《煤化学与煤质分析》、《选煤厂生产技术管理》、《选煤厂工艺设计与建设》、《计算机在煤炭分选加工中的应用》、《矿物加工过程 Matlab 仿真与模拟》、《煤炭开采与洁净利用》、《褐煤提质加工利用》、《煤基浆体燃料的制备与应用》，基本包含了煤炭分选加工过程涉及的基础理论、工艺设备、管理及产品检验等方面内容。

本套丛书由中国矿业大学（北京）化学与环境工程学院组织编写，徐志强负责丛书的整体工作，包括确定丛书名称、分册内容及落实作者。丛书的编写人员为中国矿业大学（北京）长期从事煤炭分选加工方面教学、科研的老师，书中理论与现场实践相结合，突出该领域的新工艺、新设备、新理念。

本丛书可以作为高等院校矿物加工工程专业或相近专业的教学用书或参考用书，也可作为选煤厂管理人员、技术人员培训用书。希望本丛书的出版能为我国煤炭洁净加工利用技术的发展和人才培养做出积极的贡献。

本套丛书内容丰富、系统，同时编写时间也很仓促，书中疏漏之处，欢迎读者批评指正，以便再版时修改补充。

中国矿业大学（北京）教授 徐志强

2011 年 11 月

前　言

2019 年我国全年消费原煤 38.5 亿吨，在当年全国能源消费结构中的占比为 57.7%，煤炭仍是我国重要的基础能源和战略原料。"十三五"规划纲要中，提出将"煤炭开采与清洁高效利用"列为 100 项国家重大工程项目之一，绿色高效开采与洁净利用煤炭资源对保障国家能源安全、建设生态文明具有重要意义。

本书根据煤炭开采与洁净利用技术的最新发展，按照工程类本科教育的工程应用性特定编写，目的是为了满足大学本科矿业类及相关专业的教学需求。本书分为两篇：第 1 篇煤炭开采，内容包括煤田地质及煤的性质、井田开拓、采区准备方式、采煤方法与采煤工艺、露天开采和煤矿特殊开采方法；第 2 篇煤炭的洁净利用，内容包括煤炭的洁净利用概况、煤炭提质、煤炭热解、煤炭液化、煤炭气化、煤炭燃烧与发电、煤基材料和煤系共伴生资源综合利用等新技术。本书中引入了煤炭开采与洁净利用领域的前沿理念和工程案例，有助于培养学生的学术视野。

全书编写力求深入浅出、通俗易懂、结构清晰、图文并茂，两篇内容既自成体系，又可单独讲授，可作为该学科的教材或参考资料。

本书由徐宏祥担任主编，邓雪杰担任副主编。第 1 篇煤炭开采由邓雪杰编写，第 2 篇煤炭的洁净利用由徐宏祥编写，徐宏祥对本书进行了统稿。此外，李玉、刘浩、冯建业等硕士研究生参与了书稿第 1 篇资料的收集整理工作，赵蓉、张丽、李维超、汪竞争、杨涵等硕士研究生参与了书稿第 2 篇资料的收集整理工作。

本书的编写得到中国矿业大学（北京）课程建设与教学改革项目——《煤炭开采与洁净利用》教材建设项目（项目编号：J190417）和中央高校基本科研业务费专项资金的资助，在此表示衷心的感谢。

　　煤炭开采与洁净利用涉及采矿工程、矿物加工工程和煤化工工程等多个学科，跨度大，且新技术的发展日新月异，鉴于作者的学识水平和能力所限，书中不足之处，恳请读者批评指正。

编　者

2020 年 1 月

目　录

第1篇　煤　炭　开　采

第 2 篇　煤炭的洁净利用

第 1 篇

煤炭开采

1 || 煤田地质及煤性质

1.1 地壳组成和地质作用

1.1.1 地球及其构造

1.1.1.1 地球的表面特征

地球表面积为 5.1 亿平方千米，由陆地和海洋组成，其中海洋占 70.8%，陆地占 29.2%。

A 陆地地形主要类型

陆地形态按高程和起伏变化可划分为山地、丘陵、高原、平原、盆地和洼地。山地一般是指海拔高度在 500m 以上的地区；丘陵是指海拔高度在 500m 以下，地表相对高差不大、山峦起伏的低缓地形；高原是指海拔高度在 600m 以上，表面比较平坦且宽广，或偶有一定起伏的地区；平原是指海拔高度在 200m 以下，表面平坦或略有起伏，相对高差小于 50m 的广大宽平地区；盆地是中间比较低平、四周是高原或者山地的地区，因外形似盆而得名；洼地是陆地上某些低洼的地区，其高程在海平面以下，如我国新疆吐鲁番盆地中的艾丁湖，湖水面在海平面以下 154m，称克鲁沁洼地。

B 海底地形主要类型

海底地形主要包括海岸带、大陆架、大陆坡、大洋盆地、海岭和海沟等。海岸带是指海边水深在 20m 以内的地带，其特点是落潮时可露出水面，涨潮时又被海水所淹没，因此该带又称为潮汐带；大陆架是指海水深度不超过 200m 的浅海地带，其地势平坦，坡度缓，一般小于 0.1°，它是大陆边缘的延伸部分；大陆坡是由大陆架再向外海延伸的区域，海底坡度突然加大，水深 200~2500m，这一带的海称为半深海；大洋盆地是指海水深度在 2500~6000m 的区域，这部分海称为深海或大洋，在大洋盆地的中部常分布着海下山脊，称为海岭，或称大洋中脊，是一种线状分布的海底隆起地区；海沟是位于海洋中的两壁较陡、狭长、水深大于 5000m 的沟槽，是海底最深的地方。

1.1.1.2 地球的圈层构造

地球的圈层以地表为界分为内圈层和外圈层，如图 1-1 所示。

A 地球的外圈层

根据组成外圈层物质的性质状态不同，地球的外圈层可分为大气圈、水圈、生物圈。

(1) 大气圈。由包围地球的大气所组成的一个圈层叫大气圈。它是地球最外面的一个圈层，其上界可达 1800km 或更高的高空。大气圈中，0~17km 为对流层，占大气圈总质量的 75%；对流层顶部往上至 50km 左右的高度范围为平流层；此外还有中间层、热层、

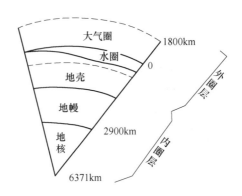

图 1-1 地球的分层构造

散逸层。地球表面大气稠密，向外逐渐稀薄，过渡为宇宙气体。

（2）水圈。地球的水圈是在原始大气圈的成分中有了大量的水蒸气之后逐渐形成的。水圈是地球表层的水体，大部分汇集在海洋，另一部分分布在陆地上的河流、湖泊、孔隙和土壤中，另外，大气下层和生物体内也有一定的水分。这些水体包围着地球形成连续的封闭圈，水圈的总质量为 166.4 亿吨，海洋水体积为陆地水体积的 34 倍。

（3）生物圈。生物圈即地球上一切生物生存和活动的范围，在大气圈 10km 的高空、地壳 3km 深处和深海底部都发现有生物存在。大量生物则集中在地表和水圈上层，包围地球形成一个封闭圈。

B 地球内圈层

地球的内圈层分为地壳、地幔和地核。

（1）地壳。地壳是固体地球最外一圈坚固的薄壳。地壳在陆地上直接暴露出来，在有水体的地方特别是海洋区则被水圈所覆盖。地壳由岩石组成，占地球总体积的 1.55%，总质量的 0.8%，密度为 $2.6 \sim 2.9 g/cm^3$。地壳平均厚度为 33km，其下界为莫霍面。地壳最厚的地方是我国的青藏高原，达 73km，海洋部分厚度较薄，为 $6 \sim 8km$，平均约 6km。

（2）地幔。地幔位于莫霍面与古登堡面之间，厚度约 2850km，占地球总体积的 82.3%，占地球总质量的 67.8%，是地球的主体部分，密度为 $3.0 \sim 5.0 g/cm^3$。地幔包括上地幔、过渡层和下地幔。上地幔厚度范围是 $33 \sim 984km$，平均厚度为 951km，成分以超基性橄榄岩类为主，因此这一层又叫橄榄岩层。地幔在 400km 和 670km 深处存在两个不连续的面，其间称为地幔过渡层，是由橄榄石和辉石的矿物相转变吸热降温形成的。下地幔厚度范围是 $984 \sim 2898km$，平均厚度为 1914km，成分为金属氧化物和硫化物。

（3）地核。地核位于古登堡面之下，其质量占地球总质量的 31.3%，密度为 $9.98 \sim 12.5 g/cm^3$。主要成分是高磁性的铁、镍等物质，故又称铁镍核。地核分为外核（2900~4170km，为液态）；过渡层（4170~5155km，为液态与固态的过渡状态）；内核（5155km 至地心，为固态）。地核温度达 $4000 \sim 6800℃$，压力为 300 万个大气压。

1.1.2 地壳的组成及地质作用

地壳是固体地球最外一圈坚固的薄壳，分为大陆地壳和大洋地壳。大陆地壳覆盖地球表面的 45%，主要表现为大陆、大陆边缘海以及较小的浅海。地壳的化学组成上部以硅铝质（花岗岩层）为特点，下部以硅镁层（玄武岩层）为特点，大洋地壳只有硅镁层。地壳厚度分布特点为：大陆所在的地方较厚，海洋所在的地方较薄。

1.1.2.1　地壳的组成

A　元素

组成地壳的元素达百余种，但占主要地位的是氧、硅、铝、铁、钙、钠、钾、镁、氢等，以氧（46.6%）和硅（27.7%）含量为最多。它们的分布大致可分为两层：上层密度较小，为 $2.6 \sim 2.7 \mathrm{g/cm^3}$，成分以硅、铝为主，所以也称为硅铝层；下层密度较大，为 $2.8 \sim 2.9 \mathrm{g/cm^3}$，成分除硅、铝以外，还含有较多的铁、镁，所以也称为硅镁层。

B　矿物

矿物是地壳中一种或多种元素在各种地质作用下形成的自然产物，具有比较固定的化学成分和一定的物理性质与形态。例如，自然金（Au）、自然银（Ag）和石墨（C）等，分别是由一种元素金、银和碳形成的单质矿物，正长石（$KAlSi_3O_8$）则是由钾、铝、硅、氧等多种元素化合形成的。

自然界中已发现的矿物有 2000 多种，绝大多数呈固态，也有的呈液态（如水、石油和汞等）和气态（如沼气）。组成岩石的常见矿物并不多，如石英、长石、云母、黄铁矿、赤铁矿、磁铁矿、方解石和石膏等。如果某种矿物大量集中在一起，就成为有开采价值的矿产。

C　岩石

地壳主要是由岩石组成的，岩石是矿物的集合体：它可包含一种矿物，如纯石灰岩的成分是方解石（$CaCO_3$）；也可以包括多种矿物，如花岗岩由石英、长石和云母等多种矿物组成。

自然界的岩石按其生成原因不同，可分为岩浆岩、沉积岩和变质岩三大类。

a　岩浆岩

岩浆岩由岩浆冷凝形成。在地球深部，存在温度很高、压力很大的岩浆。当这种高温、高压的岩浆沿着地壳脆弱地带侵入地壳上部（侵入岩），或沿地壳裂隙喷出地表（喷出岩），冷凝后都会形成岩浆岩。常见的岩浆岩有花岗岩、玄武岩和辉绿岩等。岩浆岩中不含化石，呈块状构造，多伴生金属矿床。

b　沉积岩

暴露于地表的各种岩石，由于长期受大气温度变化、风雨侵蚀和生物破坏等风化、剥蚀作用，变成碎石、细沙和泥土等物质。这些物质以及生物遗体，在原地或被流水和风力搬运到海洋、湖泊和低洼地带，沉积下来形成沉积物。随着地壳不断缓慢下降，沉积物不断加厚，经过压实、脱水和胶结等固结作用，形成沉积岩。沉积岩最明显的特征是具有层状构造和层理发育，常见的沉积岩有砾岩、砂岩、石灰岩、页岩、泥岩和煤等。

层状构造的岩石看起来有明显的层次。它是在沉积岩生成的过程中，由于沉积物质的成分、颗粒大小、颜色和沉积时间等条件不同所形成的。层理是沉积岩的两个层面之间还有更细微的成层现象，根据层理形态的不同，又分为水平层理、斜层理和波状层理。

在沉积岩中还含有多种生物化石。在沉积过程中，生物遗体也随着沉积下来，经过很长时间，这些生物的外壳、骨骼和根、茎、叶有机物质逐渐被矿物质交换、充填，最后变成"石头"，但仍然保存了原来的形状或痕迹，这就是化石。在煤层附近的岩层中常见到树叶、树根等植物化石。

沉积岩在地壳表面分布最广，其覆盖的面积约占地表总面积的75%，是最常见的一类岩石。有许多重要的矿产资源本身就是沉积岩，如煤、油页岩、盐矿、沉积铁矿等，绝大部分石油和天然气也赋存于沉积岩中。

c 变质岩

地壳运动和岩浆活动可以使已经形成的岩浆岩、沉积岩或先期变质岩，在地下深处受到高温和高压的作用，改变了原来的成分和性质，变成新的岩石，称为变质岩，如石英砂岩变成石英岩，石灰岩变成大理岩等。常见的变质岩有大理岩、石英岩、角页岩、片麻岩、片岩、千枚岩、板岩等。

变质岩虽然在煤矿中远不如沉积岩那样常见，但在某些煤田的基底或周围有所分布。此外，有些煤田在含煤沉积岩形成后，受到岩浆的侵入，造成含煤沉积岩发生某种程度的变质。

1.1.2.2 地质作用

地球漫长的演变过程中，随着地球的转动，组成地壳的物质也处于不停的运动和变化之中。促使地壳物质发生运动和变化的各种自然作用都称为地质作用。根据地质作用所发生的场所及能源不同，可将其分为内力地质作用和外力地质作用两种。

A 内力地质作用

由地球内部能量引起的地壳物质成分、内部构造、地表形状发生变化的地质作用，称为内力地质作用。它包括岩浆活动、变质作用、地壳运动和地震作用等。

（1）岩浆活动。地下的岩浆，沿地壳裂缝上升，侵入地壳或喷出地表，在上升过程中与围岩相互作用，不断改变自身的成分和状态，直至冷凝的全部过程，称为岩浆活动。岩浆喷出地表的称为火山作用，未到达地表的岩浆活动称为岩浆侵入活动。

（2）变质作用。地壳深部的岩石在高温、高压和化学活动性流体作用下，结构、构造及化学成分产生变化，形成新的岩石，这种地质作用称为变质作用。

（3）地壳运动。由地球内部动力使地壳产生的变形和变位，称为地壳运动。地壳运动可以促进岩浆活动和变质作用。当地壳沿地球半径方向运动时，表现为地壳的上升或下降，称为升降运动；当地壳沿地球切线方向运动时，称为水平运动。在地壳发展历史中，升降运动常常表现为缓慢的海陆变迁，而水平运动则常表现为剧烈的造山运动，引起岩层明显的变形和变位。

（4）地震作用。地震是地壳的快速颤动，是地壳运动的一种形式，是岩石内部能量积累突然释放的结果。地震的酝酿和发生会引起所在地区地壳物理性质的一系列变化，以及地表形态和地壳结构的剧烈变动。

B 外力地质作用

由地球外部的能量所引起的地质作用，称为外力地质作用。它能使地表形态发生变化，使地壳表层化学元素产生迁移、分散和富集。外力地质作用按其作用方式可分为风化和剥蚀、搬运和沉积、固结成岩。

（1）风化和剥蚀。暴露在地表的岩石经受着风吹雨打、日晒夜露，以及生物活动等影响，在原地遭到破坏、崩裂、破碎或分解，岩石的这种破坏变化过程称为风化作用。以流动着的物质为动力，如风、雨、流水等，对岩石进行破坏，并把破坏的产物剥离开，这个过程统称为剥蚀作用。风化和剥蚀往往是彼此促进的。岩石遭受风化变得松软就便于剥离，剥蚀后暴露出来新鲜的岩石又容易继续风化。

（2）搬运和沉积。风化和剥蚀作用的产物，由风、流水等搬运到别的地方的过程，称为搬运作用。被搬运的物质经过一段路程后，随着搬运力量的减弱和消失，逐渐在低洼地区沉积下来，称为沉积作用。最主要的沉积区是内陆湖泊、沼泽和海洋。

（3）固结成岩。松散的沉积物逐步变成坚硬的沉积岩的过程，称为固结成岩。其变化过程主要是：沉积物在压力作用下颗粒紧密排列，挤出水分，体积缩小的过程称为压紧；把砾石、砂粒等屑碎物黏结起来的过程称为胶结；细小的沉积物颗粒集中合并而发育成较大的晶体的过程称为重结晶。

1.2 煤田地质概述

1.2.1 成煤作用

煤是古代植物遗体经成煤作用后转变成的固体可燃矿产。它是由古代植物遗体经过复杂的生物化学、物理化学及地球化学变化转变而来的。从植物死亡、堆积到转变为煤的演变过程，以及在这个演变过程中经受的各种作用，称为成煤作用。

成煤作用大致分为两个阶段，即泥炭化阶段和煤化作用阶段。

（1）第一阶段：泥炭化阶段。在泥炭沼泽、湖泊及浅海岸植物生长繁茂，植物不断繁殖、生长和死亡，其遗体在微生物参与作用下，不断分解、化合和聚积。这一阶段主要是生物地球化学作用，结果使高等植物形成泥炭，低等植物形成腐泥。因此，成煤作用的第一阶段称为泥炭化或腐泥化阶段。

（2）第二阶段：煤化作用阶段。随地壳的沉降，已经形成的泥炭或腐泥上面的覆盖物越来越厚，泥炭或腐泥经过高温高压作用，泥炭层压紧失水，C 含量增加，H、O、N 含量逐渐减少，经过复杂的物理化学作用，就形成了褐煤。泥煤或腐泥被掩埋后，在压力、温度等因素作用下，转变为褐煤的作用，称为成岩作用。褐煤形成后，如果地壳仍不断下沉，在温度和压力不断增高的物理化学作用条件下，褐煤内部的分子结构、物理和化学性质等随之而变化，C 含量相对增多，H、O、N 含量进一步减少，腐殖酸完全丧失，形成烟煤，并进入变质阶段。如果烟煤受到更高温度和压力的长期作用下，就会变质为无烟煤。褐煤在地下受温度、压力、时间等因素的影响下，转变为烟煤或无烟煤、石墨等的地球化学作用称为变质作用。煤的成岩作用和变质作用，合称为煤化作用。

在地球演变的历史进程中，某些地域必须同时具备以下条件，且彼此配合良好，持续时间长，才可能形成有开采价值的煤层：

（1）温暖潮湿利于植物生长和繁殖的适宜气候条件。

（2）植物的大量繁殖。

（3）大面积沼泽化的自然地理条件。

（4）地壳运动的良好配合。

地壳运动影响聚煤盆地中泥炭层的形成、保存和转化。泥炭层的形成要求地壳缓慢下沉，其下沉速度大致等于植物遗体的堆积速度，这种均衡状态持续越久，形成的泥炭层越厚。如果地壳下沉速度大于植物遗体堆积速度，则沼泽水体不断加深，聚煤作用中断、泥炭层就被泥沙覆盖，逐渐形成煤层顶板或夹矸。反之，地壳下沉速度小于植物遗体堆积速度，则泥炭层面不断升高，泥炭就会遭到风化剥蚀。如果地壳下沉速度时快时慢，则可能形成煤层群。

1.2.2 聚煤期

地球形成迄今已有45亿年以上的历史。地球不断地运动、发展，地壳也不断变动。在不同的地质历史时期，有不同的生物和矿物资源。为便于矿产资源的勘探和开发，对地层建立了统一的名称和地质年代，见表1-1。地质年代是地质历史时期的先后顺序及其相互关系的地质事件系统，包括相对地质年代和绝对地质年代。年代地层单位是指在特定的地质时间间隔内形成的成层或非成层的综合岩石体年代地层单位与地质年代单位有严格的对应关系。年代地层单位可划分为宇、界、系、统、阶、时带，与它们对应的地质年代单位分别为宙、代、纪、世、期、时。宇是最大的年代地层单位，全球地层公认的有3个宇，从老到新依次是太古宇、元古宇和显生宇（有明显生命遗迹的年代地层序列）。

地质历史中形成煤炭资源的时期，称为聚煤期或成煤期。我国在石炭纪、二叠纪、侏罗纪和第三纪等地质年代中均有煤层形成。

在我国地质历史上，曾多次出现过利于成煤的地质条件。地球历史上最早的一个代叫太古代。这个时代，最低等的原始生物刚刚产生，没有植物，谈不上煤的生成。元古代，我国最古老的煤——石煤，就在这个时代生成。石煤的年龄最大，而灰分很高。

古生代的石炭纪、二叠纪，孢子植物繁盛，是主要聚煤期之一。这个时期形成的煤田有开滦、井陉、峰峰、本溪、太原、淮南、焦作、平顶山、淄博、贵州西部、兖州、徐州等，这些煤田的煤距今已有2.7亿~3.5亿年。

中生代的侏罗纪，裸子植物繁茂，是主要聚煤期之一。这个时期形成的煤田有大同、阜新、鹤岗、新疆、北票、萍乡、门头沟、辽源、鸡西等，这些煤田的煤距今已有1.3亿~1.8亿年。

新生代的第三纪，被子植物繁茂。这个时期形成的煤田有抚顺、云南小龙潭、台湾地区的新竹等，这些煤田距今已有200万~6000万年以上。

现在世界上绝大多数的煤，都是在古生代的石炭纪和二叠纪、中生代的侏罗纪、新生代的第三纪形成的。因各煤田形成的具体环境和条件不同，所以各煤田的范围大小、煤层数目、煤层间距、储量以及埋在地下的赋存状态等差别很大。

1.2.3 含煤岩系

含煤岩系简称煤系，是指含有煤层，并有成因联系的沉积岩系。它是在一定的古构造、古地理、古气候条件下形成的一套具有共生关系、多相组合的沉积物。因此，它具有独特的沉积特性。

表 1-1　地质年代（年代地层）表

时代及相应的地层				距今年龄/百万年	生物开始繁殖时期	
宙（宇）	代（界）	纪（系）	世（统）		植物	动物
显生宙（宇）PH	新生代（界）K_z	第四纪（系）Q	全新世（统）Q_h		被子植物大量繁殖，为成煤提供原始物质	古人类出现哺乳动物
			更新世（统）Q_p	2.6		
		新近纪（系）N	上新世（统）N_2			
			中新世（统）N_1	23.3		
		古近纪（系）E	渐新世（统）E_3			
			始新世（统）E_2			
			古新世（统）E_1	65		
	中生代（界）M_z	白垩纪（系）K	晚白垩世（上白垩统）K_2		被子植物，裸子植物极盛，为成煤提供原始物质	爬行动物
			早白垩世（下白垩统）K_1	137		
		侏罗纪（系）J	晚（上）侏罗世（统）J_3			
			中（中）侏罗世（统）J_2			
			早（下）侏罗世（统）J_1	205		
		三叠纪（系）T	晚（上）三叠世（统）T_3			
			中（中）三叠世（统）T_2			
			早（下）三叠世（统）T_1	250		
	古生代（界）P_z	晚古生代（界）P_{Z2}	二叠纪（系）P	晚（上）二叠世（统）P_3		裸子植物，孢子植物极盛，为成煤提供原始物质	两栖动物
			中（中）二叠世（统）P_2			
			早（下）二叠世（统）P_1	295		
			石炭纪（系）C	晚（上）石炭世（统）C_2			
			早（下）石炭世（统）C_1	354		
			泥盆纪（系）D	晚（上）泥盆世（统）D_3			
			中（中）泥盆世（统）D_2			
			早（下）泥盆世（统）D_1	410		
		早古生代（界）P_{Z1}	志留纪（系）S	顶（顶）志留世（统）S_4		裸蕨植物，海藻大量繁殖，为石煤的形成提供原始物质	鱼类无脊椎动物
			晚（上）志留世（统）S_3			
			中（中）志留世（统）S_2			
			早（下）志留世（统）S_1	438		
			奥陶纪（系）O	晚（上）奥陶世（统）O_3			
			中（中）奥陶世（统）O_2			
			早（下）奥陶世（统）O_1	490		
			寒武纪（系）ϵ	晚（上）寒武世（统）ϵ_3			
			中（中）寒武世（统）ϵ_2			
			早（下）寒武世（统）ϵ_1	543		
元古宙（宇）PT	新元古代（界）P_{t3}	震旦纪（系）Z	晚（上）震旦世（统）Z_2		菌藻类	
			早（下）震旦世（统）Z_1	680		
		南华纪（系）Nh		800		
		青白口纪（系）Qb		1000		
	中元古代（界）P_{t2}	蓟县纪（系）Jx		1400		
		长城纪（系）Ch		1800		
	古元古代（界）P_{t1}	滹沱纪（系）Ht		2300		
太古宙（宇）AR	新太古代（界）A_{r3}			2500		
	中太古代（界）A_{r2}			2800		
	古太古代（界）A_{r1}			3200		
	始太古代（界）A_{r0}			3600		
				3800		
冥古宙（宇）HD				4600		

煤系是在温暖潮湿的气候条件下形成的，富含植物化石，故其岩石的颜色多呈灰色、灰绿及灰黑色。煤系岩石主要有砾岩、砂岩、黏土岩、碳质泥岩、石灰岩等。此外，煤系中还有铝质岩、油页岩、赤铁矿等伴生矿产。

煤系常以形成的地质年代来命名，如石炭-二叠纪煤系、侏罗纪煤系等；有时也以研究较早的地名来命名煤系，如华南的晚二叠纪煤系也称龙潭煤系或乐平煤系。

煤田是同一地质时期形成，并大致连续发育的含煤岩系分布区。面积一般有几十到几百平方千米。煤田常以其所在地点来命名，如大同煤田、徐州煤田等；也有以所在地点和煤系形成的地质年代来命名，如山东淄博石炭二叠纪煤田。

1.2.4 煤层赋存状态

1.2.4.1 煤层结构和顶底板

A 煤层结构

煤层通常是层状的。煤层中，有时含有厚度较小的岩层，称为夹矸。根据煤层中有无较稳定的夹矸层，将煤层分为2类。

（1）简单结构煤层：煤层不含夹矸层，但可能有较小的矿物质透镜体和结核。

（2）复杂结构煤层：煤层含有一层或多层较稳定的夹矸层。

B 煤层顶、底板

赋存在煤层之上的邻近岩层，称为顶板。赋存在煤层之下的邻近岩层，称为底板。

根据岩层相对于煤层的位置及垮落特征，将煤层顶、底板分为：

（1）伪顶：位于煤层之上随采随落的极不稳定岩层，其厚度一般在0.5m以下。大多由松软的碳质页岩、泥页岩组成。并非所有煤层都有伪顶。

（2）直接顶：位于煤层或伪顶之上具有一定的稳定性，采煤时移架或回柱后能自行垮落的岩层，多为泥岩、粉砂岩等。有时煤层之上无直接顶而为基本顶。

（3）基本顶：又称"老顶"。基本顶是位于直接顶或煤层之上，厚度及岩石强度较大、难于垮落的岩层。通常由砂岩、石灰岩、砂砾岩等组成。

（4）直接底：直接底指位于煤层之下，强度较低的岩层。通常由泥岩、粉砂岩、黏土岩等组成。

（5）基本底：又称"老底"。位于直接底下面，比直接底坚固，多为砂岩、砂页岩、石灰岩等。

1.2.4.2 煤层厚度

煤层顶底板之间的垂直距离即煤层的厚度。煤层厚度分为总厚度和有益厚度。总厚度包括所有煤分层和夹矸层厚度总和。有益厚度是煤分层厚度的总和，不包括夹矸层厚度。

1.2.4.3 煤层构造形态

煤层形成时，一般呈水平或近水平层状形态，在一定范围内连续完整。由于地壳运动，煤层的形态和产状发生了变化。煤层由层状变为非层状，如透镜状、马尾状等煤层形态。煤层由水平状态变成了倾斜、褶皱及断层。由于地壳运动而造成的煤层和岩层的空间形态，称为地质构造。

A 单斜构造

描述煤（岩）层的空间形态，通常用产状三要素——走向、倾向及倾角，如图 1-2 所示。

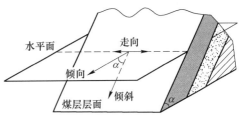

图 1-2 煤层的产状要素

（1）走向：煤层层面与水平面的交线称为走向线，走向线的方向称为走向。走向代表了煤层在平面上的延伸方向。

（2）倾向：煤层层面上与走向线垂直的线称为倾斜线，倾斜线自上而下所指的方向称为倾斜，倾斜在水平面上的投影所指的方向为倾向。

（3）倾角：煤层层面与水平面的夹角称为倾角，煤层倾角为 0°~90°。

在一定范围内，煤（岩）层大致向一个方向倾斜的构造形态，称为单斜构造，如图 1-3 所示。

B 褶皱构造

煤层及岩层受到水平挤压力后，变成弯曲形状，但仍保持其连续性，这种构造形态称为褶皱构造，如图 1-3 所示。

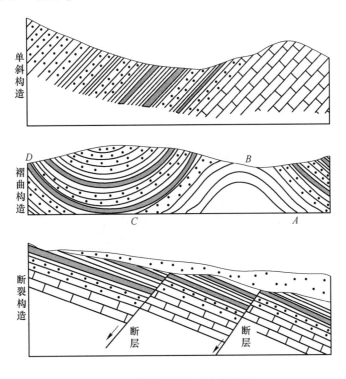

图 1-3 煤矿的构造形态的类型

褶皱构造的基本单位叫褶曲，即褶皱构造中的单个弯曲。褶曲的基本形态是背斜和向斜。背斜是岩层层面凸起的弯曲，如图 1-3 中的 *ABC*。向斜是岩层层面凹下的弯曲，如图 1-3 中的 *BCD*。背斜和向斜在位置上往往是彼此相连的。背斜中心部分是老地层，两侧地层渐新。向斜中心部分为新地层，两侧地层依次渐老。

用褶曲要素来描述一个褶曲在空间的形态，如图1-4所示。

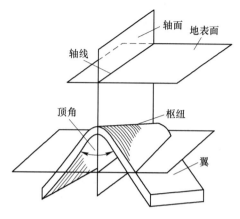

褶曲要素包括：核部、翼部、轴面、轴线、枢纽等。

核部：是褶曲的中心部分。背斜构造中指最老的地层，向斜构造中指最新的地层。

翼部：是褶曲核部两侧的岩石。

轴面：是一个平分褶曲两翼的假想面，这个面的位置可以是直立的、水平的和倾斜的；其形态可以是个平面，也可以是个曲面。

轴线：是轴面与地表面的交线。轴线可能是直线，也可能是曲线；轴线的方向表示褶曲的延伸方向。

图1-4 褶曲要素示意图

枢纽：是褶曲中同一岩层的层面与轴面的交线。它可以是水平的、倾斜的或波状起伏的。它能提供褶曲在延伸方向上产状变化的情况。

C 断裂构造

煤（岩）层受地壳运动作用，当作用力超过煤（岩）层的强度时，就产生断裂，失去了连续性和完整性的构造形态称为断裂构造。断裂后，两侧岩层若没有发生明显位移，称为节理；断裂面两侧的岩层发生了明显位移的断裂构造称为断层。断层对矿井生产影响特别显著。

a 断层要素

为描述断层的性质、位置及空间形态，将断层各个部位进行命名。例如，断层面、断层线、断盘、断距等，总称为断层要素，如图1-5所示。

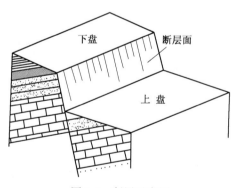

断层面：岩层沿之断裂滑动的面。也用走向、倾向及倾角描述断层面的产状。断层面可能是平面，也可能是曲面。

断层线：断层面与地面的交线。断层线的方向反映断层延伸方向。断层线可能呈直线或曲线。

图1-5 断层示意图

交面线：断层面与煤层底板的交线。

断盘：断层两侧的岩层或岩体。当断层面倾斜时，位于断层面上方的断盘称为上盘，位于断层面下方的断盘称为下盘。

断距：断层两盘相对移动的距离。断距可分为垂直断距（落差）和水平断距，如图1-6所示。

b 断层分类

根据断层上下盘相对移动的方向，断层可分为：

（1）正断层：岩层断裂后，上盘相对下降，下盘相对上升。

（2）逆断层：上盘相对上升，下盘相对下降。

（3）平推断层：断层两盘沿水平方向移动。

断层类型如图1-7所示。

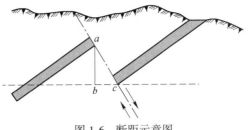

图1-6 断距示意图

ab——垂直断距；*bc*——水平断距

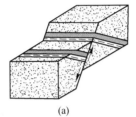 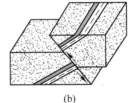 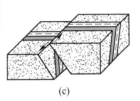

(a)   (b)   (c)

图1-7 断层的类型

（a）正断层；（b）逆断层；（c）平推断层

1.2.4.4 常用的煤层分类

A 按煤层倾角分类

根据当前开采技术，我国将煤层按倾角分为4类：

（1）近水平煤层：小于8°。

（2）缓（倾）斜煤层：8°~25°。

（3）中斜煤层：25°~45°。

（4）急（倾）斜煤层：大于45°。

B 按煤层厚度分类

根据当前开采技术，我国将煤层按厚度分为3类：

（1）薄煤层：小于1.3m。

（2）中厚煤层：1.3~3.5m。

（3）厚煤层：大于3.5m。

C 按煤层稳定性分类

煤层稳定性是煤层形态、厚度、结构及可采性的变化程度。按煤层稳定性，可分为：

（1）稳定煤层：煤层厚度变化很小，变化规律明显，煤层结构简单或较简单，全区可采或基本全区可采的煤层。

（2）较稳定煤层：煤层厚度有一定变化，但规律性较明显，结构简单至复杂，全区可采或大部分可采，可采范围内厚度变化不大的煤层。

（3）不稳定煤层：煤层厚度变化较大，无明显规律，且煤层结构复杂或极复杂的煤层。

（4）极不稳定煤层：煤层厚度变化极大，呈透镜状、鸡窝状，一般不连续，很难找出规律，可采块断分布零星的煤层。

1.3 煤的性质及工业分类

1.3.1 煤的元素成分

煤是由有机物质和无机物质混合组成的。煤中的有机物质主要由碳（C）、氢（H）、氧（O）、氮（N）等元素组成。煤中的无机物质包括无机矿物杂质和水分。对煤质影响较大的主要元素介绍如下。

（1）碳。碳是煤中最主要的有机物质成分，是主要的可燃物质。煤中的含碳量越高发热量越高。碳含量随煤变质程度的加深而增加。泥炭中含碳量约为50%~60%，褐煤含碳量为60%~70%，烟煤含碳量为74%~92%，无烟煤为90%~98%。

（2）氢。氢是煤中重要的可燃物质。每千克氢完全燃烧时能产生143138.3kJ热量，约为碳的4倍。煤中氢含量随变质程度加深而减少。

（3）氧。氧是煤中不可燃元素。煤中氧含量随变质程度加深而减少。含氧量在泥炭中为30%~40%，在褐煤中为10%~30%，在烟煤中为2%~10%，在无烟煤中为2%左右。

（4）氮。煤中氮含量仅1%~3%，主要来自成煤物质的蛋白质。煤燃烧时氮呈游离状态逸出，不产生热量。在高温加工中氮转变为氨和其他含氮化合物。

（5）硫。煤中的硫分为有机硫和无机硫。煤中的有机硫来自成煤植物本身或成煤过程中硫酸盐类与植物分解产物相互作用形成。有机硫在煤中分布均匀，难以通过洗选将其清除。

煤中的无机硫主要是硫化物硫［黄铁矿（FeS_2）、白铁矿（FeS_2）］及硫酸盐硫［石膏（$CaSO_4 \cdot 2H_2O$）］等。煤中以游离状态赋存的硫称为元素硫。

煤中有机硫、无机硫和元素硫的总含量叫做煤的全硫含量（S_t）。这是评价煤质的一项重要指标。通常将全硫含量分为4级：

低硫煤 $S_t \leqslant 1.5\%$；
中硫煤 $S_t = (1.5 \sim 2.5)\%$；
高硫煤 $S_t = (2.5 \sim 4.0)\%$；
富硫煤 $S_t > 4.0\%$。

硫是煤中的主要有害物质之一。燃烧时，硫与氧化合成 SO_2，腐蚀燃烧设备及生产系统，污染环境。炼焦煤中的硫进入焦炭，进而转入铁中，严重影响钢铁质量。我国规定炼焦用煤含硫量不超过1.2%。开采高硫煤的矿井，矿井水呈酸性，腐蚀性强，给采运等带来困难。

（6）磷。磷绝大部分存在于无机矿物中（如磷灰石），煤中含磷约在0.001%~1%之间。炼焦煤中的磷进入焦炭和铁中，不仅降低高炉生产率，还严重影响钢铁质量，使钢铁出现冷脆现象。因此，国家规定炼焦煤中磷含量不超过0.2%。

煤中还存在许多稀有元素，如锗（Ge）、镓（Ga）、铍（Be）、锂（Li）、钒（V）、铀（U）等。

1.3.2 评价煤质的常用指标

我国规定对煤质进行评价的常用指标有煤的工业分析（如测定水分、灰分、挥发分及固定碳）和工艺性质（如黏结性、发热量等）及硫、磷含量等。

1.3.2.1 水分

根据水在煤中的存在状态，水分（W）分为内在水分和外在水分。内在水分是指吸附和凝聚在煤粒内部毛细孔中的水分。外在水分是煤炭采、运、储存及洗选过程中附在煤粒表面的水分。煤的内在水分和外在水分的总和称为全水分。这是评价煤质的基本指标之一。

1.3.2.2 灰分

煤的灰分（A_d）是煤样在规定条件下完全燃烧后所剩得的残留物。灰分越低煤质越好。按煤中灰分多少，可将煤分为低灰分煤（$A_d < 15\%$）、中灰分煤（$A_d = 15\% \sim 25\%$）和高灰分煤（$A_d > 25\%$）。煤的灰分会增加运费，降低发热效率，影响煤的工业用途。因此，煤的灰分是评价煤质的主要指标之一。

1.3.2.3 挥发分和固定碳

煤在隔绝空气的条件下加热到（900 ± 10）℃并经7min后，从煤中有机物质分解出来的液体和空气产物称为挥发分（V）。其主要成分是甲烷、氢及碳氢化合物等。煤中挥发分产率因煤的成因类型及煤的变质程度而变化。腐泥煤的挥发分为 $60\% \sim 90\%$，褐煤为 $40\% \sim 55\%$，烟煤为 $10\% \sim 50\%$，无烟煤的挥发分小于 10%。煤的挥发分反映煤中有机物质的性质及煤的许多重要特征，所以它是评价煤质的重要指标。

在测定挥发分时，残留的固态产物称为焦渣。焦渣的形状和特征反映了煤的黏结、熔融和膨胀性能。从焦渣中减去灰分后的残留物称为固定碳（FC），其成分主要是碳元素。

1.3.2.4 发热量

煤的发热量（Q）是指单位质量的煤在完全燃烧时放出的热量，其单位常用 kJ/g 或 MJ/kg。它是计算热平衡、耗煤量和热效率的依据。煤的发热量随其变质程度增高而增加，随灰分和水分增加而降低。

1.3.2.5 胶质层厚度

胶质层厚度（Y）是反映煤的黏结性的指标。凡是有黏结性的煤，在隔绝空气条件下加热到一定温度（350℃以上），其有机质开始分解、软化成胶质体，然后随温度继续升高（510℃以上）胶质体又固结成多孔的半焦，最后形成焦炭。在此过程中，煤的黏结性越强，其胶质层厚度越大。因此，可用胶质层最大厚度值来表示煤的黏结性。煤的黏结性是评价炼焦用煤的主要指标。

1.3.2.6 黏结指数

黏结指数（G）也是反映煤的黏结性的指标。

黏结指数测定方法是：用1g煤样与5g标准无烟煤，混合后快速加热，炼成焦炭。称其总质量为 g，然后将焦块放在特制的转鼓内转磨2次，每次5min，每次转磨后用1mm的

圆孔筛筛分，并称筛上大于 1mm 的焦粒质量分别为 g_1 和 g_2，则

$$G = 10 + \frac{30g_1 + 30g_2}{g}$$

当测得的 $G<18$ 时，煤样和标准无烟煤配比为 $3g:3g$，测定方法同前，则

$$G = 10 + \frac{30g_1 + 70g_2}{5g}$$

同胶质层厚度一样，许多煤的用途均用黏结性指标。

1.3.2.7　含矸率

含矸率是指矿井所产煤炭中大于 50mm 的矸石质量占全部煤量的百分率。

1.3.3　中国煤的分类

从 2010 年 1 月 1 日起，我国实行新的煤炭分类标准《中国煤炭分类》（GB/T 5751—2009），见表 1-2。

表 1-2　中国煤炭分类简表

类别		代号	数码	分类指标							主要指标
				V_{daf} /%	$G_{R,L}$	Y /mm	b /%	P_M /%	H_{daf} /%	$Q_{gr \cdot maf}$ /MJ·kg^{-1}	
无烟煤	一号	WY	01	≤3.5					≤2.0		是良好的动力和民用煤并可做化工原料
	二号	WY	02	>3.5~6.5					>2.0~3.0		
	三号	WY	03	>6.5~10					>3.0		
贫煤		PM	11	>10.0~20.0	≤5						多做动力和民用煤
贫瘦煤		PS	12	>10.0~20.0	>5~20						一般做配焦用煤
瘦煤		SM	13	>10.0~20.0	>20~50						一般做配焦用煤
			14	>10.0~20.0	>50~60						
焦煤		JM	15	>10.0~20.0	>65	≤25	(≤150)				主要的炼焦用煤
			24	>10.0~20.0	>50~65						
			25	>10.0~20.0	>65	≤25	(≤150)				
1/3焦煤		1/3JM	35	>28.0~37.0	>65	≤25	(≤220)				配焦用煤
肥煤		FM	16	>10.0~20.0	(>85)	>25	(>150)				配焦用煤
			26	>20.0~28.0	(>85)	>25	(>150)				
			36	>28.0~37.0	(>85)	>25	(>220)				
气肥煤		QF	46	>37.0	(>85)	>25	(>220)				配焦及气化用煤
气煤		QM	34	>28.0~37.0	>50~65						可做气化、炼焦、配焦用煤
			43	>37.0	>35~50	≤25	(≤220)				
			44	>37.0	>50~65						
			45	37.0	>65						

类别		代号	数码	分类指标							主要指标
				V_{daf} /%	$G_{\text{R,L}}$	Y /mm	b /%	P_{M} /%	H_{daf} /%	$Q_{\text{gr·maf}}$ /MJ·kg^{-1}	
1/2 中黏煤		1/2ZN	23	>20.0~28.0	>30~50						可做气化、动力用途，也可适量作为配焦用煤
			33	>28.0~37.0	>30~50						
弱黏煤		RN	22	>20.0~28.0	>5~30						多做气化或动力用煤
			32	>28.0~37.0	>5~30						
不黏煤		BN	21	>20.0~28.0	≤5						可做气化或民用煤
			31	>28.0~37.0	≤5						
长焰煤		CY	41	>37.0	≤5			>50			可做气化、动力或民用煤
			42	>37.0	>5~35			≤30			
褐煤	一号	HM₁	51	>37.0				>50			可做化工、气化、炼焦或民用煤
	二号	HM₂	52	>37.0				≤30		≤24	

表 1-2 所示标准的分类指标及其符号：V_{daf} 为干燥无灰基挥发分，%；$G_{\text{R,L}}$ 为烟煤的黏结指数；Y 为烟煤的胶质层最大厚度，mm；b 为烟煤的奥阿膨胀度，%；P_{M} 为煤的透光率，%；$Q_{\text{gr·maf}}$ 为煤的恒湿无灰基高位发热量，MJ/kg；H_{daf} 为干燥无灰基氢含量，%。

1.4 煤田地质勘探与矿井储量

1.4.1 煤田地质勘探的任务

煤田地质勘探的任务是了解矿井煤的储量、井田地质条件、煤层赋存条件、水文地质条件、开采技术条件、煤种煤质等矿井的资源条件。

煤的储量直接影响到矿区建设规模、矿井生产能力及服务年限等，这是进行矿井设计等的基础条件。

煤层赋存及开采技术条件主要包括煤层厚度、倾角、结构及稳定性，井田内的煤层构造，水文地质条件，煤层顶底板岩石的性质以及瓦斯、煤尘、煤的自燃倾向等条件。

由于各工业部门对煤质都有特定的要求，而不同用户对不同性质的煤的需求量和急迫程度均不相同。因此，勘探中必须查明煤质。

1.4.2 煤田地质勘探工作的阶段划分

煤田地质勘探工作是为开发煤炭资源服务的，因此勘探阶段的划分应该与煤炭工业建设与发展阶段相适应。

煤炭工业建设一般分为远景规划、矿区总体设计和矿井设计 3 个阶段。根据上述 3 个阶段的要求和地质勘探工作循序渐进的原则，煤田地质勘探工作划分为煤田普查、矿区详查和井田精查3个阶段依次进行。

煤田普查是发现和初步评价资源的阶段，其结果应能对煤矿建设的远景规划和划分矿区提供必要的依据，并为进一步勘探指出方向。

矿区详查是根据国家建设的需要和普查工作的结果，结合建设部门的意见，选择资源条件较好、开发条件有利的矿区进一步查明资源的情况，为矿区总体设计提供基本的依据。

井田精查是在设计部门已经划定的井田范围内，紧密结合建设施工程序，对影响煤层开采的各种地质条件进行更深入更细致的了解，其结果应为矿井设计提供可靠的依据。

1.4.3 煤田地质勘探方法

在煤田地质勘探工作中，需要各种技术手段和一定的施工方法。经常采用的勘探方法有地质测量法、探掘工程法、钻探工程法、地球物理勘探法。

（1）地质测量法。对天然露头和人工露头进行测量和描述，并把煤系地层、煤层产状和构造线等测绘在地形图上，绘制成地质地形图。地质测量是勘探工作中最基础的工作，在煤田地质勘探的各个阶段都要进行。

（2）探掘工程法。探掘工程法又称山地工程法，是对覆盖层较薄的地区，用人工方法揭露岩层、煤层和构造。常用的探掘工程有探槽、探井和探巷。

（3）钻探工程法。钻探工程法是利用钻机钻进，通过采取岩、煤芯来获得必要的资料。当煤系上覆地层较厚，探掘工程难以满足勘探要求时，就可采用钻探工程法。它是矿区详查和井田精查的主要技术手段。

（4）地球物理勘探法。地球物理勘探简称物探。它是利用岩石、煤层等矿床所具有的不同物理性质（磁性、密度、电阻率、弹性波传播速度、放射性等）对地球物理所产生的异常来查找煤层，圈定含煤地区，推断地质构造。地球物理勘探法在煤田勘探中应用范围日益扩大，较常用的方法有地震法、电法和测井等。

1.4.4 矿井储量

《固体矿产资源/储量分类》（GB/T 17766—1999）把矿产资源/储量分为3大类16种类型，见表1-3。

《煤炭工业矿井设计规范》（GB 50215—2015）分别给出了矿井预可行性研究、可行性研究和初步设计阶段资源/储量类型和计算方法。矿井资源/储量包括矿井地质资源量、矿井工业资源/储量、矿井设计资源/储量、矿井设计可采储量。

1.4.4.1 矿井地质资源量

矿井地质资源量是指勘探地质报告提供的查明煤炭资源的全部，包括探明的内蕴经济的资源量331、控制的内蕴经济的资源量332、推断的内蕴经济的资源量333。

1.4.4.2 矿井工业资源/储量

矿井工业资源/储量是指地质资源量中探明的内蕴经济的资源量331和控制的内蕴经济的资源量332中经分类得出的经济的基础储量111b和122b、边际经济的基础储量2M11

表 1-3 固体矿产资源/储量分类表

经济意义	地质可靠程度			
	查明矿产资源			潜在矿产资源
	探明的	控制的	推断的	预测的
经济的	可采储量 (111)			
	基础储量 (111b)			
	预可采储量 (121)	预可采储量 (122)		
	基础储量 (121b)	基础储量 (122b)		
边际经济的	基础储量 (2M21)			
	基础储量 (2M21)	基础储量 (2M21)		
次边际经济的	资源量 (2S11)			
	资源量 (2S21)	资源量 (2S22)		
内蕴经济的	资源量 (331)	资源量 (332)	资源量 (333)	资源量 (334)[①]

注：表中所用编码（111~334），第 1 位数表示经济意义，即 1—经济的，2M—边际经济的，2S—次边际经济的，
3—内蕴经济的；第 2 位数表示可行性评价阶段，即 1—可行性研究，2—预可行性研究，3—概略研究；第 3
位数表示地质可靠程度，即 1—探明的，2—控制的，3—推断的，4—预测的。b—未扣除设计、采矿损失的可
采储量。

①—经济意义未定的。

和 2M22，及推断的内蕴经济的资源量 333 的大部。矿井工业资源/储量按式（1-1）计算：

矿井工业资源/储量：

$$Z_g = 111b + 122b + 2M11 + 2M22 + 333k \qquad (1-1)$$

式中，k 为可信度系数，一般取 0.7~0.9。

1.4.4.3 矿井设计资源/储量

矿井设计资源/储量的计算公式为：

$$Z_s = Z_g - P_1 \qquad (1-2)$$

式中　Z_s——矿井设计资源/储量；

　　　Z_g——矿井工业资源/储量；

　　　P_1——断层煤柱、防水煤柱、井田境界煤柱、地面保护煤柱等永久煤柱损失量
　　　　　之和。

1.4.4.4 矿井设计可采储量

矿井设计可采储量计算公式为：

$$Z_k = (Z_s - P_2)C \qquad (1-3)$$

式中　Z_k——矿井设计可采储量；

　　　P_2——工业场地和主要井巷煤柱损失量之和；

　　　C——采区采出率，厚煤层不小于 75%，中厚煤层不小于 80%，薄煤层不小
　　　　　于 85%。

2 | 井 田 开 拓

2.1 煤田划分

2.1.1 煤田与井田

同一地质时期形成，并大致连续发育的含煤岩系分布区，称为煤田。统一规划和开发的煤田或其一部分，称为矿区。

煤田范围大小差别很大，面积从几十至数万平方千米，储量数亿吨至数百亿吨。面积大、储量丰富的煤田一般称为"富量煤田"，范围小、储量少、只能由一个矿井开采的煤田一般称为"限量煤田"。

煤田内的煤层数往往有数层至数十层，煤层厚度由几厘米至数十米，煤层倾角从几度至90°，煤层层间距也相应有大有小。显然，对于富量煤田必须划分为若干面积较小的部分，每一部分由一个矿井开采，否则技术上、经济上都不合理。这样划归一个矿井开采的部分煤田，称为井田。

由此可知，一个矿区由多个矿井组成，以便有计划、有步骤、安全、合理地开发矿区。富量煤田一般划归一个矿区。例如，平顶山煤田划归平顶山矿区，这时煤田的范围就是矿区的范围。也有少数富量煤田划分为几个矿区，如渭北煤田划分给铜川、韩城、浦白和澄合矿区。也有的矿区包含几个限量煤田，如六盘水矿区等。

2.1.2 煤田划分为井田

煤田划分为井田时，要保证井田有合理的尺寸和境界，使煤田各部分都得到安全经济合理的开发。

2.1.2.1 划分的原则

A 井田境界、储量及开采条件与矿井生产能力相适应

对于一个矿井特别是机械化程度高的现代化大型矿井要求井田有足够的储量和合理的服务年限。而中、小型矿井，储量可少些。随着开采技术的发展，当初设计时划分的范围，可能满足不了矿井长远发展要求。因此，井田划分时应划得大些，或在井田范围外留一备用区，为矿井发展留有余地。

B 保证井田有合理的尺寸

井田尺寸是指井田范围内煤层的走向长度、倾斜长度、倾斜方向的水平投影宽度及井田面积。为合理安排井下生产，井田走向长度应大于倾斜长度。如果井田走向长度过长，会给矿井通风、运输带来困难。如井田走向过短，则难以保证矿井各个开采水平有足够的储量和服务年限，使矿井生产接替紧张。因此，井田走向长度过长或过短，都将降低矿井的经济效益。

C　充分利用自然条件划分井田

为减少开采技术上的困难，降低煤柱损失，往往利用大断层、河流、国家铁路、城镇等作为井田边界，如图 2-1 所示。

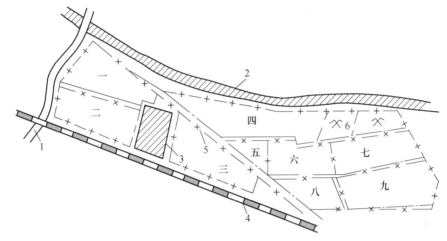

图 2-1　利用自然条件作为井田边界
1—河流；2—煤层露头；3—城镇；4—铁路；5—大断层；6—小煤窑；
一～九—矿井

煤层倾角变化较大处或大的褶曲构造，都可作为井田边界，以便于相邻矿井采用不同的采煤方法和采掘机械，简化生产管理。

在地表为丘陵、山岭、沟谷的地形复杂区域，划分井田要便于选择合理的井硐位置及布置工业广场。

对于煤层煤质变化较大的地区，如需要，可考虑按不同煤质划分井田。

D　要处理好相邻矿井之间的关系

划分井田时，通常把煤层倾角较小，沿倾斜延展很宽的煤田，分为浅部和深部两部分。一般应先浅后深，先易后难，分别建井。这样可以避免浅部、深部矿井形成复杂的压茬关系，给开采带来不便，还可节省初期投资。浅部矿井井型及范围可比深部矿井小。当需要加大开发强度，必须在浅部、深部同时建井或浅部已有矿井开发需要在深部另建新井时，应考虑浅部矿井的发展余地，不使浅部矿井过早报废。总之，要全面规划，处理好浅部与深部矿井、新矿井与老矿井之间的关系，为矿区的建设和发展创造良好的条件。

2.1.2.2　划分井田境界的方法

井田境界划分方法有垂直划分、水平划分、倾斜划分、按煤组划分及按自然条件划分。

A　垂直划分

相邻矿井以某一垂直面为界，沿境界线各留井田边界煤柱，称为垂直划分。井田沿煤层走向方向的边界，一般采用沿倾斜线、勘探线或平行于勘探线的垂直面划分，如图 2-2 所示，一、二矿之间采用垂直划分。

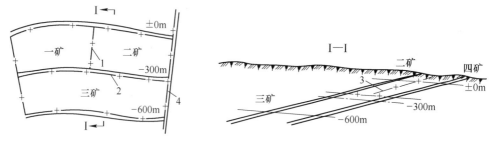

图 2-2　人为划分井田境界

1—垂直划分；2—水平划分；3—倾斜划分；4—以断层为界

近水平煤层井田无论是沿走向、还是沿倾斜方向，都采用垂直划分法。

B　水平划分

以一定标高的煤层底板等高线为界，并沿该煤层底板等高线留置边界煤柱，这种方法称为水平划分。如图 2-2 中，三矿上下边界就分别以−300m 和−600m 等高线为界。这种方法多用于中倾斜煤层和急倾斜煤层井田上、下边界的划分。

C　按煤组划分

按煤层（组）间距的大小来划分矿界，即把煤层间距较小的相邻煤层划归一个矿开采，把煤层间距较大的煤层（组）划归另一矿开采。该方法多用于煤层或煤层组间距较大、煤层赋存浅的矿区。如图 2-3 所示，Ⅰ矿与Ⅱ矿即按煤组划分矿界并同时建井。

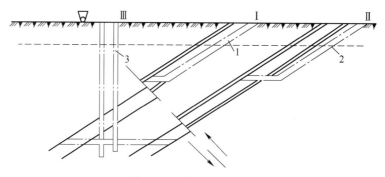

图 2-3　按煤组划分井界

1，2—浅部分组建斜井；3—深部集中建立井

2.2　矿井生产能力和服务年限

2.2.1　矿井生产能力

矿井生产能力一般是指矿井的设计生产能力，以万吨/年表示。

2.2.1.1　矿井井型

矿井井型是按矿井设计年生产能力大小划分的矿井类型，一般分大型、中型、小型矿井 3 种。

大型矿井：生产能力为 120 万吨/年、150 万吨/年、180 万吨/年、240 万吨/年、

300 万吨/年、400 万吨/年、500 万吨/年及 500 万吨/年以上的矿井；习惯上称 300 万吨/年以上的矿井为特大型矿井。

中型矿井：生产能力为 45 万吨/年、60 万吨/年、90 万吨/年。

小型矿井：生产能力为 9 万吨/年、15 万吨/年、21 万吨/年、30 万吨/年。

矿井生产能力是煤矿生产建设的重要指标，是井田开拓的主要参数，也是选择井田开拓方式的重要依据之一。

2.2.1.2 矿井生产能力的确定

矿井生产能力的大小各具特点，大型矿井的产量大、技术装备水平高、生产集中、效率高、服务年限长、能长期供应煤炭，是我国煤炭工业的骨干。但大型矿井的初期工程量较大，施工技术要求高，需要较多的设备，建筑工期长，基建投资大、生产技术管理也复杂。小型矿井的初期工程量和基建投资少，施工技术要求不太高，技术装备简单，建井工期短，能较快达到设计生产能力。但生产较分散、效率低、服务期短，占地多。

矿井生产能力主要根据矿井地质条件、煤层赋存状况、储量、开采条件、设备供应及国家需求等因素确定。

A 地质条件及开采技术条件

对于储量丰富、地质构造简单、煤层产出能力大、开采技术条件好的矿区应建设大型矿井。当煤层赋存深、表土厚、冲积层含水丰富、井筒需要特殊施工时，为扩大井田范围、少开井筒、降低成本，以建大型井为宜。对于地形地貌复杂的矿区，工业广场选择与布置较难，为减少过多的地面工程，井田范围划得大些，也宜建大型井。

对于储量有限，煤层的产出能力小，或多为薄煤层，开采条件差，或地质构造复杂，以及有煤与瓦斯突出危险的煤层，宜建中小型矿井。

对于具体矿井，应根据国家需要，结合该矿地质和技术条件，开拓、准备方式，以及机械化水平等因素，在保证生产安全、技术经济合理的条件下，综合算出开采能力和各环节所能保证的能力，并根据矿井储量，验算矿井和水平服务年限是否达到规定的要求。

B 矿井各生产环节通过能力

矿井各生产环节通过能力主要是提升、运输、通风、大巷及井底车场的通过能力。新设计的矿井各生产环节都有 30%~50% 的储备能力，足以保证矿井开采的需要。

C 储量条件

矿井生产能力应与其储量相适应，以保证矿井和水平有足够的服务年限。各类矿井和水平服务年限要求见表 2-1。

表 2-1 我国各类矿井和水平服务年限

井型	矿井设计生产能力 /万吨·年⁻¹	矿井设计服务年限/a	水平服务年限/a		
			0°~25° 煤层	25°~45° 煤层	45°~90° 煤层
大	300 以上	70	30~40	—	—
	120、150、180、240	60	20~30	20~30	15~20
中	45、60、90	50	15~20	15~20	12~15

D 安全生产条件

安全生产条件主要是指瓦斯、通风、水文地质等因素的影响。矿井瓦斯涌出量大，所需风量大，通风能力可能成为影响矿井生产能力的因素。矿井涌水量大，为缩短矿井排水时间，可适当增大开采强度，缩短开采年限。

E 经济条件

煤矿生产必须重视经济效益，在确定矿井生产能力时，应以原煤成本最低为准则。

综上所述，储量是基础，开采能力是关键，各生产环节能力应配套，安全生产必须保证。

2.2.2 矿井服务年限

矿井服务年限必须与井型相适应。矿井可采储量 Z_k、设计生产能力 A 和矿井服务年限 T 三者之间的关系为：

$$T = \frac{Z_k}{A \cdot K} \tag{2-1}$$

式中，K 为矿井储量备用系数，矿井设计一般取 $1.3 \sim 1.5$。

确定井型时考虑储量备用系数 K 的原因是：矿井各生产环节有一定的储备能力，矿井投产后可能超产；局部地质条件变化使储量减少；由于技术原因使采出率降低，从而减少了储量。

通常情况下，我国新建矿井移交生产的标准是达到设计生产能力的 60%。从开始生产至达到设计生产能力的时间称产量递增时期（t_1），大型矿井为 3a，中型矿井为 2a，小型矿井为 1a。以后为正常生产时期（t_2），在矿井采完以前有一段时间（t_3）产量逐渐下降，最后结束。因此一个矿井的总生产时间为以上 3 个时间之和，矿井服务年限应指矿井均衡生产的时期（即 t_2）。

当井型一定时，其服务年限必须与之相适应，才能获得好的技术经济效果。矿井服务年限长，能有效地利用井巷、地面建筑物和机电设备，充分发挥投资的作用，使分摊到每吨煤的费用减少；对于矿区均衡生产，大型矿井服务年限长些会长期稳定地提供煤炭，也能充分发挥附属企业的效能；可避免出现矿井接续紧张的问题。但矿井服务年限长，矿区开发强度低，积压储量与积压勘探和建设基金，不能充分发挥投资效益；井田范围大，矿井的生产经营费用相应增加；现代新技术飞速发展，设备更新周期 $10 \sim 20a$，服务年限长，对采用新技术不利。近年来，矿井服务年限有变短的发展趋势。

2.3 井田内的再划分

煤田划分为井田后，就可以布置完全独立的生产系统。但这套生产系统仍不可能把整个井田内的煤同时全部开采出来，还需要按计划、有步骤、分单元地开采。这种把井田进一步划分成若干适宜开采的更小单元，直到能满足开采工艺要求的过程称为井田内再划分。

2.3.1 巷道名称及分类方法

实际生产中，常按巷道的空间特征和用途来命名和分类，巷道按空间特征分为垂直巷道、水平巷道、倾斜巷道。

2.3.1.1 垂直巷道

A 立井

立井是开口于地面的垂直巷道，是进入煤体的一种方式，又叫竖井，如图 2-4 中 1 所示。立井按用途分为担负提煤任务的主立井，担负全矿人员、材料、设备等辅助提升任务的副立井，还有担负矿井通风的风井。

B 暗立井

暗立井是没有出口直接通到地面的垂直巷道，通常装有提升设备，如图 2-4 中 4 所示。一般用来连接上、下两个水平，担负由下水平向上水平的提升任务。暗立井也有主暗立井和副暗立井之分。

C 溜井

溜井是用来从上部向下部溜放煤炭的垂直巷道，如图 2-4 中 5 所示。

2.3.1.2 水平巷道

A 平硐

平硐是有出口直接通到地面的水平巷道，是进入煤体的方式之一，如图 2-4 中 3 所示。平硐按所担负的任务不同有主平硐、副平硐之分。

B 平巷

平巷是没有出口直接通到地面，沿岩层走向开掘的水平巷道。布置在岩石中的平巷叫岩石平巷，布置在煤层中的平巷叫煤层平巷。根据用途不同，平巷有运输巷、行人平巷、进风或回风巷等。按服务范围分阶段（水平）平巷、分段平巷和区段平巷等。

C 石门

石门是没有出口直接通到地面，与岩层走向垂直或斜交的水平岩石巷道，如图 2-4 中 6 所示。按用途分为运输石门、进风石门、回风石门等。按服务范围分为阶段石门、采区石门等。

D 煤门

煤门是与煤层走向垂直或斜交的煤层平巷。煤门长度决定于煤层厚度和倾角，一般只有在厚煤层中才布置煤门。

2.3.1.3 倾斜巷道

A 斜井

斜井是开口于地面的倾斜巷道，是进入煤体的方式之一，如图 2-4 中 2 所示。斜井按用途分为主斜井、副斜井和回风斜井。按所在岩层层位分为岩石斜井和煤层斜井。按空间特征分为顺层斜井、穿层斜井、反斜井和伪斜井。

B 暗斜井

暗斜井是没有出口直接通到地面，用来联系上、下两个水平并担负提升任务的斜巷。

暗斜井也有主暗斜井和副暗斜井之分。

C 上山

上山是没有出口直接通到地面，位于开采水平之上，连接阶段运输巷和回风巷的倾斜巷道。上山有运煤的运输上山，运送材料、设备的轨道上山，担负采区回风任务的回风上山。

D 下山

下山位于开采水平以下，作用与上山相同。

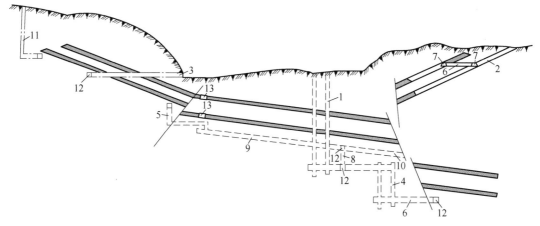

图 2-4 矿井井巷示意图

1—立井；2—斜井；3—平硐；4—暗立井；5—溜井；6—石门；7—煤门；8—煤仓；9—上山；
10—下山；11—风井；12—岩石平巷；13—煤层平巷

另外，斜巷还有行人斜巷、联络斜巷、溜煤斜巷、溜煤眼等。

矿井巷道按其在生产中的重要性和服务范围不同，可以分为开拓巷道、准备巷道和回采巷道。

开拓巷道是指为全矿井、一个开采水平或阶段服务的巷道，如井筒、井底车场、水平运输大巷和回风大巷等，服务范围大，服务时间长。

准备巷道是指为整个采区服务的巷道，如采区上（下）山、采区车场、采区石门等。

回采巷道是指仅为工作面采煤直接服务的巷道，如区段运输巷、区段回风巷和开切眼等。

2.3.2 井田划分

目前，我国常见的井田划分方式有井田划分为阶段、井田划分为盘区、井田分区域划分。

2.3.2.1 井田划分为阶段

在井田范围内，根据煤层的赋存状况，沿煤层倾斜方向，按一定标高将井田划分成若干长条单元，并称之为阶段，如图 2-5 所示。

阶段大小用阶段走向长和阶段斜长来表示。阶段走向长与该阶段所在位置的井田走向

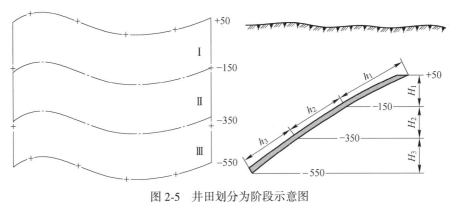

图 2-5 井田划分为阶段示意图

Ⅰ~Ⅲ—阶段序号；$h_1 \sim h_3$—阶段斜长；$H_1 \sim H_3$—阶段垂高

长度一致。阶段斜长由阶段垂高和该阶段处煤层倾角决定。阶段垂高是指阶段上、下边界之间的垂直高度，等于阶段上、下边界面标高之差。

一般用水平面作为阶段上、下边界，叫水平。水平位置用标高来表示，如+50m 水平、−150m 水平等。布置有井底车场和主要运输大巷，并担负该水平开采范围内的主要运输和提升任务的水平称作开采水平。

一个开采水平可以只为一个阶段服务，也可以为该水平上、下两个阶段服务，所以，一个矿井的开采水平数目和阶段数目不一定相等。

一个井田可以用一个开采水平采完，也可能用两个或两个以上开采水平才能采完，视井田煤层赋存条件和井田尺寸大小而定。前者叫单水平开拓，后者叫多水平开拓。图 2-5 所示井田划分为 3 个阶段，由于一个开采水平最多能为两个阶段服务，所以该矿至少需要两个开采水平，即多水平开拓。

一个井田划分为几个阶段取决于每个阶段的垂高。阶段垂高直接影响矿井基建工程量、初期投资、建井工期、生产技术及经济合理性，是矿井开拓的重要内容之一。阶段垂高的确定取决于煤层赋存特征、地质条件和开采技术条件。

一般情况下，矿井只以一个阶段（或开采水平）保证矿井年产量。为了保证矿井稳定、均衡生产，避免水平接替紧张，矿井第一水平应有足够的服务年限。

2.3.2.2 井田划分为盘区

当井田内煤层倾角较小甚至接近水平时，煤层沿倾斜方向高差很小，所以没有必要再按标高划分阶段。这时，可沿煤层主要延展方向布置主要大巷，将井田分为两翼，以大巷为轴将两翼分成若干适宜开采的块段，每个块段称为一个盘区。每个盘区通过盘区石门与主要大巷相连，构成相对独立的生产系统，如图 2-6 所示。

2.3.2.3 井田分区域划分

随着开采技术的发展和煤层埋深的增加，矿井开采强度越来越大，出现了许多特大型矿井。这些矿井井田范围较大，煤层沿走向长度可达数十千米。为解决井田范围大、储量丰富、生产能力大等所带来的井下运输距离长、通风和管理困难，有的矿井采用了分区域

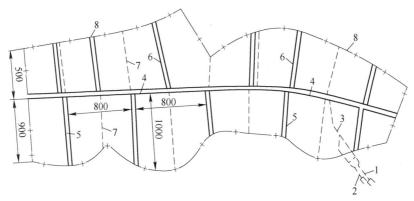

图 2-6 井田划分盘区
1—主斜井；2—副斜井；3—主要石门；4—主要运输巷；5，6—盘区运输巷；7—盘区边界；8—井田边界

开拓的方式，即将整个井田划分成若干个区域，每个区域相对独立。在井田中央开凿集中提升井为整个井田服务，区域内开凿辅助提升井和风井为本区域服务，如图2-7所示。

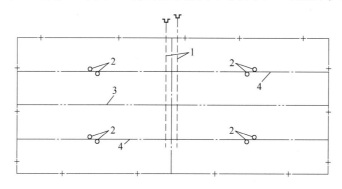

图 2-7 分区域建井的井田划分示意图
1—主斜井；2—副斜井；3—分区界限；4—阶段界限

采用区域划分，各区域既可同时建井，缩短建井工期，又可分期建井，分期投产，减少初期投资。采用集中主提升、分区域辅助提升和通风的模式，既可以采用大型提升设备、降低运营费，又可以大大降低辅助生产环节的费用。

2.3.3　阶段内的划分

井田划分为阶段是我国较广泛使用的井田再划分方式。井田划分为阶段后，一般仍需进一步划分成适合开采的更小单元。根据煤层赋存特征和开采技术条件，阶段再划分有分区式和分带式两种形式。

2.3.3.1　分区式

将阶段沿煤层走向划分成若干块段，每个块段叫一个采区，如图2-8所示。采区斜长等于阶段斜长。采区走向长度应根据开采技术条件和采煤方法确定。不同采区的走向长度不一定相同。

每个采区都有独立的运输和通风系统。在采区内要开掘沿倾斜方向的巷道将阶段主要运输巷和主要回风巷连通，形成生产系统为整个采区服务。这种倾斜巷道叫采区上（下）山，其中担负运煤任务的叫作运输上（下）山，担负运送材料、设备任务的叫作轨道上（下）山。采区上（下）山可以沿煤层布置，也可以沿煤层底（或顶）板岩层布置。

采区上（下）山可以布置在采区沿走向中央，也可以布置在采区沿走向边界。前者在采区上（下）山两侧均可布置工作面回采，称为双翼采区；后者只能在采区上（下）山的一侧布置工作面回采，称为单翼采区，如图2-9所示。

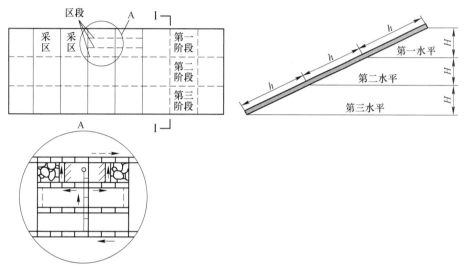

图2-8 阶段内分区布置

H—阶段垂高；h—阶段斜长

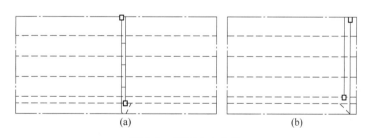

图2-9 采区上山位置

（a）双翼采区上山；（b）单翼采区上山

由于采区倾斜长度等于阶段倾斜长度，可达数百甚至上千米，还需要将采区沿倾斜方向划分成更小的单元，这些小单元叫区段。

在区段上部需要沿煤层走向开掘煤层巷道，用于回风和运料，称为区段回风平巷；在区段下部沿煤层走向开掘煤层平巷，用于进风和运煤，叫区段运输平巷。区段回风平巷和区段运输平巷掘至开采区边界，沿煤层倾斜方向开掘巷道（称作开切眼），将二者贯通后，即可装备工作面。

区段回风平巷和区段运输平巷分别通过采区车场或溜煤眼与采区上（下）山相连。

一般情况下，区段倾斜宽度（区段斜长）等于采煤工作面长度、区段运输平巷、回风平巷宽度以及区段煤柱宽度之和。

需要说明的是，随着开采技术的发展，沿空留巷、沿空掘巷等无煤柱护巷技术得到越来越广泛的应用。这时，区段宽度就等于工作面长度加上两条或一条区段平巷的宽度。

2.3.3.2 分带式

分带式这种划分方法是将整个阶段沿走向方向划分成若干倾斜长条，每个倾斜长条内布置一个倾斜长壁采煤工作面，沿煤层倾斜方向推进，这种划分方式称为分带式布置，如图2-10所示。

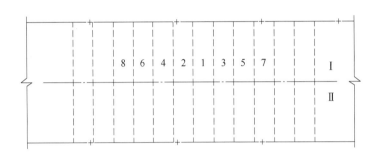

图 2-10 阶段内分带布置

Ⅰ，Ⅱ—阶段序号；1~8—分段带号

分带式布置省去了采区上（下）山及其生产环节，系统简单，运输环节少，井巷工程量小，建井工期短，煤柱损失少。但分带式布置斜巷掘进工程量大，特别是下山掘进时，如果煤层倾角较大和涌水量较大时，掘进困难，效率较低。此外，分带式布置辅助运输复杂；工作面沿倾斜方向推进，对采煤机械稳定性要求高。

实际经验表明，分带式布置对煤层平缓（倾角小于12°）、地质构造简单的薄及中厚煤层适应性较好。

2.3.4 井田内的开采顺序

井田内可采煤层有上下之分，同一煤层有深有浅，特别是井田进一步划分后，形成许多的开采单元。要使矿井生产安全、合理、经济，必须按一定的顺序进行开采。

2.3.4.1 煤层沿倾斜的开采顺序

由于煤层在地下大多为倾斜赋存，对同一层煤，一般都是由上而下（由浅入深）地逐步开采。这种开采顺序叫煤层的下行开采顺序。反之，称为煤层的上行开采顺序。下行开采顺序可以减少初期建井工程量和初期投资，建井快、出煤早。当煤层倾角较大时，采用下行开采顺序可以避免开采煤层下部时由于采空区顶板移动对煤层上部的破坏。在开采近水平煤层时，上、下行开采顺序差别不大，均可采用。

当煤层顶板涌水量较大时，为了避免上区段采区涌水给下区段生产造成影响，有时在区段间采用上行开采顺序。这样，可以利用下部区段采空区疏泄上部区段的顶板水，减轻顶板水的影响。

对于多煤层赋存的井田，一般先采上部煤层，后采下部煤层，这种开采顺序称为多煤层下行开采；反之，称为多煤层上行开采。

多煤层上行开采以采下层煤时不破坏上层煤的基本开采条件为前提，通常用于突出煤层的保护层开采。

一般来说，不论是整个井田，还是阶段内、采空区内，都应首先考虑使用下行开采顺序。

2.3.4.2 煤层沿走向的开采顺序

煤层沿走向的开采顺序有前进式和后退式。在井田范围内，以井筒为基准，由井筒向边界依次推进的叫前进式，反之叫后退式，如图 2-11 所示。

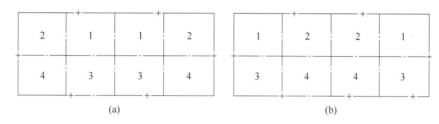

图 2-11 阶段内的开采顺序
(a) 采区前进式开采顺序；(b) 采区后退式开采顺序
1~4—采区开采序号

在同一采区内，工作面的开采顺序也有前进式与后退式之分。工作面由上（下）山向边界推进的叫区内前进式，反之为区内后退式。从安全与管理方面考虑，工作面一般采用后退式开采。

后退式开采可以通过巷道探清整个开采范围内地质条件和煤层赋存特征的变化情况，有利于开采准备，而且开采和掘进之间相互干扰小，巷道维护条件好。后退式开采的主要缺点是初期工程量大，建井工期长，投产慢。前进式开采的优缺点与后退式相反。

2.4 井田开拓方式

2.4.1 井田开拓的概念

在划定的井田范围内，为了采煤，需从地面向地下开掘一系列井巷进入煤层，建立矿井的提升、运输、通风、排水、动力供应及监控等生产系统。这种由地表进入煤层为开采水平服务所进行的井巷布置和开掘工程，称为井田开拓。用于开拓的井下巷道的形式、数目、位置及其相互联系和配合称为开拓系统。在特定的井田地质、地形及开采技术条件下，开拓巷道有多种布置方式，开拓巷道在井田内的布置方式，称为开拓方式。每个井田的地质条件和开采技术各不相同，井田开拓方式的种类繁多，我国常用的开拓方式如图 2-12 所示。

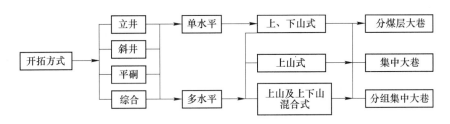

图 2-12 开拓方式分类

2.4.1.1 井筒（硐）形式

井筒是矿井最重要的井巷工程。它是矿井由地下通向地面的出口，是煤炭、材料、设备、人员、风、电的必经之路，是整个矿井生产系统的咽喉。按井筒（硐）形式可分为立井开拓、斜井开拓、平硐开拓、综合开拓。

井筒往往是矿井建设中影响初期投资和建井工期的关键性控制工程。此外，井筒的位置和数目还对矿井生产系统的技术合理性、矿井生产经营的经济合理性和资源回收率等都有着重要影响。

一般地，一个矿井至少应有一主一副两个井筒；主井担负煤炭提升任务，副井担负辅助提升任务。

所谓井筒位置，主要是指两个方面：（1）井口和井底沿井田走向和倾斜方向的位置；（2）井筒本身所通过的岩层层位。

选择井筒位置应从地面因素、地下因素和技术经济因素 3 个方面进行论证和比较。

（1）地面因素的影响。

1）能充分利用地形，使地面生产系统和工业场地布置合理，尽可能减少地面工业场地的土石方工程量。

2）地面工业场地应尽可能少占或不占良田，特别是不要占用高效农田。

3）井口标高应高于当地历史最高洪水位，并具有良好的泄洪、排洪条件，免受洪水威胁。

4）井口所在地工程地质条件要好，要避免滑坡、崩坍、地表沉陷的影响。

5）距林区较近时，应给井口留有足够的防火距离，免受森林火灾的影响。

6）要充分考虑各种人为因素。特别是地方煤矿和乡镇、个体煤矿，要充分注意地面场地、交通等引发的各种矛盾，如井口占地的归属、矸石排放方式等。

（2）地下因素。

1）井筒穿过的岩层应有良好的地质条件，尽可能避免穿越流沙层、强含水层和地质破坏剧烈带等不利于井筒掘进和维护的地带。

2）井筒落底位置应能保证各水平井底车场巷道和硐室处于坚硬、完整的岩层中，保持井底车场良好的维护条件。

3）井筒应避免老窑采区及其垮落岩层的影响。

4）井筒应尽可能布置在薄煤带或不受采动影响的井田边界之外，以减少工业场地煤柱损失。

5）井筒位置应保证井筒深度延长时，不受底板强含水层水患威胁。

（3）技术经济因素。

1）井筒落底位置应尽可能使井下运输、提升等生产环节简单。

2）井筒落底位置应尽可能使开拓工程量小，建井快，出煤早。

3）井筒落底位置应尽可能降低煤炭运输费等运营费用，并使矿井生产易于管理。

井筒落底位置在以上原则下，应优先考虑有利于第一开采水平，并兼顾其他水平。在条件许可时，井筒落底最好靠近第一水平运输大巷。

井筒落底沿井田走向的合理位置，一般在井田储量沿走向分布的中央，这样可以形成比较均衡的双翼井田，煤在井下沿走向的平均运输距离最短、运输工作量最小、运费最省。矿井两翼开采，其生产、通风均衡，通风费用低。

2.4.1.2　开采水平数目

按开采水平数目可分为：单水平开拓（井田内只设一个开采水平）和多水平开拓（井田内设 2 个或 2 个以上开采水平）。

在多水平开拓的井田中，每一个水平可以只开采上山阶段，也可以开采上、下山两个阶段。决定是否采用下山开采的因素很多，最主要的是矿井基本建设的工程量和基本建设投资的大小，以及生产技术条件和因素等。

当阶段高度一定时，采用上、下山开采比只用上山开采水平数目少，井底车场、硐室等工程量及有关设备相应减少，因此基本建设投资也相应降低。同时，由于水平数目减少，每个水平的服务年限增长，这有利于矿井生产的均衡。一般缓倾斜煤层，只有当煤层倾角较小（小于 16°），瓦斯含量较低，涌水量不大时，适于一个开采水平为上、下山两个阶段服务。

2.4.1.3　开采方式

开采方式可分为上山式、上下山式及混合式。

上山式，即开采水平只开采上山阶段，阶段内一般采用采区式准备。

上下山式，即开采水平分别开采上山阶段及下山阶段，阶段内采用采区式准备或带区式准备；近水平煤层，开采水平分别开采井田上山部分及下山部分，采用盘区式或带区式准备。

上山及下山混合式，即上述方式的综合应用。

2.4.1.4　开采水平大巷布置方式

按水平大巷所在层位和布置方式可分为：分煤层大巷开拓，即每个煤层设大巷；集中大巷开拓，即煤层群中设置大巷，通过采区石门与各煤层联系；分组集中大巷开拓，即将煤层群分组，分组中设集中大巷。

A　分煤层大巷

在开采水平各煤层中分别开掘运输大巷，并用阶段石门或溜井与井底车场相通的叫分煤层运输大巷，如图 2-13 所示。

分煤层运输大巷可以沿煤层掘进，也可以在煤层底板中开掘。在煤层中开掘施工容易，掘进速度快，成巷费用低，并有助于进一步探明煤层赋存状况，补充地质资料，这对勘探程度较差、地质构造复杂的矿井有重要意义。

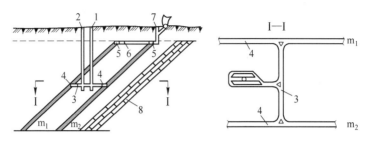

图 2-13 分层运输大巷布置方式

1—主井；2—副井；3—主要石门；4—分层运输大巷；5—分层回风巷；6—回风石门；7—回风井；8—含水岩层

B 集中大巷

在开采水平内只开一条运输大巷为各煤层服务，这条运输大巷叫作集中运输大巷，它通过采区石门与各煤层相联系，如图 2-14 所示。

集中运输大巷的特点是：减少了大巷的掘进量和维护量，增加了联系各煤层的采区石门，有利于采区巷道联合布置，实现合理集中生产。当采用岩石集中大巷时，大巷的弯道可以减少，生产期间维护条件好，可以充分发挥机车的运输能力，有利于运输工作机械化和自动化。同时，可以不留大巷煤柱，有利于提高煤炭回收率。但是，这种布置方式建井初期需要在掘进阶段石门、运输大巷和采区石门以后才能进行上部煤层的准备与回采，因此建井期较长。另外，当煤层间距很大时，采区石门的长度大，

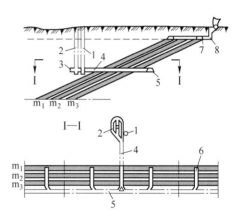

图 2-14 集中运输大巷

1—主井；2—副井；3—井底车场；4—主要石门；
5—集中运输巷；6—采区石门；
7—集中回风巷；8—回风井

采区石门的总工程量可能很大，以致造成技术上、经济上不合理。因此，这种方式适用于煤层数目较多、煤层间距不大的矿井。

C 分组集中大巷

分组集中运输大巷是前述两种方法的过渡形式，它兼有前两种方式的部分特点。当井田内各煤层的层间有大有小，用一条集中运输大巷服务于全部煤层在技术经济上不合理时，可以根据各煤层的间距及煤层特点将煤层分为若干煤组，每一煤组布置一条运输大巷担负本煤组的运输任务，称为分组集中运输大巷。分组集中运输大巷以采区石门联系本煤组各煤层。

2.4.2 立井开拓

主井、副井均采用立井的开拓方式，称为立井开拓。图 2-15 为立井多水平上山式开拓的示例。井田开采一个缓倾斜煤层，煤层赋存较深，表土层较厚。井田沿倾斜分为 2 个

阶段，设2个开采水平。在阶段内沿走向划分为若干个采区。为减少初期工程量，尽快投产，可设中央采区。每个采区再划分为3个区段。

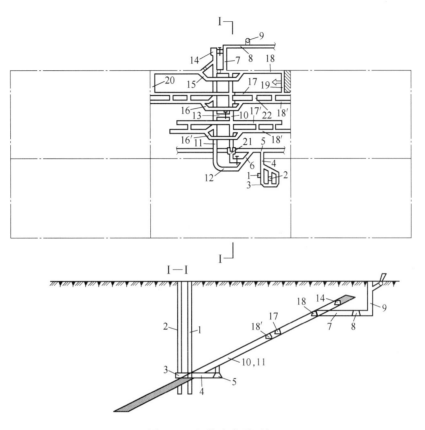

图 2-15　立井多水平开拓

1—主井；2—副井；3—井底车场；4—阶段运输石门；5—阶段运输大巷；6—采区运输石门；7—采区回风石门；
8—阶段回风大巷；9—风井；10—采区运输上山；11—采区轨道上山；12—采区下部车场；13—采区变电所；
14—采区绞车房；15—采区上部车场；16，16′—采区中部车场；17，17′—区段运输平巷；
18，18′—区段回风平巷；19—采煤工作面；20—开切眼；21—采区煤仓；22—联络巷

　　井巷开掘顺序：在井田中央，自地面向下开掘主井1、副井2，到达第一阶段运输水平，开掘井底车场3，连通主井、副井风路。再开掘阶段运输石门4穿过煤层，在煤层底板岩层中掘进岩石阶段运输大巷5，向井田两翼延伸。当阶段运输大巷5掘至采区中部时，由掘采区运输石门6进入采区。然后沿煤层掘进采区运输上山10、采区轨道上山11。与此同时，自井田上部边界中央开掘风井9、阶段回风大巷8、采区回风石门7，与采区运输上山10和轨道上山11连通，形成全矿通风系统。

　　自采区上山依次掘进各区段中部车场及区段运输平巷、区段回风平巷、开切眼。

　　当煤层倾角小于16°时，井田划分为阶段，可采用立井单水平上下山开拓。当煤层倾角为12°以下时，一般采用带区式准备，如图2-16所示。

　　图2-16所示的这种开拓方式，巷道布置简化，生产系统简单，建井速度快，投产快，但上阶段的分带回风巷是下行风，应加强检测，防止瓦斯积聚，保证安全。

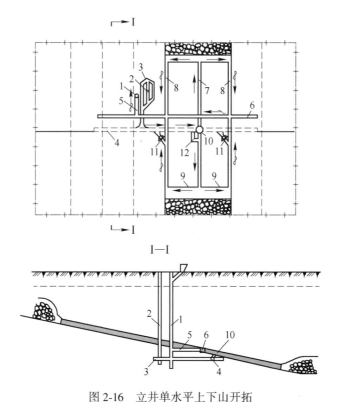

图 2-16　立井单水平上下山开拓

1—主井；2—副井；3—井底车场；4—运输大巷；5—回风石门；6—回风大巷；7—分带运输巷；
8—分带回风巷；9—采煤工作面；10—带区煤仓；11—运料斜巷；12—进风行人斜巷

2.4.3　斜井开拓

主井、副井均为斜井的开拓方式，称为斜井开拓。

图 2-17 为斜井多水平上山式开拓的示例。井田开采一缓倾斜煤层，煤层赋存较浅、表土层薄、水文地质条件简单。井田沿倾斜面划分 2 个阶段，设 2 个开采水平，每个上山阶段沿走向划分为若干个采区。

井巷开掘顺序：在井田中央自地面向下开掘主井 1、副井 2，主井 1 位于煤层底板岩层中，副井 2 位于煤层中。当主、副井开掘到第一开采水平标高之后，开掘井底车场 3 及井底煤仓 21。然后向井田两翼开掘阶段运输大巷 4。待其掘至采区中部后，掘采区石门 5、采区运输上山 8、采区轨道上山 9 及采区煤仓 13。与此同时，在上部边界开掘回风井 7、采区运输石门 6 与采区上山贯通，形成全矿通风系统。自采区上山 8、9 掘进区段运输平巷 15、区段回风平巷 17 及开切眼 18。

采用斜井开拓时，一般以一对斜井开拓井田。斜井布置方式应满足井型大小、运输等要求。

斜井提升方法不同，对井筒倾角要求不同。采用串车提升井筒倾角不宜大于 25°；采用箕斗提升时，一般为 25°~35°；当采用胶带输送机运输时，井筒倾角一般为 17°；采用无绳运输的井筒，其倾角不大于 10°。

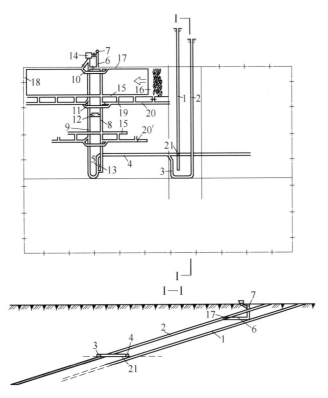

图 2-17 斜井多水平上山式开拓

1—主井；2—副井；3—井底车场；4—阶段运输大巷；5—采区运输石门；6—采区回风石门；7—风井；8—采区运输上山；
9—采区轨道上山；10—采区上部车场；11—采区中部车场；12—采区变电所；13—采区煤仓；14—采区绞车房；
15—区段运输平巷；16—采煤工作面；17—区段回风平巷；18—开切眼；19—联络巷；20—第二区段回风平巷；
20′—第三区段回风平巷；21—井底煤仓

斜井开拓时，对井筒的通风也有不同的要求，主井用胶带输送机运煤时，可兼作进风井，但风速不得超过 4m/s，且不允许兼作回风井。

根据井田地形、地质条件及提升方式不同，斜井井筒可沿煤层、岩层或穿层布置。

沿煤层开凿斜井具有施工较易、掘进速度快、初期投资较省、掘进出煤可满足建井期间的工程用煤，且可获得补充地质资料等优点。但井筒维护较困难，保护井筒煤柱大。因此，煤层埋藏浅、围岩稳定、地质构造简单时可采用沿煤层斜井。

一般情况下，斜井井筒应布置在煤层（组）下部稳定的底板岩石中，距煤层的法线距一般为 15～20m，井筒方向与煤层倾斜方向基本一致。当煤层倾角与要求的井筒倾角不一致时，可采用穿层斜井。当井筒倾角小，而煤层倾角大，则可开掘底板穿层斜井。当煤层倾角较小，如近水平煤层，为减少斜井工程量，可开掘顶板穿层斜井。应用顶板穿层斜井时，一般井田内只开采一个煤层，且往往是单水平开拓。

2.4.4 平硐开拓

服务于地下开采，在地层中开掘的直通地面的水平巷道，称为平硐。主要用于运输矿产品的平硐称为主平硐，用主平硐的开拓方式称为平硐开拓。简言之，利用直通地面的水平巷道进入地下煤层的开拓方式称为平硐开拓。

平硐开拓，一般以一条主平硐开拓井田，担负运煤、出矸、运料、通风、排水、敷设管线及行人等任务；在井田上部回风水平开掘回风平硐或回风井（立井或斜井）。

因地形和煤层赋存形态不同，平硐有不同布置方式。按平硐与煤层的相对位置不同，有走向平硐、垂直平硐及斜交平硐3种方式。

垂直于煤层走向的平硐，称为垂直平硐。图2-18表示沿煤层主要延伸方向将井田分为两部分，每部分又分为6个盘区。在山脚下标高为+800m，选定工业广场，在井田中央向地下开掘主平硐1，平硐开至井田中间后，在煤层底板岩层中掘至运输大巷2，平行于该大巷在煤层中掘副巷3，两者掘至盘区中部后，即掘进盘区下部车场4、盘区煤仓7、盘区上山5和6。同时，在回风水平掘进回风井9，与5和6贯通后，形成全矿通风系统。从盘区上山5和6掘进盘区上部及中部车场，再掘区段运输平巷、区段回风平巷及开切眼，形成采煤工作面，安装设备调试之后即可投产。

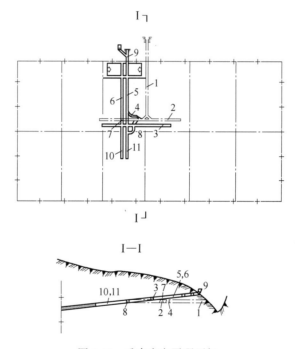

图2-18 垂直走向平硐开拓

1—主平硐；2—主要运输大巷；3—副巷（后期回风）；4—盘区上山下部车场；5—盘区轨道上山；6—盘区运输机上山；7—盘区煤仓；8—盘区下山上部车场；9—盘区回风井；10—盘区运输机下山；11—盘区轨道下山

走向平硐，即平行于煤层走向布置的平硐，如图2-19所示。

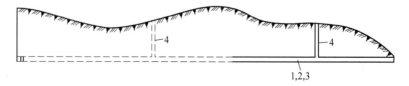

图2-19 走向平硐开拓

1—胶带运输平硐；2—无轨胶轮车平硐；3—回风平硐；4—风井

采用走向平硐开拓井田时，主平硐一般沿煤层底板岩层掘进。当开采煤层不太厚、围岩稳定时，主平硐也可沿煤层走向开掘。当走向平硐掘过第一采区后，即可掘石门入煤层，进行采区准备。首先开采靠硐口的采区，然后依次开采其他采区，形成了单翼生产的特点。这种开拓方式井巷工程量少，投资少，易施工，建井期短，出煤快。

当平硐与煤层走向斜交时，称为斜交平硐。斜交平硐增加了平硐岩石工程量。只有当地形和煤层赋存条件限制时才采用。

2.4.5　综合开拓

在复杂的地形、地质及开采技术条件下，采用单一的井筒形式开拓，在技术上有困难、经济上也不合理。将两种开拓方式结合起来，就出现了综合开拓，即采用立井、斜井、平硐等任何两种或两种以上的开拓方式，称为综合开拓。

2.4.5.1　主斜井-副立井综合开拓

斜井开拓具有很多优点，大型斜井作为主井，用胶带机运煤，能力大，在技术上、经济上都很优越。但副斜井辅助提升环节多、能力小；通风线路长、阻力大，不能满足生产要求。而立井的井筒短，具有提升速度快、能力大等优点，则可弥补斜井的不足，于是就可采用主斜井-副立井综合开拓方式实现大型井的综合开拓。图 2-20 所示为主斜井-副立井综合开拓方式。

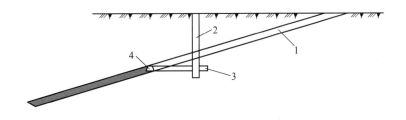

图 2-20　主斜井-副立井综合开拓
1—主斜井；2—副立井；3—井底车场；4—阶段运输大巷

2.4.5.2　平硐-立井综合开拓

采用平硐开拓只需开掘一条主平硐，其回风可以采用平硐、立井或斜井。对于某些瓦斯涌出量大、主平硐很长的矿井，井下需要风量大，主平硐长，风阻大，难以保证矿井通风的要求，若条件合适可开掘通风立井，如图 2-21 所示。

2.4.5.3　无采区开拓

矿井无采区开拓方式即井田内不划分为采区、带区和盘区。在井田储量中心线附近布置开拓大巷，在大巷两侧将煤层划分为若干分段或分带（煤层倾角小于 8°），每个分段或分带布置一个采煤工作面直接回采。井筒形式可根据地形及地质条件选用立井、斜井、平硐及综合开拓。

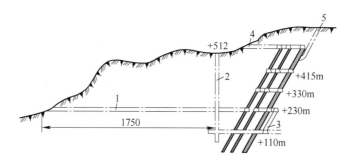

图 2-21 平硐-立井综合开拓
1—主平硐；2—副立井；3—暗斜井（箕斗斜井）；4—回风平硐；5—回风井

某矿采用无采区开拓方式进行开拓，如图 2-22 所示，从井筒形式而言，该矿采用了主斜井—回风平硐—副斜井开拓方式。

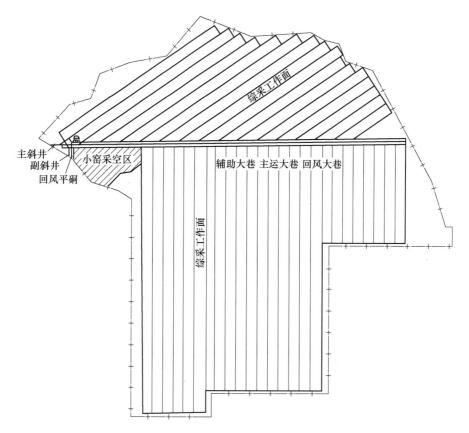

图 2-22 无采区开拓系统平面布置图

矿井无采区开拓方式适用于缓斜及近水平煤层、走向长度较短的煤层。随着开采技术的发展，该技术有广阔的应用前景。

3 ‖ 采区准备方式

井田开拓工作结束后，即可转入开采的准备阶段，即在开拓巷道的基础上，再开掘一系列准备巷道和回采巷道，构成完整的采准系统，以便人员通行、煤炭运输、材料设备运送、通风、排水和动力供应等正常运行。准备巷道包括采（盘）区上（下）山、区段石门或倾斜巷、采（盘）区车场，以及煤层群开采时的区段集中平巷等。准备巷道的布置方式称准备方式，常用的准备方式有采区式准备、盘区式准备和带区式准备。

3.1 采区式准备方式

《煤炭工业矿井设计规范》（GB 50215—2015）规定：双翼采区的走向长度，采用综合机械化采煤时，一般不小于2000m，普通机械化采煤时一般为1000~1500m。采区的倾斜长度在井田划分阶段时已经确定，一般为600~1000m，煤层倾角较小时可在1000m以上。

采区内一般划分成3~5个区段，区段斜长主要取决于采煤工作面长度及区段间煤柱尺寸。采煤工作面沿煤层倾向布置，沿走向推进，对应的采煤方法称为走向长壁采煤法。

3.1.1 单一煤层整层采区式准备方式

单一煤层整层采区式准备方式适用于缓倾斜、中倾斜煤层，厚度在3.5~4.5m以下或5~12m，工作面采用炮采、普采、综采一次采全高或放顶煤回采工艺。这种准备方式的生产系统比较简单，其巷道布置如图3-1所示。

该采区开采一层煤，煤层埋藏平稳，厚度不大，地质构造简单，瓦斯涌出量小，采区沿倾斜划分为3个区段。

采区巷道的掘进顺序是：在采区运输石门1接近煤层处，开掘采区下部车场3，由下部车场向上，沿煤层分别开掘轨道上山4和运输上山5，两条上山相距20~25m，至采区上部边界后，以采区上部车场6与采区回风石门2联通，形成通风系统。此后，为了准备出第一区段的采煤工作面，在上山附近第一区段下部掘中部车场7，然后同时掘进两翼的第二区段回风平巷8和第一区段的运输平巷9，其倾斜间距（区段煤柱）一般取8~15m。回风平巷8和运输平巷9之间沿走向每隔100~150m掘联络眼11沟通。8和9掘到采区边界附近后再掘出开切眼。与此同时在采区上部边界，从上部车场6向两翼开掘第一区段回风平巷10。在掘进上述各巷道的过程中，还要开掘采区煤仓12、变电所13和绞车房14。

当上述巷道和硐室经检查验收合格后，再安装所需的机电设备，形成一个完整的采区生产系统，即可进行回采。在第一区段的回采过程中，必须提前做好第二区段采煤工作面的准备工作，及时开掘第二区段中部车场7′、运输平巷9′和第三区段回风平巷8′及开切眼等。同样，在第二区段回采时，应及时准备好第三区段的有关巷道，以保证采区生产工作的正常接替。

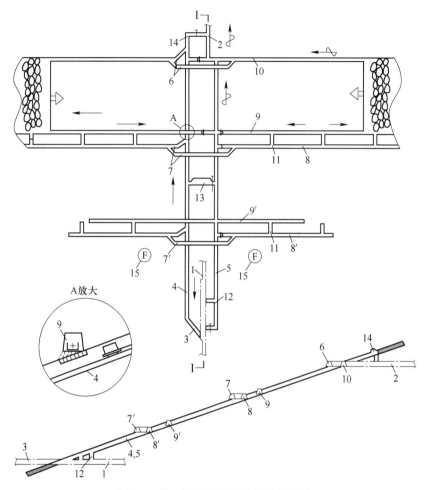

图 3-1　单一煤层整层采区巷道布置图

1—采区运输石门；2—采区回风石门；3—采区下部车场；4—轨道上山；5—运输上山；6—上部车场；
7，7′—中部车场；8，8′，10—区段回风巷；9，9′—区段运输巷；11—联络巷；12—采区煤仓；
13—采区变电所；14—绞车房；15—局部通风机

按图 3-1 所示说明采区的生产系统：

（1）运煤系统：区段运输平巷和采区运输上山均铺设刮板或胶带输送机。自工作面采出的煤经运输平巷 9→运输上山 5→采区煤仓 12，再在下部车场的采区石门 1 装车外运。

（2）运料排矸系统：使用矿车和平板车运料或排矸。装有物料的矿车用绞车和钢丝绳牵引。自下部车场 3→轨道上山 4→上部车场 6→回风平巷 10→采煤工作面。区段回风平巷 8、8′和运输平巷 9、9′所需的物料，自轨道上山 4→中部车场 7、7′送入。掘进巷道所出的煤和矸石，利用矿车从各平巷运出，经轨道上山运至下部车场。

（3）通风系统：采煤工作面所需的新鲜风流由采区运输石门 1→下部车场 3→轨道上山 4→中部车场 7 后分流两翼，分别经各自的下区段回风平巷 8→联络巷 11→运输平巷 9→采煤工作面。从工作面出来的污风经回风平巷 10→上部车场 6（左翼）→采区回风石门 2，再通过回风大巷和风井到达地面。

掘进工作面所需新鲜风由轨道上山经中部车场 7′分两翼送至平巷 8′。用局部通风机送往掘进工作面，污风流则从运输平巷 9′，经运输上山 5 排入采区回风石门。绞车房和变电所需要的新鲜风由轨道上山直接供给，并通过各自回风联络巷调节风窗调节风量大小。为使风流按上述路线流通，在相应地点需设置风门。

（4）供电系统：高压电缆由井底中央变电所，经大巷、采区运输石门、下部车场、运输上山至采区变电所。经降压后，分别送至回采和掘进工作面附近的配电点以及运输上山、绞车房等地点。

3.1.2 近距离煤层群联合准备方式

大多数井田开采的并非单一煤层。开采近距离煤层群时，采区准备常采用联合布置方式，如图 3-2 所示。

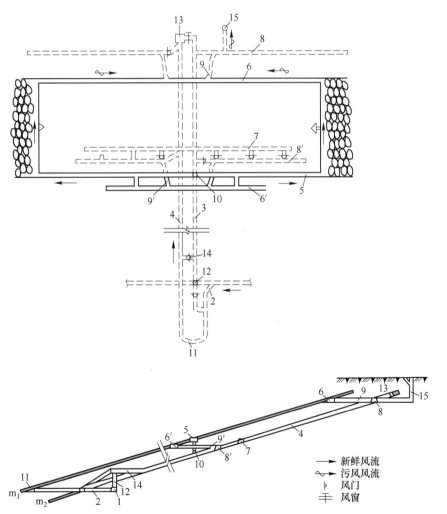

图 3-2　近距离煤层群联合布置时的采区生产系统

1—岩石大巷；2—采区石门；3—运输上山；4—轨道上山；5—m_1 煤层区段运输平巷；6, 6′—m_1 煤层区段回风平巷；7—m_2 煤层区段运输平巷；8, 8′—m_2 煤层区段回风平巷；9, 9′—联络石门；10—溜煤眼；11—采区下部车场；12—采区煤仓；13—绞车房；14—采区变电所；15—采区风井

该采区开采 m_1 和 m_2 两层缓斜薄及中厚煤层，层间距离小于 20m，地质构造简单。采区两上山均开掘在下部的 m_2 煤层中，在 m_2 煤层中的采区巷道布置和生产系统，与前述的单一煤层采区完全相同。m_1 煤层通过区段石门和溜煤眼与 m_2 煤层中的准备巷道相联系，因此在 m_1 煤层中只需开掘区段平巷和布置工作面便可以进行回采。

采区巷道掘进顺序：自岩石大巷 1 开掘采区石门 2 和下部车场 11，由此沿 m_2 煤层掘进采区运输上山 3 和轨道上山 4 至采区上部边界，在第一区段下部开掘溜煤眼 10、中部车场及区段回风石门 9 通过 m_1 煤层，然后沿 m_1 煤层掘进区段平巷 5，到采区边界处掘进开切眼。与此同时，自地表开掘采区小风井 15 至回风平巷位置，然后掘进总回风石门 9 和区段回风平巷 6，以及采区变电所、绞车房等硐室。在 m_1 煤层的第一区段工作面回采时，可在 m_1 煤层准备第二区段的工作面，或者准备出第一区段的 m_2 煤层工作面，以保证采区内工作面的正常接替。

主要生产系统如下：

（1）运煤系统：工面出煤→运输平巷 5→区段溜煤眼 10→运输上山 3→采区煤仓 12→大巷装车外运。

（2）运料系统：自运输大巷 1→采区石门 2→采区下部车场 11→轨道上山 4→到上部车场后甩入平巷 8→区段石门 9→平巷 6 送至工作面。

（3）通风系统：采煤工作面需要的新鲜风流，自大巷 1→采区石门 2→下部车场 11→轨道上山 4 到中部车场和区段石门 9'→区段平巷 5→采煤工作面。为控制风流应在适当地点设置风门、风窗等通风设施。

3.2 盘区式准备方式

我国把倾角小于 8° 的煤层叫作近水平煤层。由于近水平煤层倾角小，因而在准备方式上与缓倾斜和倾斜煤层相比，有相似之处，又有一些不同的特点。近水平煤层常采用盘区式准备方式。

盘区式准备方式按盘区与运输大巷相对位置的不同，有上山盘区与下山盘区之分；按盘区的主要准备巷道的形式，还可分为上、下山盘区与石门盘区。

图 3-3 所示是上山盘区联合布置的准备方式，平面图中只画出上层煤的巷道布置。盘区内开采两个薄及中厚煤层 m_1 和 m_2，其间距为 $10\sim15m$，地质构造简单，煤层平均倾角为 $5°\sim8°$。盘区双翼开采，走向长度为 1200m，斜长为 1000m，盘区内划分为若干区段。运输大巷开在 m_2 煤层底板岩石中，总回风巷、运煤上山布置在 m_2 煤层，轨道上山布置在 m_1 煤层中；区段平巷为双巷布置，盘区上山与区段平巷以溜煤眼和材料斜巷联系，运输大巷与轨道上山以盘区材料上山联系。

m_1 煤层采煤工作面的煤经区段运输巷、区段溜煤眼、盘区运煤上山运入煤仓，在下部车场装入矿车经运输大巷运出。m_2 煤层工作面的煤经区段运输平巷、盘区运煤上山，此后的运煤路线与 m_1 煤层相同。

材料经岩石运输大巷、盘区材料上山、甩车道、轨道上山、上部或中部车场、m_1 煤层进风巷送至 m_1 煤层采煤工作面。而 m_2 煤层采煤工作面所需材料由 m_1 煤层进风巷、区段运输巷、m_2 煤层进风巷送入。

m_1 煤层采煤工作面所需新鲜风流从岩石运输大巷、进风斜巷、运煤上山、m_2 煤层区

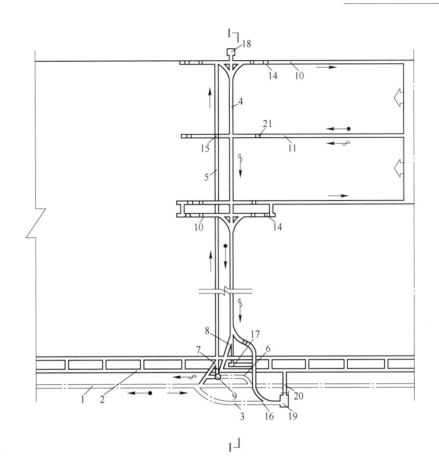

I—I

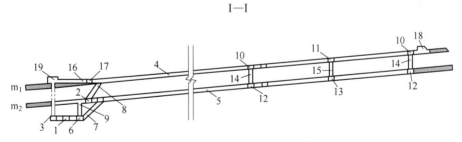

图 3-3 上山盘区布置准备方式

1—岩石运输大巷；2—总回风巷；3—盘区材料上山；4—盘区轨道上山；5—盘区运煤上山；6—下部车场；
7—进风斜巷；8—回风斜巷；9—煤仓；10—m_1煤层区段进风巷；11—区段运输巷；
12—m_2煤层区段进风巷；13—m_2煤层区段运输巷；14—区段材料斜巷；15—区段溜煤眼；16—甩车道；
17—无极绳绞车房；18—无极绳尾轮；19—盘区材料斜巷绞车房；20—绞车房回风巷；21—下层煤回风眼

段进风巷、材料斜巷、m_1煤层区段进风巷进入工作面；污浊风流经 m_1 煤层区段运输巷、盘区轨道上山、回风斜巷、总回风巷排出采区；m_2煤层采煤工作面所需新鲜风流从岩石运输大巷、进风斜巷、运煤上山、m_2煤层区段进风巷进入采煤工作面，污浊风流经 m_2 煤层区段运输巷、下层煤回风眼进入盘区运输上山，以后的路线与 m_1 煤层污风方向相同。

上山盘区单层布置准备方式，由于盘区的储量较小，产量不大，服务年限短，一般设运输和轨道两条上山就能满足需要，盘区上山一般布置在煤层内。

生产实践中盘区式准备被广泛应用。通常近水平煤层，埋藏稳定，地质构造简单，煤层储量丰富，技术装备水平较高，盘区生产能力较大的大中型矿井，适宜应用盘区式准备方式。

3.3 带区式准备方式

在煤层倾角小于17°尤其是小于12°时，井田划分为阶段后，阶段内不进行分区式而直接进行分带式划分。在带区内，采煤工作面沿煤层走向布置，沿倾斜方向推进，称为倾斜长壁采煤法。倾斜长壁采煤法按工作面推进方向可分为仰斜开采和俯斜开采。不论采煤工作面处于上山阶段或下山阶段，只要工作面沿倾斜方向是由下向上推进的称为仰斜开采，而由上向下推进时则称为俯斜开采。

倾斜长壁采煤法与走向长壁采煤法在巷道布置上有着明显的不同，最主要的一点就是分带工作面两侧的运输斜巷及回风斜巷直接与阶段运输大巷相连通，没有上（下）山巷道系统及其运输环节，因而生产系统比较简单。

3.3.1 单一煤层整层开采时倾斜长壁采煤法准备方式

单一煤层分带巷道布置比较简单，图3-4所示为一倾斜长壁对拉工作面，采用俯斜开采方式。

（1）工作面巷道布置与掘进顺序。自阶段运输大巷1开掘分带下部车场和进风、行人斜巷7，掘进分带回风斜巷5（沿煤层）和运输斜巷4（上段沿煤层，下段靠近大巷处抬高以形成煤仓高度），至分带上部边界，回风斜巷5与回风大巷2相交，最后掘出分带煤仓6，在上部边界开掘开切眼布置采煤工作面，即可进行后退式回采。

（2）工作面生产系统。

1）运输系统：在运输斜巷4铺设胶带输送机，靠近工作面处铺设转载机。自工作面3→运输斜巷4→分带煤仓6→运输大巷1外运。

2）运料系统：在运料斜巷5铺设轨道运送材料，材料设备自井底车场经阶段运输大巷1到材料下部车场，再经回风斜巷5运到采煤工作面。

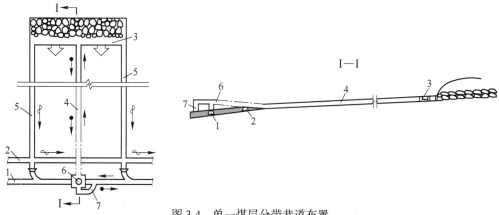

图3-4 单一煤层分带巷道布置

1—运输大巷；2—回风大巷；3—采煤工作面；4—运输斜巷；5—回风运料斜巷；6—分带煤仓；7—进风行人斜巷

（3）通风系统：新鲜风自运输大巷 1→进风行人斜巷 7→运输斜巷 4→采煤工作面 3→污风自采煤工作面 3→回风运料斜巷 5→回风大巷 2 排出。

3.3.2　多分带组成带区

3.3.2.1　带区巷道布置及掘进顺序

图 3-5 所示为由 6 个分带组成的带区。运输大巷和回风大巷布置在带区同一边界的煤层底板中，由回风大巷 2 掘运料回风斜巷 3 和回风石门 11，然后掘煤层运料平巷 4 和煤层运输平巷 5，按带区设计中确定的位置分别掘分带运输斜巷 9 和分带回风斜巷 10，并用开切眼将其联通构成生产系统。与此同时，从运输大巷掘进风行人斜巷 6、带区装煤车场 12 和煤仓 7 及绞车房进风道 8。

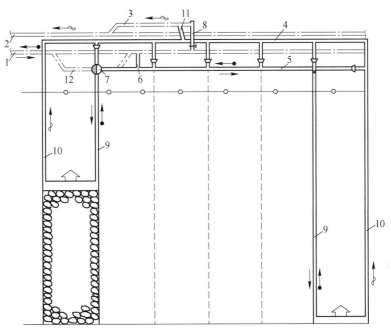

图 3-5　多分带带区巷道布置图

1—运输大巷；2—回风大巷；3—运料斜巷；4—煤层运料平巷；5—煤层运输平巷；6—进风行人斜巷；7—带区煤仓；8—绞车房进风道；9—分带运输斜巷；10—分带回风斜巷；11—回风石门；12—车场

3.3.2.2　生产系统

生产系统包括运煤系统、通风系统、运料系统。

（1）运煤系统：工作面采出的煤炭经分带运输斜巷 9 到煤层运输平巷 5 运至带区煤仓 7，在装煤车场 12 装车经运输大巷运出。

（2）通风系统：新鲜风流由运输大巷 1 经进风行人斜巷 6 进入煤层运输平巷 5 到分带运输斜巷 9 进入工作面，污风经分带回风斜巷 10，到煤层运料平巷 4，经回风石门 11 到运料斜巷 3 进入回风大巷 2 排出。

（3）运料系统：材料从回风大巷经运料斜巷 3 上提至煤层运料平巷 4，再进入分带回风斜巷 10 运往工作面。

3.3.3 倾斜长壁采煤法的优缺点及适用条件

在矿山地质条件适宜的煤层中，倾斜长壁采煤法主要优点如下：

（1）巷道布置简单，巷道掘进及维护费用低，投产快。由于采煤工作面的运输和回风斜巷直接与大巷相连，从而减少了采区上（下）山、采区车场及相关硐室的开掘工程量，据统计这部分费用减少 15% 左右，并相应缩短了准备时间。整个巷道服务期间，还减少了巷道维护工程量和维护费用。

（2）运煤系统简单，占用设备少，运费低。工作面采出的煤经分带运输斜巷直达运输大巷（煤仓），运煤环节少，可靠性高，运输设备数量和人员可以减少约 30%～40%。通风路线短，风阻小，通风构筑物相对较少，有利于安全生产。

（3）对某些地质条件和回采工艺条件适应性强。例如，仰斜开采时有利于疏干工作面积水，对煤层顶板淋水较大或采空区采用注浆防灭火时比较适应；煤层顶板较为破碎时，采用俯斜开采时有利于保持顶板稳定。

（4）技术经济效果比较显著。实践表明，倾斜长壁采煤法工作面单产、巷道掘进率、回采率、劳动生产率和吨煤成本等指标都有显著提高。

存在的主要缺点有：长距离的倾斜巷道，使掘进及辅助运输、行人比较困难；现有设备对倾斜长壁工作面的适应性较差；大巷装车点较多，使调运、装车相互影响；存在污风下行问题。这些问题采取措施后可以逐步得到克服，例如采用先进的辅助运输设备，改进工作面回采设备以适应倾斜推进的要求等。

3.3.4 倾斜长壁采煤法的适用条件

倾斜长壁采煤法的适用条件有：

（1）按目前的机械设备条件，倾斜长壁采煤法主要适用于倾角在 12° 以下的煤层，当对回采设备采取有效措施后，可应用于 12°～17° 的煤层。

（2）对于倾斜和斜交断层较多的区域，可采用倾斜长壁采煤法。

其他因素对采用倾斜长壁采煤法的影响较小。必要时，要进行技术经济比较后确定所选用的采煤方法。鉴于倾斜长壁采煤法优点明显，因此在条件适宜时应大力推广。

3.4 准备巷道布置与采区运输

以采区上山为例对准备巷道布置进行说明。

3.4.1 采区上山位置

3.4.1.1 煤层上山

采区上山沿煤层布置，掘进容易、费用低、速度快，联络巷道工程量少。其主要问题是煤层上山受工作面采动影响较大，生产期间上山的维护比较困难；留设上山保护煤柱使煤炭损失增加。因此，一般在下列条件下，可考虑布置煤层上山：

（1）开采薄或中厚煤层的采区，采区服务年限短。

（2）开采分层数少的厚煤层，煤层顶底板岩石比较稳固、煤质中硬以上。

（3）煤层群联合准备的采区，下部有维护条件好的薄及中厚煤层。

3.4.1.2 岩石上山

岩石上山与煤层上山相比，因巷道围岩坚硬、减少甚至避免了受采动影响，故维护状况良好，维护费用低。为此要求岩石上山不仅要布置在比较硬的岩石中，还要与煤层底板保持一定的距离，距煤层愈远，受采动影响愈小，但也不宜太远，否则会增加过多的联络巷道工程量。一般条件下，视围岩性质，采区岩石上山与煤层底板间的法线距离10~15m比较合适。

3.4.1.3 上山层位及坡度

联合布置的采区集中上山，通常都布置在下部煤层或其底板岩石中。主要考虑因素是适应煤层下行开采顺序，减少煤柱损失和便于维护。在下部煤层底板岩层距涌水量特别大的岩层很近，不能布置巷道时，只有考虑将采区上山布置在煤层群的中部。

采区上山的倾角，一般与煤层倾角一致。当煤层沿倾斜方向倾角有变化时，为便于使用，应使上山尽可能保持适当的固定坡度。另外，在岩石中开掘的岩石上山，为便于设备运煤的需要，可采用穿层布置。

3.4.2 采区上山数目及相对位置

3.4.2.1 上山条数的确定

采区上山至少要有2条，即一条运输上山，一条轨道上山。随着生产的发展，常常需要增加上山数目，例如：

（1）生产能力大的厚煤层采区，或煤层群联合准备采区。

（2）生产能力较大、瓦斯涌出量也很大的采区，特别是下山采区。

（3）生产能力较大，经常出现上、下区段同时生产的采区。

（4）运输上山和轨道上山均布置在底板岩石中，需要探清煤层情况的采区。

增设的上山一般专作通风用，也可兼作行人和辅助提升用。增设的上山特别是服务期不长的上山，多沿煤层布置，以便减少掘进费用，并起到探清煤层情况的作用。

3.4.2.2 上山间的相互关系

采区上山之间在层面上需要保持一定的距离。当采用2条岩石上山布置时，其间距一般取20~25m；采用3条岩石上山布置时，其间距缩小到10~15m。上山间距过大，使上山间联络巷长度增大，若是煤层上山，还需要相应地增大煤柱宽度。若上山间距过小，则不利于保证施工质量，也不便于布置采区变电所和中部车场，维护难度较大。

采区上山可以在同一层位上，也可使两条上山之间在层位上保持一定高差。为便于运煤可把运输上山设在比轨道上山层位低3~5m处；如果涌水量较大，为使运输上山不流水，同时也便于布置中部车场，则可将轨道上山布置在低于运输上山层位的位置；若适合于布置上山的稳固的岩层厚度不大，使两条上山保持一定高差就会造成其中一条处于软弱破碎的岩层中时，则需采用在同一层位布置上山的方式。

3.4.3 采区运输

3.4.3.1 运输上山

采区运输上山是为采区内工作面出煤服务的。开采缓倾斜及倾斜煤层的矿井，其上山的运输设备应根据采区运输量、上山角度和运输设备的性能，选用胶带输送机、刮板输送机、自溜运输、绞车或无极绳运输。

胶带输送机的生产能力大，运输可靠，运输费用低，当采区生产能力大，上山倾斜角度在16°（下山18°）以下时可广泛采用。当采取某些特殊措施时，可实现更大的输送倾角，乃至垂直提升。当煤层倾角稍大，采用岩石上山时，可按胶带输送机要求，调整上山倾角。

自溜运输设备简单，运输费用低，生产能力较大，但要求采区上山的倾角应大于30°，因此多用于倾角大的煤层。

采区上山用绞车串车或无极绳牵引的矿车运煤，仅适用于工作面产量低、采区生产能力小、煤层倾角不大的采区。

3.4.3.2 轨道上山

轨道上山主要担负采区辅助运输工作。采区辅助运输量相对于煤炭的运输来说是比较小的，例如矸石一般只占出煤量的10%左右，而且货流不同，运输设备也有所区别。矸石要用矿车装运，某些设备或材料要用平板车运送，而人员需要乘专用的人车上下。目前，采区辅助运输一般采用绞车串车的运输方式。另外，越来越多的大型矿井采用无轨胶轮车运输。

3.4.3.3 常见辅助运输方式

A　有极绳矿用绞车

目前，矿用辅助运输类有极绳矿用绞车主要包括3类。第一类是快速类矿用绞车，主要型号有 JDB 型调度绞车（见图3-6）和 JYB 型运输绞车。此类矿用绞车平均速度一般为 50~60m/min。第二类是慢速类矿用绞车，主要有 JHB 型回柱绞车。此类矿用绞车平均速度一般为 8~12m/min。第三类是双速类矿用绞车，主要型号有 JSHB 型双速回柱绞车和 JSDB 型双速多用绞车。此类矿用绞车的快速型与第一类矿用绞车相同，慢速型与第二类矿用绞车相同。

B　无极绳运输

无极绳运输相比单滚筒、双滚筒有极绳运输，具有运输连续性强、运量大、效率高、成本低等优点。

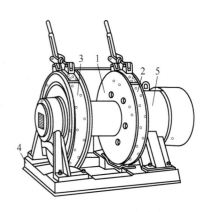

图 3-6　JDB 型调度绞车

1—滚筒装置；2—制动闸；3—工作闸；
4—底座；5—电动机

因此，条件适合的中小型煤矿的地面运输，特别是地方煤矿主要运输巷道，中间平巷，采区上、下山运输可以采用无极绳运输。

无极绳运输是将钢丝绳接成一个封闭圈，两端分别是套在两个绳轮上：其中一个绳轮为主动轮，另一个绳轮为张紧导向轮。当主动绳轮旋转时，靠其与钢丝绳之间的摩擦力，牵引钢丝绳连续运输，如图 3-7 所示。两股钢丝绳分别放置在两条轨道上，轨道上的矿车按一定的间距挂在钢丝绳上，一侧走重车，另一侧走空车，矿车到位后摘钩，运行速度不能太大。

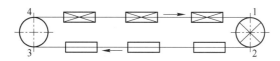

图 3-7　无极绳运输

1，2—钢丝绳与主动轮切点；3，4—钢丝绳与导向轮切点

C　单轨吊车

单轨通过圆环链悬吊在巷道顶部，吊挂在单轨上的承载吊车用来吊挂集装箱或物料，承载吊车之间用连杆连接。由牵引吊车、承载吊车、制动吊车、回绳站、张紧装置、绞车等组成一个完整的钢丝绳牵引单轨吊车系统。牵引车通过牵引臂上的锁紧装置与牵引钢丝绳连接，开动牵引绞车，靠无极绳摩擦传动或绞车牵引钢丝绳，实现钢丝绳牵引单轨吊车运输。在发生紧急情况或断绳跑车事故时，可以通过制动吊车抱轨进行制动保护。

单轨吊车的轨道是一种特殊的工字钢，悬吊在巷道支架上或砌碹梁、锚杆及预埋链上，吊车就在此轨道上往返运行。一般只有一条专用的轨道，故名单轨吊车。按牵引动力类别和使用特征，可分为钢丝绳牵引单轨吊车、防爆柴油机单轨吊车和防爆特殊型蓄电池单轨吊车 3 种类型。矿用单轨吊实拍如图 3-8 所示。

图 3-8　矿用单轨吊车实拍

D　架空乘人装置

架空乘人装置俗称"猴车"，是煤矿井下辅助运输设备，主要在斜井或平巷内运送人员。它主要由驱动装置、托（压）绳装置、乘人器、尾轮装置、张紧装置、安全保护装置及电控装置等组成（见图 3-9）。

架空乘人装置钢丝绳运行速度低，乘人离地不高，具有运行安全可靠、人员上下方

图 3-9　架空乘人装置工作原理

便、随到随行、不需等待、一次性投入低、动力消耗小、操作简单、便于维护、工作人员少和运送效率高等特点，是一种常用的现代化煤矿井下人员输送设备。

E　无轨胶轮车

无轨胶轮车是井下在巷道底板上运行的胶轮运输车，无须专门的轨道，如图 3-10 所示。它以柴油机或蓄电池为动力，由牵引车和承载车组成，前部为牵引车，后部为承载车，前、后车衔接。

图 3-10　矿用无轨胶轮车

无轨胶轮车按用途分运输类车辆和铲运类车辆。运输类车辆主要完成长距离的人员、材料和中小型设备的运输，它包括运人车、运货车和客货两用车。铲运类车辆主要完成材料和设备装卸、支架和大型设备的铲装运输，它包括铲斗和铲叉多用式装载车和支架搬运车。

4 采煤方法与采煤工艺

4.1 采煤方法概述

4.1.1 基本概念

4.1.1.1 采煤工作面

煤矿开拓和掘进必需的巷道后，形成了进行采煤作业的场所，称为采煤工作面，又称为"回采工作面"。

4.1.1.2 开切眼

沿采煤工作面始采线掘进用以安装采煤设备的巷道，称为开切眼。开切眼是连接区段运输平巷和区段回风平巷的巷道，其断面形状多为矩形。

4.1.1.3 采空区

随着采煤工作面从开切眼开始向前推进，被采空的空间越来越大，而采煤工作面通常只需维护一定的工作空间进行采煤作业，多余的部分要依次废弃，采煤后废弃的空间称为采空区，又称"老塘"。

4.1.1.4 采煤工艺

采煤工作面内各工序所用方法、设备及其在时间和空间上的配合方式称为采煤工艺或回采工艺。在一定时间内，按照一定顺序完成回采工作各项工序的过程称为回采工艺过程。回采工艺过程包括破煤、装煤、运煤、支护和采空区处理等主要工序。

4.1.1.5 采煤系统

采煤系统是指采区内的巷道布置方式、掘进和回采工作的安排顺序，以及由此建立的采区运输、通风、供电、排水等生产系统。其中包括为形成完整采煤系统需要掘进的一系列的准备巷道和回采巷道，以及需要安设的设备和设置的设施等。

4.1.1.6 采煤方法

采煤方法是采煤工艺和巷道布置在时间、空间上的相互配合方式。根据不同的矿山地质及开采技术条件，可由不同的采煤工艺和巷道布置相配合，从而构成多种采煤方法。

4.1.2 采煤方法分类

我国煤炭资源分布广，赋存条件各异，开采地质条件复杂多样，形成了多样化的采煤方法。

煤炭开采方法总体上可分为露天开采和地下开采两种方式。

露天开采是煤层上覆岩层厚度不大，直接剥离煤层上覆岩层后进行煤炭开采的采煤方法；地下开采是从地面开掘井筒（硐）到地下，通过在地下煤岩层中开掘井巷，布置采场采出煤炭的开采方式。我国的煤炭资源主要采用地下开采的方法，然而地下开采的采煤方法种类也很多，通常按采场布置特征不同，将采煤方法分为壁式体系和柱式体系两大类。

4.1.2.1 按巷道系统构成情况分类

A 壁式体系采煤法

壁式体系采煤法以具有较长的工作面长度为其基本特征，一般为100~300m。每个工作面两端必须有一个安全出口，一端出口为回风巷，用来回风及运送材料；另一端出口为运输巷，用来进风及运煤。在工作面内安设有采煤机械设备和支架，随着煤炭被采出，工作面不断向前移动，并始终保持一条直线，如图4-1所示。

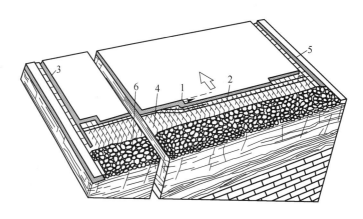

图 4-1　长壁工作面

1—采煤机；2—刮板输送机；3—运输平巷；4—支架；5—回风平巷；6—采空区

如图4-1所示，采煤机1沿工作面上下往返割煤，采落的煤炭装入刮板输送机2中，送到运输平巷3运走；顶板用支架4支护；工作面沿箭头方向推进，一切设备也随着移动，顶板自行垮落；回风平巷5用于回风和运送材料。

壁式体系采煤法可以保证新鲜风流畅通，机械操作方便，工作安全可靠，工作面生产能力高，工作面的煤炭采出率高。

壁式采煤法根据煤层厚度不同，可分为整层开采与分层开采。若一次开采煤层全厚时，称单一长壁式采煤法；将厚煤层划分为若干分层后依次开采时，称分层长壁式采煤法。根据采煤工作面长度以及矿压显现特征的不同，又分为长壁式采煤法和短壁式采煤法两种。若长壁工作面沿煤层倾向布置、沿走向方向推进的称为走向长壁采煤法（见图4-2(a)）；若长壁工作面沿煤层走向布置，沿倾斜方向推进的称为倾斜长壁采煤法。工作面向上推进时叫仰斜开采（见图4-2(b)），工作面向下推进时叫俯斜开采（见图4-2(c)），工作面还可以沿伪倾斜布置（见图4-2(d)）。

B 柱式体系采煤法

柱式体系采煤方法可分为房式、房柱式及巷柱式三种类型。房式及房柱式采煤的实质

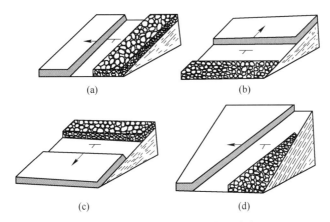

图 4-2　长壁工作面布置和推进方向

(a) 走向长壁，工作面沿倾斜布置，沿走向推进；(b) 仰斜长壁，工作面沿走向布置，沿倾斜向上推进；
(c) 俯斜长壁，工作面沿走向布置，沿倾斜向下推进；(d) 伪倾斜长壁，工作面沿伪倾斜布置，沿走向推进

是在煤层中开掘一系列煤房，煤房之间以联络巷相通。回采在煤房中进行，煤柱可留下不采或等煤房采完后再采。如果先采煤房，后回收煤柱（或部分回收煤柱），称为房柱式采煤法；若只采煤房，不回收煤柱，则称为房式采煤法。房柱式采煤法如图 4-3 所示。

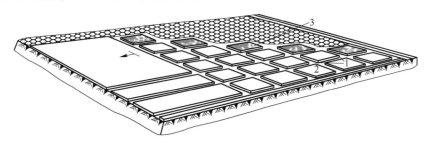

图 4-3　房柱式采煤法示意图
1—房；2—煤柱；3—采柱

巷柱式采煤方法是在采区内开掘大量巷道，将煤层切割成 $6m \times 6m \sim 20m \times 20m$ 的方形煤柱，然后有计划地回采这些煤柱，采空处的顶板任其自行垮落。

柱式采煤方法需要掘进大量的煤巷，采煤工作面不支护或极少支护，与壁式采煤方法相比，巷道掘进率高、产煤量少、劳动生产率低、通风条件差、安全条件差、煤炭损失多。

4.1.2.2　按采煤工艺方式分类

A　炮采法

回采工作面采用爆破落煤、人工（或机械）装煤、输送机运煤、摩擦式金属支柱（或木支柱、单体液压支柱）支护顶板、冒落（或充填）法处理采空区时，以爆破落煤为主要特征，称为"炮采"。炮采工作面的工人劳动强度大、生产效率低、安全条件差，一般适用于小型或不具备机械化采煤条件的矿井。

B　机械化采煤法

回采工作面采用单滚筒采煤机（或刨煤机）落煤、可弯曲刮板输送机运煤、摩擦式金

属支柱（或木支柱、单体液压支柱）支护顶板、冒落（或充填）法处理采空区时，以机械落煤、装煤和运煤为主要特征，称为机械化采煤，简称为"普采"。普采工作面的主要工序实现了机械化，减轻了工人的劳动强度，但顶板支护及采空区处理还要人工操作，此种方法已逐渐被淘汰。

C　综合机械化采煤法

回采工作面采用双滚筒采煤机落煤和装煤、可弯曲刮板输送机运煤、自移式液压支架支护顶板，全部工序实现了机械化，称为综合机械化采煤，简称为"综采"。综采与炮采、普采相比具有以下优点：

（1）大大减轻了工人的劳动强度。

（2）使用液压支架管理顶板，工人在支架保护下进行操作，大大减少了冒顶事故。

（3）提高了生产能力和生产效率，使生产更加集中。

（4）降低了材料消耗和生产成本。

D　水力采煤法

用高压泵输出的高压水通过水枪射出，形成高压水射流，在回采工作面直接破落煤体，并利用水力完成运输和提升的方法，称为水力采煤法，简称为"水采"。水采因受到一定条件的限制，目前应用较少。

综上所述，我国矿井主要采用的采煤方法及其分类如图4-4所示。

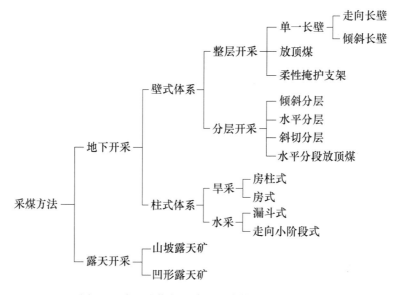

图4-4　我国矿井主要采用的采煤方法及其分类

4.2　长壁工作面综合机械化采煤工艺

综合机械化采煤，简称"综采"。在长壁工作面用机械方式破煤和装煤、输送机运煤和液压支架支护顶板的采煤工艺。综采工作面配备的主要设备有：双滚筒采煤机，可弯曲刮板输送机和自移式液压支架。

综采工作面使用的液压支架有：支撑式、支撑掩护式和掩护式3种。

支撑式自移式液压支架如图 4-5 所示，它由前梁 1、顶梁 2、支柱 3、底座 4、推移千斤顶 5 等主要部件组成。支柱与顶梁相连接起支撑作用，后部无掩护梁。支撑式液压支架的支撑力集中在支架后部，挡矸性能不好，对直接顶完整，基本顶来压强烈的坚硬顶板比较适应，不适用于中等稳定以下的顶板。

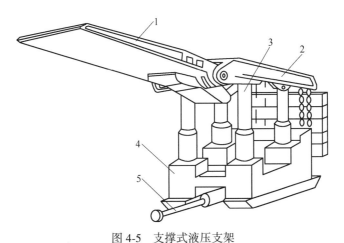

图 4-5　支撑式液压支架
1—前梁；2—顶梁；3—支柱；4—底座；5—推移千斤顶

掩护式自移式液压支架如图 4-6 所示。其特点是支柱与掩护梁连接，底座与掩护梁四连杆连接。这类支架挡矸性能良好，但其支撑力主要集中在支架前部。其对基本顶来压强烈的顶板适应性差，宜在直接顶破碎而基本顶来压不明显的条件下使用。

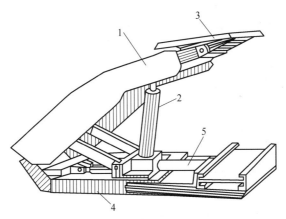

图 4-6　掩护式液压支架
1—掩护梁；2—支柱；3—顶梁；4—底座；5—推移千斤顶

支撑掩护式自移式液压支架如图 4-7 所示。它的支柱与顶梁连接来支撑顶板，具有支撑式的特点，而顶梁后又有掩护梁，掩护梁通过四连杆与底座连接，又具有掩护式支架的特点。这类支架的适应性比较强，能适用于直接顶破碎又有基本顶来压的采煤工作面。

自移式液压支架以液压为动力，可使支架升起支撑顶板或下降卸载。通过推移千斤顶将工作面刮板输送机与支架相连接，相互作为支点，通过推移千斤顶的伸、缩向前推移刮板输送机、拉移液压支架；具体过程为采煤机采煤后，支架不动，千斤顶伸出，可将输送

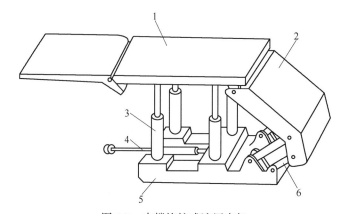

图 4-7   支撑掩护式液压支架

1—顶梁；2—掩护梁；3—支柱；4—推移千斤顶；5—底座；6—四连杆机构

机推向煤壁，输送机不动时，所需移动支架的支柱卸载，推移千斤顶收缩，就可拉动支架前移。

综采工作面布置如图 4-8 所示。

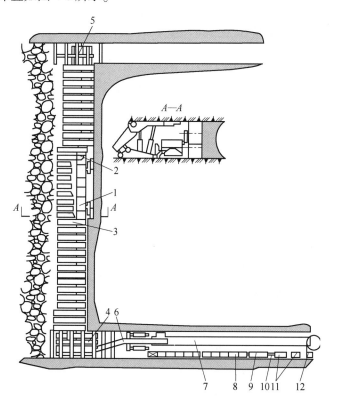

图 4-8   综采工作面布置

1—采煤机；2—刮板输送机；3—液压支架；4—下端头支架；5—上端头支架；6—转载机；

7—可伸缩胶带输送机；8—配电箱；9—移动变电站；10—设备列车；11—泵站；12—喷雾泵站

综采工作面采煤机的割煤方式是综合考虑顶板管理、移架与进刀方式、端头支护等因素确定的，采煤机割煤方式有单向割煤和双向割煤两种。

采煤机单向割煤，往返一次进一刀，即采煤机由一端向另一端割煤，在采煤机后 2~3 架支架位置，紧随采煤机移架，到另一端后，反向清理浮煤，滞后采煤机 20~25m 推移刮板输送机，采煤机沿工作面往返一次前进一个截深。

采煤机双向割煤，往返一次进两刀。即采煤机由一端向另一端割煤、清理浮煤、装煤，在采煤机后 2~3 架支架位置，紧随采煤机移架，滞后采煤机 15m 左右推移刮板输送机，到工作面另一端后，采煤机在端头完成进刀后，反向重复上述过程，采煤机沿工作面往返一次前进两个截深。

我国综采工作面采煤机常用斜切式进刀方式。典型的综采工作面端部斜切式进刀工艺过程如图 4-9 所示。工艺过程为：（1）采煤机割煤至端头后，调换滚筒位置，前滚筒下降，后滚筒上升，反向沿输送机弯曲段割入煤壁，直至完全进入直线段；（2）采煤机停止运行，等工作面进刀段推移输送机及端头作业完毕后调换滚筒位置，前滚筒上升，后滚筒下降，反向割三角煤至端头；（3）调换筒位置，前滚筒下降，后滚筒上升，清理进刀段浮煤，并开始正常割煤。

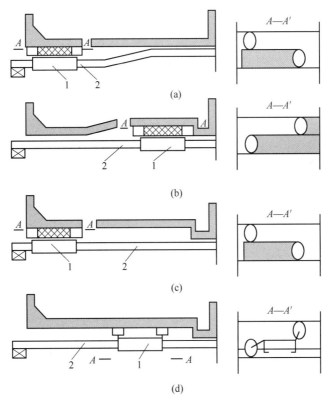

图 4-9　采煤机端部斜切进刀工艺过程
（a）起始；（b）斜切并移置输送机；（c）割三角煤；（d）开始正常割煤
1—综采面双滚筒采煤机；2—刮板输送机

综合机械化采煤工艺，将作业工序简化为采煤机割煤（包括破煤和装煤）、移架（包括支护和放顶）和推移刮板输送机 3 道工序。

综合机械化采煤工艺机械化程度高，产量高，工作面效率高，工人劳动强度小，安全状况好，是我国机械化采煤工艺的主要技术手段。

4.3　放顶煤采煤工艺

放顶煤采煤法是沿煤层的底板或煤层某一厚度范围内的底部布置一个采煤工作面，利用矿山压力将工作面顶部煤层在工作面推进过后破碎冒落，并将冒落顶煤予以回收的一种采煤方法。

4.3.1　放顶煤采煤法的分类

4.3.1.1　整层开采放顶煤采煤法

如图 4-10 所示，沿底板布置一个放顶工作面采煤并回收顶煤。优点：回采巷道掘进量及维护量少；工作面设备少；采区运输、通风系统简单；实现了集中生产；顶煤在矿山压力作用下易于回收。缺点：煤质较软时，工作面运输及回风巷维护困难。

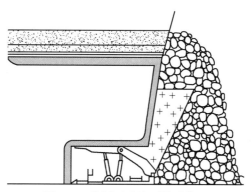

图 4-10　整层开采放顶煤采煤法

4.3.1.2　分段放顶煤采煤法

如图 4-11 所示，当煤层厚度超过 20m 乃至几十米、上百米时，一般可以将特厚煤层分为 10~12m 左右的若干分段。上下分段前后保持一定距离，同时采两个分段，或者一个

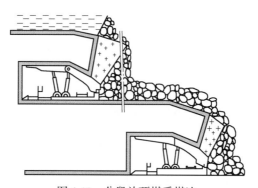

图 4-11　分段放顶煤采煤法

一个逐段下行回采。采用这种方法时，可以在第一个放顶煤工作面进行铺网，使以后各分段放顶煤工作都在网下进行，以提高煤的采出率和减少煤的含矸率。

4.3.1.3 大采高综放采煤法

大采高综放采煤法是大采高综采技术和综放开采的综合技术，割煤高度为 3.5~5.0m 左右，采放比为 1:3 左右，应用大功率电牵引采煤机、大工作阻力放顶煤液压支架、大运量前后部刮板输送机等成套装备，实现 14~20m 特厚煤层的整层开采，工作面生产能力可实现年产 10Mt 以上。大同塔山煤矿设计生产能力为 15Mt/a，煤层厚度为 12.63~20.2m，平均 16.87m，埋深 418~522m，煤层硬度为 2.7~3.7。采用大采高综放开采，下部布置 4.5~5m 的大采高综采工作面，剩余煤层通过放顶煤采出，平均月产 90.75 万吨，工作面采出率约为 88.9%。

4.3.2 放顶煤工艺

4.3.2.1 采煤机采煤

与单一中厚煤层一样，采煤机可以从工作面端部或中部斜切进刀，距滚筒 12~15m 处推移输送机，完成一个综采循环。根据顶煤放落的难易程度，放顶煤工作在完成一个或多个综采循环以后进行。

4.3.2.2 放顶煤

放顶煤工作多从下部向上部，也可以从上部向下部，逐架或隔一架、隔数架依次进行。一般放顶煤沿工作面全长一次进行完毕即完成一轮放煤，如顶煤较厚，也可以两轮或多轮放完。在放煤过程中，当放煤口出现矸石时，应关闭放煤口，停止放煤，减少混矸率。

4.3.3 放顶煤采煤法的优点、适用条件及应注意的问题

放顶煤采煤法的优点为：
（1）在工作面采高不增大的情况下，可大大增加一次开采的厚度，用于特厚煤层的开采。
（2）简化巷道布置，减少巷道掘进工作量。
（3）提高采煤工效。
（4）降低吨煤生产费用。
放顶煤采煤法适用于以下条件的煤层：
（1）煤层厚度为 5~20m 或更厚的煤层。
（2）煤层倾角由缓斜到倾斜或急倾斜。
（3）煤层冒放性较好，冒落块度不大。
（4）煤层顶板容易垮落。
放顶煤采煤法应注意的问题：
（1）应采取措施提高煤炭采出率。
（2）防止煤自燃和瓦斯爆炸事故的发生。

（3）继续完善控制顶煤下放的技术措施。

4.4　大采高一次采全厚采煤工艺

大采高一次采全厚采煤法是采用综合机械化开采工艺一次性开采全厚达 3.5~8.8m 的长壁采煤法，受工作面装备稳定性限制，用于倾角较小的煤层。大采高一次采全厚工作面实拍如图 4-12 所示。

图 4-12　大采高一次采全厚工作面实拍

大采高综采技术是我国厚煤层高效开采的重要发展方向。主要发展趋势：采高持续增大，由最初的 3.5m 到现在的 6.5~7m 左右，神华集团的上湾煤矿采高已经达到 8.8m；大采高综采技术的使用范围进一步扩大，由煤层赋存结构相对简单的西部矿区向结构复杂的东部矿区推广。

4.4.1　大采高综采设备要求

大采高综采设备的要求有：

（1）采用长摇臂采煤机，并具有足够的卧底量。

（2）煤机具有调斜功能，以适应工作面地质条件的变化。

（3）工作面采落煤块度大，采煤机和输送机应有大块煤的机械破碎装备。

（4）大采高液压支架应具有良好的横向与纵向稳定性和承受偏载的能力；结构和性能应具有较好的防片帮能力，初撑力大、伸缩或折叠式前探梁对端面顶板及时支护；可伸缩护帮板应能平移至顶梁端部以外，且具有足够的护帮面积和护帮阻力。

（5）大采高工作面矿压显现强烈，支架应具有较大的支护强度和自身强度。

4.4.2　煤帮及顶板管理主要措施

煤帮及顶板管理主要措施为：

（1）加快推进速度，降低矿压对煤壁影响，防止煤壁片帮。

（2）带压擦顶移架，减少对顶板的破坏。

（3）割煤后及时使用伸缩梁和护帮板支护顶帮。

（4）制定煤壁加固技术应急预案。

（5）对支架位态实施监测，掌握液压支架工作状态。

（6）在易片帮、掉顶区域，保证煤机通过高度的前提下适当降低采高，使支架能够支护到煤帮，避免了掉顶的矸石从支架前方掉落。

例如：神东补连塔煤矿煤层平均厚 7.15m，平均采高 6.1m，采用艾柯夫公司 SL1000 采煤机，郑州煤机厂两柱掩护式液压支架，型号为 ZY10800/28/63，DBT 公司生产的刮板输送机，输送能力为 4200t/h，工作面年产达到 1000 万吨以上。

4.4.3　评价和适用条件

4.4.3.1　评价

与分层综采比，大采高综采工作面产量和效率大幅度提高；回采巷道的掘进量比分层综采法减少了很多，并减少了假顶的铺设；减少了综采设备搬迁次数，节省了搬迁费用；设备投资比分层综采大，但产量大、效益高。与综放开采相比，一次采全高的采出率较高。其缺点是在采高增加后，液压支架、采煤机和输送机的质量都将增大。在传统的矿井辅助运输条件下，装备搬迁和安装都比较困难。另外，工艺过程中防治煤壁片帮，设备防倒、防滑和处理冒顶都有一定难度，对管理水平要求较高。

4.4.3.2　适用条件

大采高一次采全厚采煤工艺一般适用于地质构造简单，煤质较硬，赋存稳定，倾角一般小于 12°，顶底板稳定或较稳定的厚煤层。

4.5　回采巷道布置

形成采煤工作面及为其服务的巷道叫作回采巷道。主要有开切眼、工作面运输巷、工作面回风巷等。

4.5.1　回采巷道的布置方式

根据回采巷道数目和与工作面之间的位置关系，回采巷道的布置方式主要有：单巷式、双巷式和多巷式布置等几种形式，如图 4-13 所示。

双巷式布置一个工作面回采时有 3 条回采巷道为其服务，分别为工作面回风巷、工作面运输巷和轨道巷。走向长壁开采时，分别叫区段回风平巷、区段运输平巷、区段轨道平巷，轨道平巷一般同时作为相邻工作面的回风平巷。倾斜长壁开采时一般称之为分带回风斜巷、分带运输斜巷、分带轨道斜巷。

单巷式布置一个工作面回采时只有 2 条回采巷道为其服务，分布于采煤工作面两侧，分别叫工作面回风巷和运输巷。

多巷式布置方式为美国、澳大利亚和我国神东公司一些高产高效工作面发展起来的一种新型的回采巷道布置方式，工作面两侧各布置 2~3 条巷道，分别用于运煤、回风和辅助运输，此时工作面长度较长，一般在 200m 以上。

4.5.2　几种布置方式的优缺点和适用条件

在炮采和普通机械化采煤时，采煤工作面长度可以有一定的变化，采用走向长壁开采

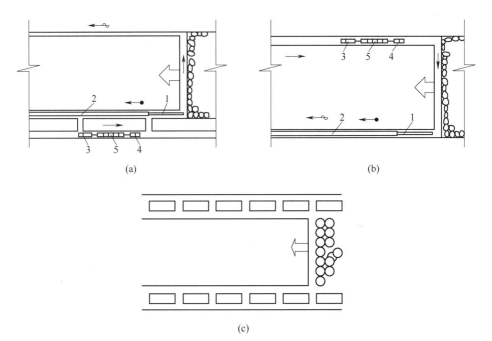

图 4-13　回采巷道布置形式

（a）双巷布置；（b）单巷布置；（c）多巷布置

1—转载机；2—胶带输送机；3—移动变电站；4—泵站；5—配电点

时，一般工作面轨道巷和回风巷沿煤层等高线布置，称为沿腰线掘进，巷道基本保持水平（一般有 5‰~10‰的坡度），便于巷道内矿车运输和排水。工作面运输巷则采用直线或分段取直布置，称为沿中线掘进，巷道水平方向保持直线，但在垂直方向上有起伏，有利于胶带输送机运输。

在煤层有起伏变化的条件下，巷道难免有一定的起伏，双巷布置可利用工作面轨道巷探明煤层变化情况，便于辅助运输，运输平巷低洼处的积水可通过联络巷向工作面轨道平巷排水，工作面接替容易。同时在瓦斯含量较大、工作面推进长度较长的区段，工作面准备时，可采用一条巷道进风，一条巷道回风的方式，采用双巷并列掘进，有利于巷道掘进时的通风和安全。双巷布置的主要缺点是回采巷道掘进工程量大；工作面轨道巷如作为相邻工作面的回风巷使用，虽有煤柱护巷，但维护时间较长、维护困难；增加了巷间联络巷道的掘进工程量；工作面运输巷和轨道巷间煤柱较宽，煤炭损失较多。在回采顺序上要求本工作面结束，立即转到相邻的工作面进行回采，以缩短轨道巷的维护时间。

当瓦斯含量不大，煤层赋存较稳定，涌水量不大时，一般常采用单巷布置，相邻工作面开采时采用沿空掘巷或沿空留巷的方式准备，减少了巷间煤柱的损失。沿空掘巷是工作面回采巷道完全沿采空区边缘或仅留很窄的煤柱掘进巷道。沿空留巷是工作面采煤后沿采空区边缘维护原回采巷道作为下一个工作面的回采巷道使用。

多巷式布置方式有利于高产条件下的通风安全，尤其是对高瓦斯工作面的通风很有帮助，工作面单产水平高，工作面准备和搬迁容易，特别是配合无轨胶轮车运输可以实现很高的辅助运输效率。多巷布置的缺点是巷道掘进率较高，巷道维护成本较高，需要留设大量的区段煤柱，造成采区采出率较低。

　　由于综采工作面设备配套严格，一般综采工作面要求等长布置，因此工作面运输巷和轨道巷要求取直或分段取直布置，两巷道相互平行，工作面保持等长。而炮采和普采工作面没有这方面的要求。工作面区段平巷的掘进方式如图 4-14 所示。

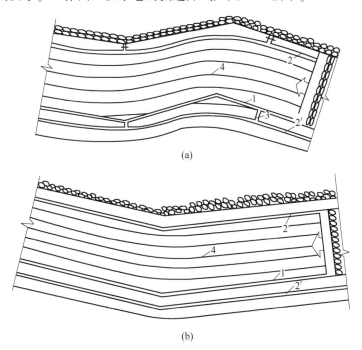

(a)

(b)

图 4-14　区段平巷的坡度及方向

（a）炮采、普通机械化采煤；（b）综合机械化采煤

1—区段运输平巷；2，2′—区段回风平巷；3—联络巷；4—煤层底板等高线

5 露 天 开 采

5.1 露天开采概述

5.1.1 露天开采的发展及特点

露天开采的特点是采掘空间直接露于地表,为了采出有用矿物,需将矿体周围的岩石及其上覆的土岩剥离掉,通过露天沟道线路系统把矿石和岩石运走(见图5-1)。所以露天开采是采矿和剥离两部分作业的总称。

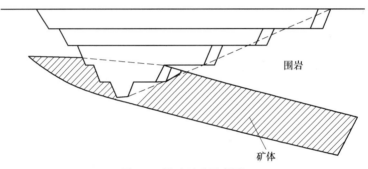

图 5-1　露天开采示意图

据《BP 世界能源统计年鉴(2019)》统计,截至 2018 年,世界能源结构中煤占30%,石油占33%,天然气占24%,水电、核、可再生能源占13%;而中国的能源结构中煤占66%,石油占19.1%,天然气占5.9%,水电、核、可再生能源占7%。1960 年美国、澳大利亚、俄罗斯和德国露天采煤量占总煤产量的30%,1975 年该占比上升到44%,2018 年露天煤矿产量占比接近72%。按照我国国家能源局 2019 年 2 号公告《关于全国煤矿生产能力情况》,截至 2018 年底,我国共有露天煤矿 303 处(不含井露联合开采煤矿),其中千万吨级大型露天煤矿 20 余座,数量约占全国煤矿的 6.9%,产能75908 万吨/年,占总产能 16.6%。最大的露天煤矿为国家能源投资集团所属的哈尔乌素和宝日希勒露天煤矿,产能均达 3500 万吨/年,是目前我国产能最大煤矿,也位于世界十大露天煤矿之列。

据煤炭工业规划设计研究院统计,2014 年各主要露天采煤国家露天开采占比见表5-1。

表 5-1　2014 年主要露天采煤国家露天开采占比

国家	美国	印度	德国	澳大利亚	俄罗斯	全世界
占比/%	61.0	75.0	79.6	73.8	60.9	40

露天开采与地下开采相比,有以下特点:

（1）矿山产量规模大。目前我国露天采煤矿区的露天矿单坑原煤生产能力均在 800 万～1500 万吨/年，新建的露天煤矿以千万吨级为主。国外已有年产原矿 5000 万吨/年的露天矿，年剥离量可达 1 亿到 3 亿立方米。

（2）建设周期短。千万吨级的露天矿区建设周期一般为 3～4 年，移交到达产期约需 1～3 年。

（3）开采成本低。露天开采成本的高低与所采用的生产工艺、矿石埋藏条件、矿岩运距、开采单位矿石所需剥离的土岩数量等有关，据统计，世界露天开采成本约为地下开采成本的 1/2。目前我国露天采煤成本为地下采煤成本的 1/3～1/2。

（4）劳动生产率高。据统计，世界露天采矿劳动生产率是地下开采的 5～25 倍，我国露天采煤的劳动生产率为地下开采的 5～10 倍。

（5）吨矿投资低。据我国东北地区及晋陕蒙地区投资估算及统计，露天矿单位吨煤投资比地下矿井平均单位投资低 20%～30%。

（6）资源采出率高。由于露天开采的特点，露天开采时资源回收率较高，一般达 95% 以上，还可以采出伴生矿物。

（7）木材、金属、电力的消耗少。据我国露天煤矿的统计资料，吨煤消耗露天开采的木材为矿井的 1/13，金属材料比矿井少 61%，电力消耗节省 67%。

（8）作业安全性好。露天矿百万吨死亡率仅为井工矿井的 1/30，能开采易燃、多水、超高瓦斯等采用矿井开采较困难的矿床。

（9）占用土地多。露天矿剥离物排弃往往占用很多的土地和耕地。

（10）对环境污染较大。露天开采作业过程中排出的粉尘较高，排弃物淋滤出废水中有害成分污染水资源和农田等。

（11）受气候影响大。严寒、风雪、酷暑、暴雨等都会影响露天矿的正常生产。

（12）对矿床赋存条件要求严格。露天开采范围受到经济条件限制，只能开采矿体厚度大，且埋藏相对较浅的矿床。

5.1.2　露天开采生产工艺系统分类

露天矿的生产就是要进行剥离和采矿作业，把剥离出的废石和采掘出的有用矿物分别移运至排卸地点进行排卸。排卸废石的地点叫作排土场。采矿与剥离作业过程的总体称为生产工艺，主要包括以下环节。

（1）矿岩准备。矿岩准备常用的方法是穿孔爆破，个别情况下，也可用机械的方法松解矿岩，或用水使土岩软化。

（2）矿岩采掘和装载。采掘和装载主要由挖掘机或其他设备来完成，这是露天开采的核心环节。

（3）矿岩移运。矿岩移动即把剥离物运到排土场，有用矿物运往规定的卸载点。矿岩移运是联系露天矿各生产环节的纽带，所需设备多，消耗动力、劳力多，是日常生产管理中变化最繁忙的环节。

（4）排卸。排卸主要指对运送到排土场的废弃物进行合理的堆放工作，也包括将有用矿物向选矿厂或储矿场卸载。

上述各工艺环节所使用的设备是有联系的，这种联系被称为"生产工艺系统"，反映采、运、排各环节所用设备的特征。生产工艺系统的分类见表5-2。

表 5-2　主要工艺系统分类

序号	工艺系统名称	各环节的主要设备		
		采掘、装载	运输	排土
1	间断工艺系统	单斗机械铲	铁道运输	单斗铲
		吊斗铲	汽车运输	推土机
		前装机	箕斗、矿车提升（下放）运输	推土机
		推土机	溜井（溜槽）运输	前装机
		铲运机	铲运机	铲运机
2	连续工艺系统	轮斗铲	胶带输送机	胶带排土机
		轮斗铲	运输排土桥	—
3	半连续工艺系统	轮斗铲-铁道-推土犁		
		单斗铲-移动破碎机-胶带-排土机		
		单斗铲-汽车-半固定、固定破碎机-胶带-排土机		
4	倒堆工艺系统	剥离；剥离挖掘机直接倒堆		
		剥离挖掘机和倒堆挖掘机配合作业		
		采矿；单斗、轮斗铲-相应运输设备		
5	水采工艺系统	水枪	泥泵-管道	水力排土
		采砂船		

表5-2中各生产工艺系统各有其适用条件和优点：间断式生产工艺适应于各种硬度的砂岩和赋存条件，在我国及世界上得到广泛的使用；连续式生产工艺生产能力高，是开采工艺的发展方向，但对岩性有严格的要求，一般适用于开采松软的土岩；半连续式生产工艺是介于间断式和连续式工艺之间的一种方式，具有两种工艺的优点，在采深大及矿岩运距远的露天矿山中有很大的发展前途。

在露天开采过程中，还有无运输倒堆生产工艺系统及水力开采生产工艺系统，倒堆生产工艺是指在剥离时，用机械铲或吊斗铲把剥离物直接排弃在采空区，减少了剥离物的运输。水力开采工艺主要是利用水枪冲采土岩进行剥离，运输可以是自流式，也可以利用管道加压运输至水力排土场。

5.1.3　基本名词术语

5.1.3.1　露天开采境界及边帮

A　露天开采境界

露天开采境界指露天开采终了时的空间状态。它包括开采终了时的地面境界 *AB*，边帮 *AC*、*BD* 和底部境界线 *CD*（见图5-2）。

B　边帮

由采场四周坡面及平台组合成的表面总体。其中包括：

（1）工作帮（见图5-2中 *GE*）由工作台阶所组成，正在进行开采的边帮或一部分。

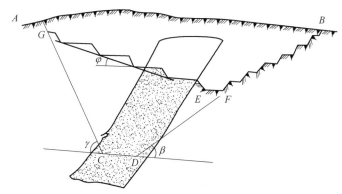

图 5-2　露天采场构成示意图

（2）非工作帮（见图 5-2 中 AG、BF）由非工作台阶所组成的边帮。

C　边帮角

（1）工作边帮角（见图 5-2 中 φ），工作帮最上台阶和最下阶坡底线形的假想平面与水平面的夹角。

（2）最终边帮角（见图 5-2 中 β、γ），露天采场终了时，最上台阶坡顶线和最下台阶坡底线组合成的假想平面与水平面的夹角。

5.1.3.2　台阶要素

A　台阶

在开采过程中，为采运作业需要，往往把露天采场划分为具有一定高度的水平（或倾斜）分层，每一个分层称为一个台阶，如图 5-3、图 5-4 所示。

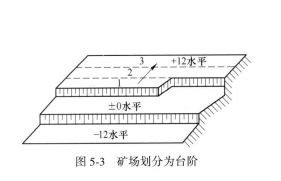

图 5-3　矿场划分为台阶

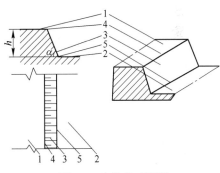

图 5-4　台阶构成要素

（1）台阶坡面：台阶朝向采空区一侧的倾斜面（见图 5-4 中 3）。

（2）台阶坡面角：台阶坡面与水平面的夹角（见图 5-4 中 α）。

B　台阶顶线

台阶上部平盘（见图 5-4 中 1）与坡面的交线（见图 5-4 中 4）。

C　台阶坡底线

台阶下部平盘（见图 5-4 中 2）与坡面的交线（见图 5-4 中 5）。

D 台阶高度

台阶上平盘与下平盘的垂直距离（见图5-4中h）。

5.1.3.3 开拓及开采要素

A 出入沟

出入沟即建立采场与地表运输通路的露天沟道。

B 开段沟

开段沟即开掘某标高采掘工作面的沟道。

C 开采程序

开采程序即采场内土岩的剥离和采矿工程，在空间与时间上合理配合的发展顺序。

5.2 境界、剥采比和生产能力确定

5.2.1 露天开采境界

露天开采境界是指露天矿场开采终了时形成的空间轮廓。它由矿场的地表境界、底部境界和四周帮坡组成。

5.2.1.1 影响露天开采境界的因素

影响露天开采境界的因素有：

（1）自然因素，包括煤层埋藏条件，如赋存状态、厚度、倾角、煤质、围岩岩性、地形地貌、工程和水文地质条件等。

（2）技术组织因素，包括开采技术水平、装备水平、地面主要建筑物、城市、厂房等。

（3）经济因素，包括基建投资、基建期和达产时间、煤炭的开采成本及销售价格、设备供应情况及国民经济发展水平等。

5.2.1.2 合理开采深度的确定原则

当一个煤田或煤田的一部分被确定用露天开采时，首先必须确定以什么原则圈定其合理的开采范围，现以图5-5所示倾斜煤层为例加以说明。

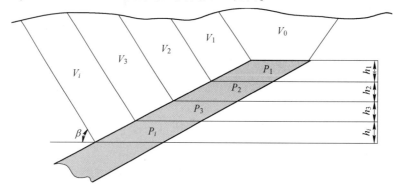

图5-5 露天矿横断面开采示意图

设煤层厚度为 m，顶帮边帮角为 β，台阶高度为 h，露头上部岩土量为 V_0。每向下延深一个高度 h 采出煤量为 P，为此所需剥离岩土量为 V。则 h_1 时采出煤量为 P_1，剥离岩土量为 V_1；h_2 时采出煤量为 P_2，剥离岩土量为 V_2；以此类推，直至 h_i 时为 P_i 和 V_i。从中可以看出，在 m、h 不变时，各水平采出煤量 P 值变化不大，而 V 值随着深度的加大和 β 的减小而增加。由此可见，露天开采的范围（深度）必然有一限度，即

$$C_{\text{L}} P_i \geqslant a P_i + b V_i \tag{5-1}$$

式中　C_{L}——露采煤炭售价，元/t；

$\quad\quad P_i$——第 i 标高采出煤量，t；

$\quad\quad V_i$——第 i 标高所需剥离岩土量，m^3；

$\quad\quad a$——露天纯采煤成本，元/t；

$\quad\quad b$——露天纯剥离成本，元/m^3。

式（5-1）说明了每延深一个深度所采出的煤量，其收益应大于或等于采煤费用和为采煤而必须剥离岩土的费用两项之和，式（5-1）亦可表示为：

$$\frac{V_i}{P_i} \leqslant \frac{C_{\text{L}} - a}{b} \tag{5-2}$$

式中，$\dfrac{V_i}{P_i}$ 表明采出的煤量和所需剥离岩量的比值；$\dfrac{C_{\text{L}} - a}{b}$ 为煤售价与单位采剥成本间的关系，表明采出单位煤量经济上允许的最大剥离值。由上可知，合理开采深度的确定主要取决于经济因素和受赋存条件决定的煤量与岩量之比值。

5.2.2　剥采比

所谓剥采比即是开采单位煤量所需剥离的岩石量。本小节简单介绍平均剥采比、境界剥采比、生产剥采比和经济合理剥采比。

5.2.2.1　平均剥采比

露天开采境界内，全部岩石量与采出煤量之比即为平均剥采比，如图 5-6 所示。

$$n_{\text{p}} = \frac{V}{\eta \cdot P} \tag{5-3}$$

式中　n_{p}——平均剥采比；

$\quad\quad V$——开采境界内全部岩土量，m^3 或 t；

$\quad\quad \eta$——采出系数；

$\quad\quad P$——开采境界内全部工业储备量，m^3 或 t。

5.2.2.2　境界剥采比

当露天开采境界少量变化（扩大或减少 Δh）所引起的岩土量与煤量变化之比值即为境界剥采比，如图 5-7 所示。

$$n_{\text{k}} = \frac{\Delta V_{\text{K}}}{\eta \Delta P_{\text{K}}} \tag{5-4}$$

式中 n_k ——境界剥采比;

      ΔV_K ——境界少量变化扩大的岩土量,m^3 或 t;

      ΔP_K ——境界扩大后增加的煤量,m^3 或 t。

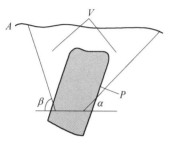   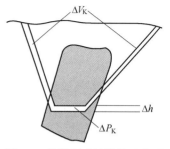

图 5-6   平均剥采比计算示意图   图 5-7   境界剥采比计算示意图

5.2.2.3   生产剥采比

露天矿某一生产时期的岩土量与采出量之比即生产剥采比,如图 5-8 所示。

$$n_S = \frac{\Delta V_S}{\eta \Delta P_S} \tag{5-5}$$

式中 n_S ——境界剥采比;

      ΔV_S ——境界少量变化扩大的岩土量,m^3 或 t;

      ΔP_S ——境界扩大后增加的煤量,m^3 或 t。

露天矿生产时,上下台阶间应保持工作平盘宽度,由此构成工作帮坡角 φ。φ 的变化会直接影响 n_s 的变化,生产中利用调整工作角 φ,来均衡生产剥采比,以达到在某一较长时期(5~10 年)内设备数量和人员的稳定。

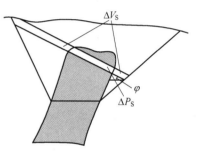

图 5-8   生产剥采比计算图

5.2.2.4   经济合理剥采比

经济合理剥采比系指分摊到单位煤量上的最大允许的剥离量,该值为一系列经济因素所决定。主要的计算方法有两种:

(1) 露天、地下开采单位煤量成本相等,即

$$C_d = a + n_j b \tag{5-6}$$

式中 C_d ——地下开采单位煤量成本,元/t;

      a,b ——露天开采纯采煤、剥离单位成本,元/t 或元/m^3;

      n_j ——经济合理剥采比,m^3/t。

由式(5-6)可得,若露天开采单位采煤成本不高于地下单位采煤成本时,允许的经济剥采比 n_j 如式(5-7)所示。

$$n_j = \frac{C_d - a}{b} \tag{5-7}$$

（2）露天开采法采出煤的成本与其售价相等，即

$$C_L = a + n_j b \qquad (5\text{-}8)$$

式中 C_L ——露天开采法采出煤的售价，元/t。

则

$$n_j = \frac{C_L - a}{b} \qquad (5\text{-}9)$$

在境界圈定中，广泛采用境界剥采比小于或等于经济合理剥采比的原则，即

$$\frac{\Delta V_K}{\eta \Delta P_K} \leqslant \frac{C_L - a}{b} \left(\text{或} \frac{C_d - a}{b} \right) \qquad (5\text{-}10)$$

式子左边是岩煤量的比值，右边是由经济因素确定的最大剥采比值。

5.2.3 露天矿生产能力

露天矿生产能力应为年采煤和剥离两个量之和，亦即年采剥总量为

$$A = A_P + A_V = A_P + n_s A_P = A_P(1 + n_s) \qquad (5\text{-}11)$$

式中 A_P ——年采煤量，t/a 或 m³/a；

A_V ——年剥岩量，t/a 或 m³/a；

n_s ——生产剥采比。

从式（5-11）可以看出露天矿的煤岩生产能力 A 除受到煤层的生产能力影响外，还受到生产剥采比 n_s 的影响。它还决定着煤炭开采成本、工效、设备数量、人员、投资的多少等。

矿井生产能力的确定方式有以下几种：

（1）按技术条件确定生产能力。技术条件主要是可能布置的挖掘机工作面数目、矿山工程延深速度、运输线路的通过能力等。技术上可能的生产能力还受到运输能力的限制。对新建的露天矿、设计的运输能力应与露天矿生产能力相适应。对改扩建矿山，对其运输能力的限制要进行分析和验算。

（2）按经济条件确定生产能力。按经济条件确定煤炭生产能力包括：合适的矿山服务年限、可能的投资额和经济最优效果。

（3）按需求量确定生产能力。按需求煤量确定生产能力时，必须对市场的需求量进行预测。首先要对国内外历年煤炭供求情况进行统计分析，其次对今后若干时间的需煤前景进行估计，在此基础上预测未来的供求关系及风险，从而确定生产能力。

5.3 开采程序与开拓

5.3.1 露天开采程序

露天矿场开采程序系指在露天开采范围内采煤、剥岩的顺序，即采剥工程在时间和空间上发展变化的方式，诸如采剥工程台阶划分，采剥工程初始位置确定，采剥工程水平推进、垂直延深方式，工作帮构成等。

5.3.1.1 采剥工程台阶划分及台阶开采程序

露天矿一般划分为若干个台阶进行开采，每个台阶的开采程序：

（1）开掘出入沟（一般为倾斜的）。

（2）开掘开段沟（一般为水平的）。

（3）进行扩帮。

其程序如图 5-9 所示。

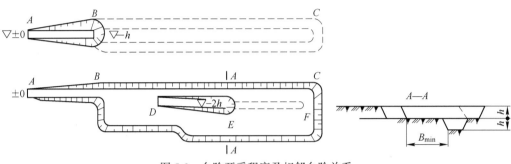

图 5-9　台阶开采程序及相邻台阶关系

图 5-9 中 AB 为出入沟，BC 为开段沟（虚线），BC 掘完后即可进行扩帮。对于一个台阶开掘全过程来说，开掘出入沟称为开拓工程，开掘开段沟称为准备工程，进行扩帮称为回采工程。

每个台阶完成开拓准备工作后，进行扩帮工程到某个位置时，即可进行下一个台阶的开拓准备工程，即 DE 及 EF 两部分的沟量开掘。由此可以看出，露天矿相邻台阶的各种工程进行的时间安排必须遵循上下台阶在空间上的超前关系，才能保证安全和正常生产。

5.3.1.2　工作帮及其推进

A　开段沟初始位置确定

第一个台阶的开段沟位置一般选在剥离量少的煤层露头处，可设在煤层底板，也可设在煤层顶板，沟道可以平行煤层走向，也可以平行煤层倾向。

B　工作帮构成

工作帮形态决定于组成工作帮的各台阶之间的相互位置，通常可用工作帮坡角大小来表示，如图 5-10 所示。

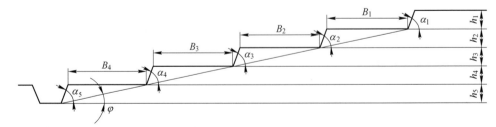

图 5-10　工作帮坡角

C　工作帮推进

工作帮推进方向与矿山工程开段沟初始位置有关。图 5-11（a）所示是煤层底板拉沟，向顶帮推进，即一个工作帮；图 5-11（b）所示是从煤层顶板拉沟，工作帮向顶、底帮两个方向推进，形成一个剥离工作帮，一个采煤工作帮。这两种台阶工作帮的推进方式均为平行推进，有的可以扇形方式推进。

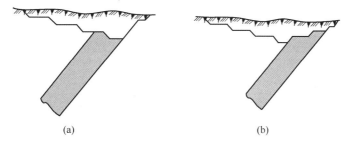

图 5-11　工作帮推进图

（a）一个工作帮；（b）一个剥离工作帮，一个采矿工作帮

5.3.2　露天矿开拓

露天矿开拓就是建立地面与露天矿场内各工作水平以及各工作水平之间的矿岩运输通路，以此保证露天矿场正常生产。露天矿开拓内容是直接研究坑线的布置方式，建立合理开发矿床的运输系统，也是研究和解决开发矿床总体规划和矿山工程合理发展的重要问题。

露天矿开拓与运输方式有密切关系。按运输方式，露天矿开拓方法主要分为公路运输开拓、铁路运输开拓、带式输送机运输开拓、平硐溜井开拓、提升机提升开拓。

本节重点介绍露天矿铁路运输开拓方式、公路运输开拓方式和带式输送机开拓方式。

5.3.2.1　铁路运输开拓系统

铁路运输分准轨和窄轨两种，大中型露天矿采用准轨，小型露天矿采用窄轨。

A　坑线布置形式

坑线布置方式如图 5-12 所示，从纵断面可以看出，台阶高度为 h，L 为露天矿底长，i 为限制坡度，l 为通过线长度，l_c 为折返站长度。列车从地表经过三次直进到折返站，由于受采场长度的限制，必须折返到达第 4 个台阶。其中，直进式列车运行条件好，而采用折返式时，列车需要停车再启动向反向运行，故在走向长度允许条件下，尽可能采用直进式。但由于受矿场长度限制不可避免要采用折返式。所以，在铁路开拓矿山，无论是山坡露天还是凹陷露天，坑线布置一般是直进和折返两种方式的结合。此外，为了提高列车运行速度，当上部台阶到边界后，可以废除原折返坑线，而全部采用沿边界直进延深，形成螺旋式坑线。

B　坑线固定性

坑线设于非工作帮上称固定坑线，坑线设于工作帮上称移动坑线。固定坑线在生产中不受工作帮推进的影响，生产中不需定期移设，线路质量好。但矿床埋藏条件及水文、工程地质条件要清楚，并应有确定的最终边帮位置。

C　多坑线系统

当露天矿煤岩运量很大时，可以设置两个或两个以上的沟道系统来满足不同需要。

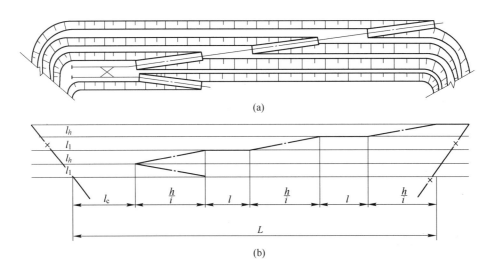

(a)

(b)

图 5-12 上部直进，下部折返坑线
(a) 平面投影；(b) 纵断面

5.3.2.2 公路运输开拓系统

公路开拓采用的运输设备是汽车，坑线坡度可达 8% 以上，转弯半径小，故坑线布置较为灵活。在汽车运输条件下，移动坑线的缺点已不明显，为缩短汽车运距，多采用移动坑线多出口的开拓系统。

A 公路运输开拓特点

公路运输开拓特点：机动灵活，利于选采；矿场可设置多出入口，分采分运，运输效率高；也便于采用高、近、分散的排土场；能适应各种开采程序的需要，工作线长度可以很短，可采用基坑开掘新水平，以减少掘沟工程量；比铁道运输开拓时线路工程量小，基建时间短，基建投资少；矿岩吨千米运输成本高于铁路运输。

B 公路运输开拓系统的适用条件

公路运输开拓系统的适用条件：地形复杂的山坡，凹陷露天矿；煤层赋存复杂（夹矸、断层多），煤质变化、要求分采的矿山；运距不长的山坡露天矿，一般小于 3km，当采用大吨位运输设备时，合理运距可大于 3km；公路可作为露天矿联合开拓方式的组成部分。

5.3.2.3 带式输送机开拓系统

带式输送机开拓的主要特点是：生产能力大；与铁路和汽车比较，其强爬坡能力强，可达 16°~18°；可缩短运距；吨千米运输成本较汽车低；但对煤岩块度有要求，敞露的带式输送机受气候条件影响。

在露天矿采用连续工艺时，开拓系统比较单一。当采用半连续工艺时，物料进入带式输送机前要通过移动或固定破碎机，物料被破碎为合适的块度后再进入带式输送机系统，布置方式也比较简单。

5.4 开采工艺

5.4.1 煤岩预先破碎

露天矿广泛采用的预先松碎方法是穿孔爆破，即选用合适的穿孔设备，按一定规格打出孔眼，再进行装药爆破，爆破后使煤岩松散成一定规格的块度，便于采装。

5.4.1.1 穿孔

穿孔用穿孔机完成，穿孔机有冲击式和回转式两类。

A 钢绳冲击式钻机

钢绳冲击式钻机是露天煤矿中的主要穿孔设备之一，它的工作原理如图 5-13 所示，靠钻具 1 自由下落冲击孔底而凿碎岩石。经一定时间向孔内注入定量的水，使孔底岩粉与水混合形成悬浮岩浆，再定时用取渣筒取出泥浆。

图 5-13 所示这种穿孔机结构简单，适应性强，易于维修，备件充足。但作业是间断式的，故穿孔效率低，劳动强度大。在岩性适宜的矿山（$f \leqslant 6$），月效率为 5000m。

B 潜孔钻机

潜孔钻机是一种风动冲击式钻机。工作时将冲击器和钻头一起潜入钻孔，压缩空气经钻杆送入冲击器冲击钻头，孔底岩粉由压气排出孔外。

潜孔钻机结构简单，钻机机架和水平面的夹角可调（60°～90°），故可以穿凿倾斜孔，满足控制爆破要求。穿孔成本较低，穿孔效率一般比钢绳冲击钻机高 2～3 倍。潜孔钻机适

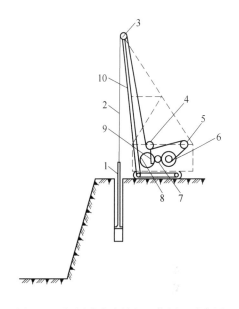

图 5-13 钢绳冲击式钻机工作原理示意图
1—钻具；2—钢丝绳；3—天轮；4—压轮；
5—后绳轮；6—卷筒；7—主动齿轮；
8—冲击轮；9—连杆；10—支架

用于中等硬度的岩石。露天矿常用潜孔钻机有 CLQ-80、YQ-150A、KQ-150、KQ-200、KQ-250 等型号，图 5-14 所示为 KQ-200 型潜孔钻机。

C 牙轮钻机

牙轮钻机是一种回转钻机，工作时借助推压提升机构向钻头施加高钻压和扭矩，将煤岩在静压、少量冲击和剪切作用下破碎，岩渣通过压缩空气吹出孔外。牙轮钻机效率高，适应性强，在各种硬度岩石中作业效果比其他钻机都好。在相同的穿孔条件下，牙轮钻机的穿孔效率比钢绳冲击式钻机高 4～5 倍，比潜孔钻机高 1～2 倍，且成本低。国产牙轮钻机有 KY-310、YZ-55、KY-250、YZ-35、KY-150、ZX-150A 等型号，图 5-15 所示是 KY-310 型牙轮钻机。

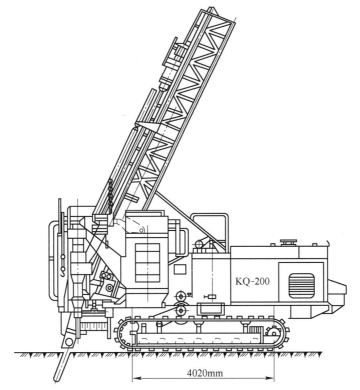

图 5-14 KQ-200 型潜孔钻机

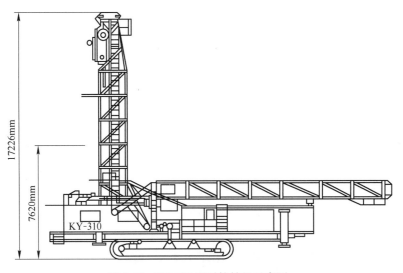

图 5-15 KY-310 型牙轮钻机示意图

5.4.1.2 爆破

爆破工作是将煤岩从整体中分离下来,并按一定块度和工程要求堆积成一定的几何形体。露天矿用的爆破方法多是沿台阶布置单排或多排垂直炮孔,进行深孔齐发或微差爆破。

5.4.2 采装工作

采装工作就是将软岩或预先松碎的煤岩,通过机械设备采挖并装入运输设备中,或倒卸在指定地点。得到广泛应用的间断式采装设备有单斗挖掘机、前装机和铲运机等几种形式。

5.4.2.1 单斗挖掘机

单斗挖掘机按其工作装置可分为正铲、反铲、刨土铲、拉铲和抓斗铲,如图 5-16 所示。

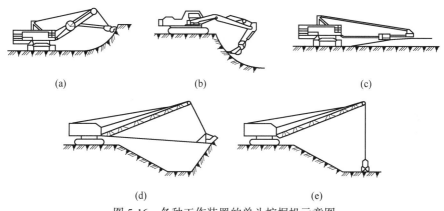

图 5-16 各种工作装置的单斗挖掘机示意图
(a) 正铲;(b) 反铲;(c) 刨土铲;(d) 拉铲;(e) 抓斗铲

5.4.2.2 前装机

前装机将采装、短距离运输、排弃和辅助作业集于一个设备,如图 5-17 所示。它灵活机动,运行速度高,爬坡作业性能好,维护费用低。前装机多是轮胎式的,运输距离一般不超过 150m。国产的前装机斗容为 5m^3,国外有斗容达 22m^3 的前装机。

前装机和斗容相同的机械铲相比质量轻、价格便宜、操作简单。但前装机生产能力低,仅是同斗容机械铲能力的 1/2。设备寿命短,轮胎和燃料消耗也很大。因此,该机多作为辅助设备配合单斗挖掘机工作。前装机结构如图 5-17 所示。

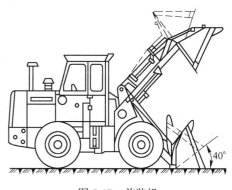

图 5-17 前装机

5.4.2.3 铲运机

铲运机与装运机的主要区别是本身不带有储料车厢,而是带一个大容积的铲斗,铲斗装满后直接运往卸载点卸载。铲运机的结构如图 5-18 所示,机身分前后两部分,中间铰接。铲运机操作轻便，转弯灵活，且前后轴都是驱动轴，爬坡能力大。目前，铲运机多为柴油驱动，运距不受限制，速度快，生产能力也较高，但排出的废气不易净化，故有被电力驱动铲运机代替的可能。

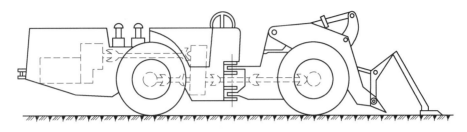

图 5-18　铲运机

5.4.3　运输

煤岩从工作面经采装设备挖掘装入运输设备后，煤被运往卸煤站或选煤厂，岩被运往排土场，生产上所需材料等被运往指定地点。运输工作是采装和排卸的连接环节，起着"纽带"的作用，也决定着整个生产任务完成的好坏。

常用的运输方式有铁路运输、公路运输、箕斗运输和联合运输。随着运输机械的发展，公路运输能力取得了很大的提高，目前有大量先进的重型卡车被投入使用，例如卡特彼勒公司的 797 型卡车，如图 5-19 所示。

图 5-19　卡特彼勒 797 型矿用卡车

卡特彼勒 797 位列 2012～2013 年度全球最大矿山车前三，外形尺寸为 7.01m 高，14.48m 长，9.14m 宽，当翻斗升起后高度则达到 15.24m。车上有 8 台电脑监视油压、扭矩、机器性能和轮胎温度等关键参数，797 的轮胎是米其林专门定制，每个轮胎都有3.96m 高。

最新版 Caterpillar 797F 装备了排量 106L 的 Cat C175-20 ACERT 柴油机，最大功率为2983kW（4059 马力）。油箱容量达到 7571L，最大设计车速 67.6km/h。整备质量 260.7t，额定载重 363t，车厢容积堆装 267m³。车辆本身售价约为 340 万美元。

5.4.4 排土

露天开采为了采煤而必须剥离的土岩，经运输设备运至一定地点排弃，这个排弃的场所称排土场。排土场可选择在开采范围以外，称外排土场；也可利用已开采的空间进行排弃，称为内排土场。

由于被剥离的土岩往往是采煤量的好几倍，所以场地的选择、容量大小、距离采场的远近都将直接影响到剥离成本。

5.4.4.1 排土场位置选择

排土场位置选择首先应考虑近距离排土，少占或不占农田，尽可能减少对环境的污染。为此，在近水平和缓斜煤层条件下，从开采设计上应尽可能采用采场内采空区排土；在倾斜与急倾斜煤层条件下，可利用分区开采实现内排，或将剥离物排至已采尽的采空区，这些均为内排土。内排时，采掘工作面和排土工作面间应留一定的安全距离。

为了达到近距离排土，降低采煤成本，于采场附近选择的近距排土场可以是两个或多个，但总排弃空间应能满足全部剥离量排弃的要求。

5.4.4.2 排土设备及排弃方式

A　铁路运输

应用铁路运输的矿山，排土设备目前较多采用机械铲排土和推土犁排土。

机械铲排土如图 5-20 所示。机械铲排土的主要工序是翻土、挖掘机堆垒、线路移设。排土台阶分为上下两个台阶，挖掘机站在中间平盘上，将列车排弃的土倒向外侧及堆垒上部分台阶。这种排土方式排土段高随岩性变化，可达 40～50m，排土线长不小于 600m。

机械铲排土能保证较高的排土台阶，线路移设量小，线路质量好，脱道事故少，生产能力大，劳动生产率高。但需购置挖掘机，投资大，单位排土成本高。

推土犁排土如图 5-21 所示。排土工序为列车翻土、推土犁推土、平整台阶和移道。

推土犁排土台阶高度通常只有 12～20m；排土线长 800～1000m，移道步距一般为 2.6～2.8m。

推土犁排土设备投资少，单位排土成本低，但排土能力较低。

B　汽车运输

汽车运输的矿山主要采用推土机排土，作业较简单。汽车将岩土卸倒在排土场边缘后，由推土机配合将土岩推至排土场边缘外侧，而平整排土场也同时完成。

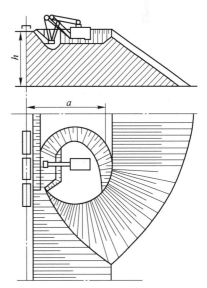

图 5-20　机械铲排土

a—作业范围；*h*—台阶高度

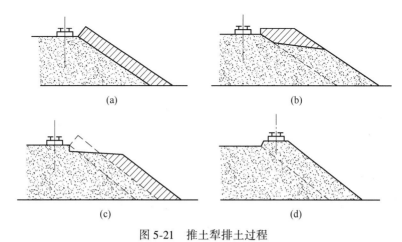

图 5-21　推土犁排土过程

（a）翻土；（b）推土犁推土；（c）平整台阶；（d）移道

6 ‖ 煤矿特殊开采方法

6.1 煤矿充填开采

充填开采就是在井下或地面用矸石、砂、碎石等物料充填采空区，达到控制岩层运动及地表沉陷的目的。充填开采有提高煤炭采出率，充分利用资源，有效控制矿压，减少地表沉陷及可在特殊条件下开采等优点，加上采空区可以作为处理废石的空间，可减少矸石等废物的堆放及环境污染，改善矿区周围生态环境，是煤矿绿色开采的重要组成部分。基于这些优点，在我国目前的能源状况及形势下，充填开采越来越受到各界的重视，充填工艺技术也在充填开采不断发展的过程中得到创新与发展。

煤矿充填开采目前主要有膏体充填、超高水材料充填、固体废弃物直接充填等技术。

6.1.1 膏体充填技术

所谓膏体充填技术就是把煤矸石、粉煤灰等固体废物在地面加工成"无临界流速、不需脱水"的膏状浆体，利用充填泵和重力作用通过管道输送到井下，适时充填采空区的采矿方法。

6.1.1.1 充填材料

膏体充填技术采用的充填材料主要是煤矸石（需经过破碎和筛分）、粉煤灰、炉渣、矿渣、城市垃圾、劣质土等，加工成膏状浆体，一般膏体充填材料质量浓度大于75%，目前浓度高达88%，一般需要采用大型充填泵送至充填地点。

6.1.1.2 充填工艺

膏体充填工艺流程主要包括材料准备、配料制浆、管道输送、工作面充填4大部分。整个充填系统主要由膏体充填固体废物加工、充填材料储存、充填材料配制、膏体泵送、充填体构筑、检测控制、粉尘防治等构成。

6.1.2 超高水材料充填技术

6.1.2.1 充填材料

充填材料主要由A、B料组成：A料主要以铝土矿、石膏等独立烧制并复合超缓凝分散剂制成；B料由石膏、石灰与复合速凝早强剂构成，同时配以悬浮分散剂。二者混合比例为1∶1；材料水体积可达97%。主要特点：材料消耗量少，材料固结体体积应变较小，凝结时间易调，输送距离不受限制等。

6.1.2.2 充填工艺

超高水材料充填材料为高含水材料，充填工艺与膏体充填相似，主要包括材料准备、配料制浆、管道输送、工作面充填四部分，配置浆料需 A、B 料分别加水搅拌，两种浆体分别通过管路输送。在充填点附近两种浆体通过混合器和混合管混合，灌注到充填空间内，可迅速固化成型。

目前常用的充填方式为采空区全袋（包）式充填法，如图 6-1 所示，该种方式需要在支架移出一定空间后，在后部挂设充填包，然后向充填包内灌注超高水混合材料。

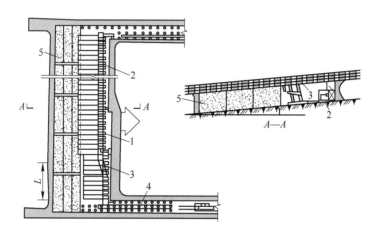

图 6-1　超高水材料采空区全袋式充填法示意图

1—采煤机；2—刮板运输机；3—液压支架；4—转载机；5—充填体

6.1.3　综合机械化固体实充填采煤技术

综合机械化固体实充填采煤技术的基本思想是将地面的矸石、粉煤灰、建筑垃圾、黄土、风积沙等固体废弃物通过垂直连续输送系统运输至井下，再用带式输送机等相关运输设备将其运输至充填工作面，借助充填物料转载输送机、充填采煤液压支架、多孔底卸式输送机等充填采煤关键设备实现采空区密实充填。井下掘进矸石破碎后，可以直接运输至工作面进行充填。

6.1.3.1　固体密实采煤关键设备

综合机械化固体密实充填采煤关键设备包括采煤设备与充填设备。其中采煤设备主要有采煤机、刮板输送机、充填采煤液压支架等；充填设备主要有多孔底卸式输送机、自移式充填物料转载输送机等。

A　充填采煤液压支架

充填采煤液压支架是综合机械化固体密实充填采煤工作面主要装备之一，它与采煤机、刮板输送机、多孔底卸式输送机、夯实机配套使用，起着管理顶板隔离围岩、维护作业空间的作用，与刮板输送机配套能自行前移，推进采煤工作面连续作业。充填采煤液压支架的结构原理如图 6-2 所示。

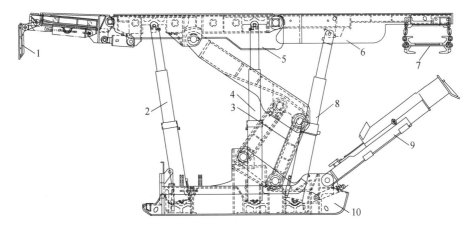

图 6-2　六柱支撑式充填采煤液压支架结构原理图

1—护帮板；2—前立柱；3—四连杆机构；4—中立柱；5—前顶梁；6—后顶梁；
7—多孔底卸式输送机；8—后立柱；9—夯实机构；10—底座

B　多孔底卸式输送机

多孔底卸式输送机是基于工作面刮板输送机研制而成的，其基本结构同普通刮板机类似，不同之处是在多孔底卸式输送机中部槽上均匀的布置卸料孔，用于将充填物料卸载在下方的采空区内。多孔底卸式输送机机身悬挂在后顶梁上，与综采面上、下端头的机尾、机头，组成整部的多孔底卸式输送机，用于充填物料的运输，与充填采煤液压支架配合使用，实现工作面的整体充填。夯实机安装在支架底座上，对多孔底卸式输送机卸下的充填物料进行压实。为了控制卸料孔的卸料量以及卸料速度，在卸料孔下方安置有液压插板，在液压油缸的控制下，可以实现对卸料孔的开启与关闭。

C　自移式充填物料转载输送机

为了实现固体充填物料自低位的带式输送机向高位的多孔底卸式输送机机尾的转载，自移式充填物料转载输送机由两部分组成，一部分是具有升降、伸缩功能的转载输送机，另一部分是能够实现液压缸迈步自移功能的底架总成。可调自移机尾装置也由两部分组成，一部分是可调架体，另一部分也是能够实现液压缸迈步自移功能的底架总成。转载输送机和可调自移机尾装置共用一套液压系统，操纵台固定在转载输送机上。

6.1.3.2　固体密实采煤与充填工艺

A　采煤工艺

采煤工艺与综合机械化采煤工艺相同。

B　充填工艺

充填工艺流程为：在工作面刮板运输机移直后，将多孔底卸式输送机移至支架后顶梁后部，进行充填。充填顺序由多孔底卸式输送机机尾向机头方向进行，当前一个卸料孔卸料到一定高度后，即开启下一个卸料孔，随即启动前一个卸料孔所在支架后部的夯实机千斤顶推动夯实板，对已卸下的充填物料进行夯实，如此反复几个循环，直到夯实为止，一般需要 2~3 个循环。当整个工作面全部充满，停止第一轮充填，将多孔底卸式输送机拉移一个步距，移至支架后顶梁前部，用夯实机构把多孔底卸式输送机下面的充填料全部推到支架后上部，使其接顶并压实，最后关闭所有卸料孔，对多孔底卸式输送机的机头进行充填。

6.2　煤与瓦斯共采

煤炭是我国主体能源，瓦斯作为煤的伴生产物，不仅是煤矿重大灾害源和大气污染源，更是一种宝贵的不可再生能源。我国瓦斯总量大，与天然气总量相当，且随着采深的增加，瓦斯含量将显著增大。实现煤与瓦斯共采，是深部煤炭资源开采的必然途径。深部煤与瓦斯共采不仅能保障我国经济持续发展对能源的需求，还将进一步提升我国煤矿安全高效洁净的生产水平，尤其对优化我国能源结构、减少温室气体排放具有十分重要的意义。

煤与瓦斯共采从两种资源开采顺序上主要有 3 种方式：

（1）先采瓦斯后采煤。通过预先抽采部分瓦斯，消除突出危险，提高开采安全性。包括：顶底板穿层钻孔预抽瓦斯，保护层开采预抽主采煤层卸压瓦斯，顺层钻孔预抽瓦斯。

（2）煤与瓦斯同采。在掘进工作面掘进和采煤工作面回采的同时，利用工作面前方应力变化使煤层透气性增加的有利条件，抽采煤体内瓦斯。同时采用顶板走向钻孔或巷道抽采工作面采空区积聚的大量瓦斯，既避免了采空区瓦斯涌入工作面造成上隅角瓦斯积聚和回风流瓦斯超限，又将采空区高浓度瓦斯抽至地面得以利用。

（3）先采煤后采瓦斯。多开气源，确保利用，在采煤工作面或采区结束后，对密闭的采空区进行抽采。主要方法是在密闭墙内接管抽采或从地面钻孔抽采。

目前煤与瓦斯共采技术的难点主要集中于瓦斯的抽采，主要有以下几种抽采技术体系：

（1）卸压开采抽采瓦斯技术体系。首采层卸压增透消突技术：首采层均为突出煤层，采用瓦斯抽采母巷钻孔法预抽瓦斯卸压消突。瓦斯含量法预测煤与瓦斯突出技术：针对首采层开展突出机理及规律、突出预测预报新技术研究；寻找新的突出预测预报方法和指标，建立矿区防突预测预报指标体系。应用微震技术探测首采层采动覆岩裂隙发育区，从而确定高位环形体裂隙发育等瓦斯富集区，进一步优化瓦斯抽采工程设计，逐步实现瓦斯抽采工程准确化。针对首采层松软煤层开发成功快速全程护孔筛管瓦斯抽采技术，完善了高压水射流割缝增透煤层气抽采技术。针对深井井巷揭煤开发了快速揭煤技术，形成低透气性煤层群卸压开采抽采瓦斯技术；开发了首采煤层顶板抽采富集区瓦斯技术，开发了大间距上部煤层抽采被卸压煤层解析瓦斯技术，开发了多重开采下向卸压增透瓦斯抽采技术，开发了地面布置钻孔抽采被卸压煤层解析瓦斯技术。开发了无煤柱护巷围岩控制关键技术；主动整体强化锚索网注支护、抗强采动巷内自移辅助加强支架、巷旁充填墙体支护三位一体的围岩控制技术；高承载性能的巷旁充填墙体支护材料，研制成功了巷旁充填一体化快速构筑模板支架。开发成功了无煤柱（护巷）Y 型通风留巷钻孔法抽采瓦斯关键技术：首采层采空区留巷钻孔法抽采瓦斯技术，留巷钻孔法上向钻孔抽采卸压煤层瓦斯技术，留巷钻孔法下向钻孔抽采卸压煤层瓦斯技术。

（2）全方位立体式抽采瓦斯技术体系。主要技术包括：钻孔裂隙带抽采、高位抽采巷抽采、回采工作面下隅角综合抽采、采空区瓦斯抽采技术、采动煤岩移动卸压增透抽采瓦斯技术、原始煤层强化抽采瓦斯技术区域性卸压开采消突技术、本煤层长钻孔抽采瓦斯技术、深部开采安全快速揭煤技术、深井低透气性煤层井筒揭煤防突关键技术、高瓦斯煤矿电网重大灾害监控预警技术等。高瓦斯近距离煤层群顶板顺层千米大直径钻孔实现"煤与瓦斯共采"技术，解决了多年来严重制约矿井发展的瓦斯难题，实现煤与瓦斯安全高效共采，解决了近距离高瓦斯煤层群开采过程中综采工作面上隅角和回风流中浓度超限这一难题，结合千米定向钻机，提出了高抽钻孔组和顶板裂隙钻孔组联合抽采瓦斯技术。

（3）深部薄厚煤层瓦斯抽采技术体系。针对深部薄煤层，采用 Y 型通风技术，并在留巷段施工网格立体式穿层钻孔，拦截抽采邻近突出煤层的卸压瓦斯，实现了无煤柱煤与瓦斯共采。高瓦斯特厚煤层煤与瓦斯共采技术：利用首采煤层的卸压增透增流效应，采用专用瓦斯巷与穿层钻孔的方法，可以使处于弯曲下沉带的远距离有煤与瓦斯突出危险煤层消除突出危险，能够实现煤与瓦斯两种资源安全、高产、高效共采；采用高抽巷方法，可以对处于上覆采动断裂带的中距离卸压瓦斯实施抽采，能够实现煤与瓦斯两种资源安全、高产、高效共采。

6.3　煤炭流态化开采

流态化开采是指将深部固体矿产资源原位转化为气态、液态或气固液混态物质，在井下实现无人智能化的采选充、热电气等转化的开采技术体系。该技术突破了固体矿产资源临界开采深度的限制，使深地煤炭资源开采可以像油气开发那样实现"钻机下井，人不下井"，依靠压差作用进行开采，从根本上颠覆固体资源的开采模式。实现深地煤炭资源的流态化开采，关键在于要去探索深地井下采、选、充、气、电、热的一体化无人、智能采掘与转化系统，通过无人作业、智能采掘、原位转化、高效传输等颠覆性技术，实现将深地固体资源气化、液化、电气化等系统的流态化开采。

煤炭资源开采、清洁燃烧、环保利用与 CO_2 减排一直是国际上重点关注的内容，作为煤炭开采与消费大国的中国，如果能够实现深地煤炭资源的采、选、充、电、气的原位、实时和一体化开发的颠覆性开采模式，不仅能够解决中国经济高速发展对能源需求短缺的问题，实现煤炭资源开采深度上的突破，为中国乃至世界资源可开采可利用的总量翻番提供理论与技术支撑，同时还能够在煤炭资源高效开采、清洁燃烧、环保利用与 CO_2 减排等方面为世界做出贡献。未来的煤矿将是清洁、安全、智能、环境协调、生态友好的电力传输和能源调蓄基地。

深部煤炭资源流态化开采构想包括以下主要技术流程：

（1）无人采掘。以深地无人智能盾构作业（TBM）破割煤岩体，通过传送设施将矿物块粒传送至分选模块。

（2）智能分选。通过重力分选，将煤炭与矸石进行分离，并将矸石回填至采空区。

（3）原位转化。在深部原位实现煤炭资源的液化、气化、电化、生物化等系统流态化。

（4）充填调控。转化后的矿渣进行混合加工，形成充填材料回填采空区，用以控制岩层运动与地表沉陷，实现安全、绿色开采。

（5）高效传输与智能调蓄。深部煤炭资源通过原位转化，以流态化形式高效智能传输至地表，并结合深地热能利用，使传统概念的煤炭企业成为电力传输和清洁能源的调蓄基地。

煤炭深部原位流态化开采技术体系与建立的多元智能型清洁能源基地如图 6-3 所示。

图 6-3　煤炭深部原位流态化开采与多元智能型清洁能源基地示意图

6.4　煤炭精准开采

煤炭精准开采是基于透明空间地球物理和多物理场耦合，以智能感知、智能控制、物联网、大数据云计算等作支撑，具有风险判识、监控预警等处置功能，能够实现时空上准确安全可靠的智能少人（无人）安全精准开采的新模式新方法，其科学内涵如图 6-4 所示。

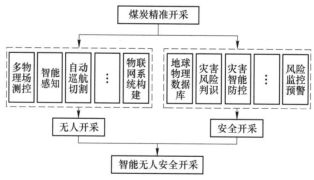

图 6-4　煤炭精准开采的科学内涵

结合煤炭发展现状及长远要求，精准开采将分两步实施：第 1 步是实现地面和井下相结合的远程遥控式精准开采，即操作人员在监控中心远程干预遥控设备运行，采掘工作面落煤区域无人操作；第 2 步是实现智能化少人（无人）精准开采，即采煤机、液压支架等设备自动化智能运行、惯性导航。煤炭精准开采将最终实现地面远程控制的智能化、自动化、信息化和可视化，实现煤炭开采的少人（无人）、精确、智能感知和灾害智能监控预警与防治。

煤炭精准开采涉及面广、内容纷繁复杂，实施过程中需要解决诸多科学问题。

（1）煤炭开采多场动态信息（如应力、应变、位移、裂隙、渗流等）的数字化定量。传统采矿多依赖经验、凭借定性分析开采，精准开采是传统采矿与定量化智能化的高度结合，开发出多功能、多参数的智能传感器。以开采沉陷的精准控制为例，需要快速而精确地实现对开采沉陷数据的识别、获取、重建，以达到开采沉陷的信息化、数字化及可视化，为进一步的定量化预测奠定基础。

（2）采场及开采扰动区多源信息采集、传感、传输。煤炭井下开采涉及应力场、裂隙场、渗流场等诸多问题，采场及开采扰动区地应力、瓦斯压力、瓦斯涌出量、裂隙发育区等信息准确获取至关重要。精准开采在该方面涉及的关键科学问题包括采场及开采扰动区多源信息采集传感、矿井复杂环境下多源信息多网融合传输以及人机环参数全面采集、共网传输等。

（3）基于大数据云技术的多源海量动态信息评估与筛选机制。随着煤矿物联网覆盖的范围越来越广，"人、机、物"三元世界在采场信息空间中的交互、融合所产生的数据越来越大，基于大数据云技术的多源海量动态信息评估与筛选机制的研究愈发重要。精准开采在该方面涉及的关键科学问题包括井下掘进定位以及应力场-应变场-裂隙场-瓦斯场等多物理场信息定量化采集，多源、海量、动态、多模态等特征传感信息评估与筛选，多维度信息复杂内在联系，质量参差不齐、不确定等海量信息的聚合、管理与查询，可视化、交互式、定量化、快速化、智能化的多物理场信息智能分析系统搭建等。

（4）基于大数据的多相多场耦合灾变理论研究。煤炭开采涉及固-液-气三相介质，在开采扰动作用下三者相互影响、相互制约、相互联系，形成采动应力场-裂隙场-渗流场-温度场的多场耦合效应，研究煤炭开采灾害的多相多场致灾机理是精准开采的重要内容。精准开采在该方面涉及的关键科学问题包括开采扰动及多场耦合条件下灾害孕育演化机理、灾变前兆信息采集传感传输、灾变前兆信息挖掘辨识方法与技术等。

（5）深度感知灾害前兆信息智能仿真与控制。与基于被控对象精确模型的传统控制方式不同，智能仿真与控制可直观的展示井下采场情况，模拟不同开采顺序、工艺等引起的采动变化等，更好地解决煤矿复杂系统的应用控制，更具灵活性和适应性。精准开采在该方面涉及的关键科学问题涵盖矿山地测空间数据深度感知技术、矿山地质及采动信息数字化、矿山采动及安全隐患智能仿真、开采模拟分析与智能控制软件开发等。

（6）矿井灾害风险预警。矿井灾害风险超前、动态、准确预警是煤矿安全生产的前提。精准开采在该方面涉及的关键科学问题包括矿井灾害致灾因素分析、矿井灾害预警指标体系的创建、多源数据融合灾害风险判识方法及预警模型、灾害智能预警系统等。

（7）矿井灾害应急救援关键技术及装备。快速有效的应急救援是减少事故人员伤亡和财产损失的有效措施。精准开采在该方面涉及的关键科学问题包括救灾通信、人员定位及灾情侦测技术与装备，灾难矿井应急生命通道快速构建技术与装备，矿井灾害应急救援通信系统网络等。

6.5 煤炭近零生态环境影响开采

以煤炭资源组分和性质为基础，以能值为衡量基准，采取针对性手段或措施，实现煤炭开发利用效能（或效用）且少影响或不影响生态环境的理念。主要包括以下内容：

（1）煤炭的资源属性。煤炭是一种资源，由多种组分组成，本身并没有"肮脏"与

"清洁"之分。开发过程中少扰动或不扰动生态环境，利用过程中各种组分充分利用，不排放到环境中，自然不会造成生态环境影响。煤炭绿色低碳开发利用核心不在煤炭本身，而在于开发利用煤炭的方式和技术。

（2）煤炭开发利用的能值衡量标准。煤炭开发利用以实现效能（或效用）为根本目标，评价煤炭开发利用的价值不在于开发利用了多少煤炭和怎么开发利用煤炭，而在于煤炭开发利用实现了多少利用者需要的有效能量或者实现了多少利用者需要的效用。

（3）煤炭近零生态损害开发和近零污染物排放利用理念。煤炭开采地表近零均匀沉降，地下水资源得到科学保护和利用，矿区环境得到有效修复和保护，向改善环境的方向发展，甚至开采后生态环境有所改善。利用过程污染物排放达到近零排放水平，在实现相同能值的统一标准下，甚至低于利用太阳能实现同等效用全过程对应的排放量。

根据现有基础和可能的研发进程，提出近零生态损害科学开采的发展路线，可划分为"2025 技术升级与换代""2035 技术拓展与变革""2050 技术引领与深地空间利用"3 个阶段：

（1）2025 年前：超低生态损害的信息化、自动化开采。主要在绿色生产理念基础上进行技术和方法上的创新，通过高精度非接触式地质构造精确探测技术、复杂地形绝对空间导航定位及三维虚拟现实、互联网、信息化、自动化等技术的实现，完成煤炭开采技术的升级与换代，实现超低生态损害的信息化、自动化开采。

（2）2025~2035 年：近零生态损害的智能化、无人化开采。在信息化、自动化基础上，进一步进行开采理念上的变革与创新，通过"透明矿井"地质全信息可视化、深地钻探与精确制导、伴生物共采一体化开发、地热利用、地下气化开采等技术的实现，完成煤炭开采技术的拓展与变革，实现近零生态损害的智能化、无人化开采。

（3）2035~2050 年：智慧能源系统。主要进行智能化、无人化开采技术的集成及应用，通过深部开采的应力场、裂隙场、渗流场的精确探测及可视化、井下煤炭流态转化（制气、制油、发电）远程智能化控制，完成大型煤矿智能化、无人化建设，形成煤基多元协同与原位采用一体化和深地空间利用的智慧能源系统，实现零生态损害的绿色开采目标。

第 2 篇
煤炭的洁净利用

7 ┃ 煤炭的洁净利用概况

"生态兴则文明兴，生态衰则文明衰。"古今中外，人与自然和谐的关系印证着良好的生态环境对人类社会生存发展的影响。从中国共产党的十八大首次提出"美丽中国"，将生态文明纳入"五位一体"总体布局到"青山绿水就是金山银山"的理念走进联合国，将生态文明建设纳入我国社会主义现代化建设和中华民族伟大复兴的战略安排，明确提出到 2035 年我国生态环境根本好转、美丽中国目标基本实现，可见生态文明建设和绿色生态发展被提升至前所未有的高度。

煤炭是我国的主体能源和重要工业原料，中国是世界上最大的煤炭生产国和消耗国，《中国矿产资源报告 2019》显示，2018 年，我国煤炭查明储量 17085.73 亿吨，国家统计局《2018 年国民经济和社会发展统计公报》数据显示，2018 年全国原煤产量完成 36.8 亿吨，煤炭消费量占能源消费总量的 59.0%，其中：电力耗煤 21 亿吨（占总量 58%），钢铁冶金耗煤 6.2 亿吨，建材耗煤 5 亿吨，化工耗煤 2.8 亿吨，其他耗煤 1.6 亿吨。国家统计局数据库显示 2019 年 1~11 月原煤产量为 38.5 亿吨，我国"富煤少油缺气"的资源禀赋特征等现实因素，决定了未来相当长一段时间内煤炭利用仍将占能源消费主导地位。

煤炭一直是我国的传统能源，煤炭传统的开发利用是以煤炭资源的开采和洗选加工为主，并按照"资源-产品-废物排放"的模式实现生产经济的增长，在为我国经济社会持续平稳发展提供能源保障的同时，也带来大气污染、水污染、地表塌陷、煤矸石等一系列环境问题（如每年秋冬季节出现的"供暖式雾霾"，让煤炭背上了"雾霾元凶"的骂名），危害人的身体健康，制约社会经济发展，危及生态平衡，成为人类发展的制约性问题。煤炭的洁净利用是最大限度利用煤炭资源，同时将造成的污染降到最小限度，将经济效益、社会效益和环境效益融为一体，开创煤炭开发利用的新局面，使煤炭成为高效、洁净、可靠的能源，满足国民经济的发展和环境保护的需要。

我国多年来围绕提高煤炭开发利用效率，减轻燃煤引发的环境污染，开展了大量的研究开发和推广工作，使煤炭行业从煤炭加工洗选、资源综合利用起步，到矿区土地复垦利用、充填开采、保水开采、节能减排，再到推进煤炭清洁化利用、建设循环经济产业园区、矿区生态治理，不断丰富煤炭绿色发展内涵，走出了一条矿区资源开发与环境保护相协调、经济社会发展与生态效益相统一的发展路子。煤炭清洁加工利用的发展经过了从单一煤炭生产向洗选加工和综合利用转变、洁净煤技术全面发展、以煤为基础的产业链和循环经济快速发展和煤炭由传统能源向清洁能源转变四个阶段，未来我国要建立清洁低碳、安全高效的能源体系。

7.1 从单一煤炭生产迈向"两个转变"（1978~1990 年）

从 1979 年起，为贯彻党中央提出的"调整、改革、整顿、提高"方针，煤炭工业开始进行新中国成立以来的第二次大调整。1986 年，原煤炭工业部确定了把多种经营作为与煤炭生产、基本建设并驾齐驱的三个主体之一，煤炭行业以综合利用为主的多种经营工作全面启动。这一时期，煤炭企业开始从单一经营向多种经营转变，从单一煤炭生产向煤炭生产洗选加工和综合利用转变。

当时的煤炭工业部部长倡议，原国家经济委员会批准，1982年10月26日，中国煤炭加工利用协会正式成立，煤炭系统在行业顶层开始有了专门机构推动煤炭加工与综合利用的开展。这一时期，企业节能减排、环境保护基础工作得到加强，多数重点煤炭企业建立了节能、环保专职机构，煤炭节能环保、综合利用工作进入有组织发展阶段；这一时期煤炭洗选加工迅速发展，原煤入洗能力大幅提高。1978年，全国选煤厂总数为99处，原煤入选能力为1.0322亿吨/年；1990年，全国选煤厂达198处，原煤入选能力为2.5436亿吨/年，比1978年提高了1.5倍。

煤炭转化利用方面，20世纪70年代到80年代，我国逐步建立煤质化验系统和煤炭分类体系，制定了《商品煤样采取方法》等40余项国家标准，形成了较完整的煤质标准化体系；20世纪80年代，《中国煤炭分类》国家标准出台，为煤炭生产和合理利用奠定了基础；煤炭焦化、气化、粉煤成型等研究开发工作不断深入，20世纪80年代，为满足上海宝钢炼焦用煤的需要，利用我国煤炭资源合理配煤，配用兖州的低灰低硫弱黏结气煤，炼制出了能满足大型高炉用的焦炭，同时水煤浆作为代油燃料处于工业化前期阶段。

资源综合利用方面，利用煤矸石等低热值燃料发电技术取得重大进展，是最显著的标志之一。1975年11月6日，重庆永荣矿务局建立了全国第一座燃烧煤矸石、中煤等低热值燃料电厂，试验成功第一台20t/h沸腾炉。此后，江西萍乡矿务局高坑电厂、黑龙江鸡西矿务局滴道电厂先后建成投产。湖南益阳6MW石煤电厂能稳定燃烧热值3976.7kJ/kg（950kcal/kg）的石煤，是国内燃用热值最低燃料的综合利用电厂。到1988年，煤炭系统建成煤矸石电厂14座，总装机容量达到14.6万千瓦。据不完全统计，从1978年到1985年，全国煤矿废弃物资源综合利用共生产煤矸石砖约90亿块，矸石水泥400多万吨，煤矸石发电14亿多千瓦时，回收硫化铁120多万吨。一批以煤为主综合开发利用的产品，如五氧化二钒、活性炭、高铝黏土等，打入国际市场。

7.2 洁净煤技术全面发展（1991~2000年）

1993年，国务院做出放开煤炭价格的重大决策，标志着煤炭企业全面进入市场。这一时期，原煤炭工业部在"三个主体"基础上，进一步明确提出"以煤为本、多种经营、综合发展"的煤炭工业发展战略。1995年，根据国务院的指示，成立了以国家计委为组长单位，以国家科委和原国家经贸委为副组长单位，由国务院各有关部、委、局组成的国家洁净煤技术推广规划领导小组。1997年国家计委发文印发经国务院批准的《中国洁净煤技术"九五"计划和2010年发展纲要》，成为促进中国洁净煤技术发展的指导性文件。根据中国煤炭开采和利用的特点，中国洁净煤技术涵盖从煤炭开采到利用全过程，是煤炭开发和利用中旨在减少污染排放和提高效率的煤炭加工、燃烧、转化和污染控制等新技术，主要包括煤炭洗选加工、煤炭高效洁净燃烧、煤炭转化、污染排放控制与废弃物处理等领域。

煤炭洗选技术水平逐步提高，我国自行研制的大型重介质旋流器选煤技术得到推广应用，开发了复合式干法选煤技术及设备，先后建设了一批技术设备先进的大型现代化选煤厂，到 2000 年全国有选煤厂 1584 座，入选能力达到 5.2199 亿吨/年。

环境保护出现重大转变，逐步从末端治理转向生产建设全过程控制，从重浓度控制转变为浓度和总量控制并重，从分散的点源治理转变为集中与分散控制相结合。煤炭行业环境保护四级管理体系基本形成，三级煤炭环境监测网络对煤炭环境保护发挥很大作用。全国煤炭系统新增废水处理能力为 2.9 亿吨/年，总能力达 8.35 亿吨/年；新增废气处理能力为 36 亿立方米/年，总能力达 120 亿立方米/年；井工矿复垦土地 4500 公顷，露天矿复垦土地 1770 公顷。在统计的 387 座自燃矸石山中，有 262 座经治理灭火，治理率达到 68%。

资源综合利用全面发展，通过大规模发展综合利用多种经营，积极落实国务院关于转产分流、减人提效、扭亏增盈部署。1993 年，新组建的煤炭工业部专门设立综合利用多种经营司。国家对煤炭行业实行贴息贷款政策，大力扶持煤炭企业发展综合利用和多种经营。开发了煤矸石循环流化床混烧煤泥、煤矸石烧结空心砖等一大批新技术，推动了煤炭资源综合利用快速发展。到 2000 年，煤炭系统已建成运行煤矸石、煤泥等低热值燃料电厂 120 座，总装机容量为 184 万千瓦；井下瓦斯抽采量为 8.2 亿立方米，利用量为 4.4 亿立方米；建成型煤厂 45 座，生产能力为 50 万吨/年；焦化厂有 35 座，生产能力为 1500 万吨/年；水煤浆厂有 7 座，生产能力为 128 万吨/年。

7.3 以煤为基的产业链和循环经济快速发展（2001~2010 年）

进入 21 世纪，随着煤炭洗选加工规模进一步扩大，煤炭粗加工向深加工转变取得重大进展，煤炭行业传统的资源综合利用模式逐步演化为以煤炭为基础的产业链和循环经济发展模式，煤炭企业从单一节能向技术节能、管理节能、结构优化节能、全方位能源管理转变，单位生产能耗显著降低，涌现一大批环境友好型煤炭企业。煤炭加工、综合利用、节能环保快速发展，显著提升了煤炭行业发展的质量和效益。

煤炭入洗能力飞速发展，到 2010 年，我国选煤厂总数达到 1800 多座，全国原煤入选能力从 2000 年的 5.2199 亿吨/年，发展到 2010 年的 17.8 亿吨/年，10 年间增长了 2.4 倍，平均每年增加 1 亿吨以上。

环境污染治理水平明显提高，2007 年开始的环境友好企业评选表彰活动，有效调动了煤炭企业环保积极性，企业环境面貌得到明显改善。据不完全统计，全国重点大中型煤矿污染物达标排放率达到 95% 以上，超过 20% 的大型煤炭企业实现了污染物零排放，自燃矸石山灭火率达到 90%，土地复垦率 36%。

资源综合利用方面，这一时期在国家及各地试点基础上，煤炭企业依据自身实际，通过建设煤矸石、矿井水、矿井瓦斯（煤层气）、油母页岩等煤矿废弃物及共伴生矿产资源综合利用示范工程，煤炭行业综合利用产业化和规模化水平显著提高，2010 年，煤矸石发电规模达到 2300 万千瓦，煤矸石、矿井水、煤矿瓦斯综合利用率分别达到 60.8%、59% 和 38.5%，在实践中形成了各具特色的循环经济发展模式，煤炭循环经济园区建设不仅拓展了传统煤炭综合利用的内涵和外延，而且极大提升了综合利用的水平。

7.4 煤炭由传统能源向清洁能源转变（2011~2019 年）

随着国家大力支持煤炭洁净利用技术开发，科技部针对煤炭清洁高效利用技术创新给予了持续支持。"十二五"期间，发布了"洁净煤"专项规划，并通过973、863、科技支撑和国际科技合作等国家科技计划，大力培育和发展煤炭清洁高效利用等战略性新兴产业。重点突破地下煤气化、煤低温催化气化甲烷化、中温催化气化、高温高压甲烷化、煤制烯烃等化工品、第三代煤催化制天然气、重型燃气轮机整机等核心技术。以煤气化为基础进行多联产工程示范，进一步推进煤气化技术综合集成应用；积极发展更高参数的超超临界洁净煤发电技术，开发燃煤电站二氧化碳的收集、利用、封存技术及污染物控制技术，有序建设煤制燃料升级示范工程。"十三五"期间，科技部会同国家科技计划（专项、基金等）管理部际联席会议有关成员单位，在国家重点研发计划中启动实施了"煤炭清洁高效利用和新型节能技术"重点专项，重点发展煤炭高效发电、煤炭清洁转化、燃煤污染控制、二氧化碳捕集利用与封存（CCUS）、工业余能回收利用、工业流程及装备节能、数据中心及公共机构节能等关键技术与装备，进一步解决和突破制约我国煤炭清洁高效利用和新型节能技术发展的瓶颈问题，全面提升煤炭清洁高效利用和新型节能领域的工艺、系统、装备、材料、平台的自主研发能力，取得基础理论研究的重大原创性成果，突破重大关键共性技术，并实现工业应用示范。

党的十八大以来，煤炭行业积极落实生态文明建设战略部署，大力推进生态矿山、美丽矿山建设，建成一大批"花园式"绿色矿山。以矸换煤、充填开采，西部矿区保水开采，乏风瓦斯氧化、低浓度瓦斯利用等节能、低碳、绿色、环保技术在矿区得到推广应用。煤炭分级分质利用、新型煤化工、燃煤超低排放等一批煤炭清洁高效转化利用技术达到国际领先水平。绿色矿山、生态矿山建设，煤炭清洁高效转化利用，成为这一时期煤炭行业转型升级发展最显著标志之一，为促进能源生产和消费革命，推动煤炭由传统能源向清洁能源转变和煤炭行业健康、科学、可持续发展做出了突出贡献。

煤炭洗选加工方面，选煤厂规模进一步扩大、能力进一步提高。2017年全国在运行选煤厂数量超过2300座，原煤入选能力达到27亿吨，原煤入选量为24.7亿吨，入选率为70.2%。现代化选煤向优质、高效、节能、洁净方向发展。选煤装备制造已形成体系，水平不断提高。选煤国际交流不断扩大，加强了与世界各国选煤界的交流合作，促进了我国选煤技术和管理水平的提高。

绿色矿山、生态矿山建设方面，这一时期煤炭行业认真贯彻落实党的十八大、十九大精神，着力推进煤炭矿区生态文明建设。全行业开展了生态文明煤矿创建活动，共有三批7个煤矿通过试点验收。煤矸石充填开采、保水开采、煤与瓦斯共采、井下排矸等技术得到应用。淮北国家矿山公园、同煤晋华宫国家矿山公园等一大批煤炭矿山公园、新建职工住宅小区、绿色工业广场相继建成，矿区环境面貌显著改善。

煤炭清洁高效转化利用方面，在煤炭洗选加工（干法选煤）智能化建设，现代煤化工科学有序发展，传统煤化工绿色升级，低碳创新发展、矿区节能环保与综合利用、低阶煤分级分质利用等方面，全面推进煤炭清洁高效转化利用，建设了包括绿色煤矿建设成套技术，千万吨级高效综采关键技术，煤矿乏风源和矿井水水源热泵供暖制冷技术，含氧煤层气液化（LNG）技术，乏风瓦斯氧化成套技术，通风瓦斯（乏风）发电技术等创新及产业化示范工程，推动了煤炭清洁高效利用技术创新和产业化进程。

发展现代煤化工产业是实现煤炭清洁高效转化、实现产业转型升级的主要途径之一。这一时期，继世界首套百万吨级煤直接液化装置投产后，又有3套16万吨级煤间接液化装置、3 套大型煤制烯烃装置、1 套 20 万吨级煤制乙二醇装置、2 个 40 亿立方米/年煤制天然气项目一期工程以及年产 400 万吨煤炭间接液化示范工程相继建成投产，标志着我国现代煤化工技术、工艺和装备取得重大突破性进展。此外，推动煤电一体化和煤炭-化工原料一体化等发展新模式以及燃煤电厂超低排放、散煤治理等煤炭消费侧环境污染治理工作取得明显成效。

7.5　未来发展

当前我国应继续依靠科技创新，推动关键技术攻关、设备研制与新技术推广应用，提高煤炭洗选和低品质煤提质效率，创新煤炭清洁高效转化技术，加快煤炭由单一燃料向原料和燃料并重转变，建立清洁高效煤电体系，推动煤基多联产，推进煤炭、油气、新能源等行业跨界融合，发展煤系伴生资源综合利用和煤基材料高值化利用技术，把煤炭清洁高效利用提高到一个新的层次、达到新的水平，最终目标是实现煤炭资源的全组分/全元素的资源化利用，构建"清洁低碳、安全高效"的能源体系。

8 ｜ 煤 炭 提 质

煤炭提质的目的在于改善煤炭质量、提高资源利用效率、降低燃煤污染、节约运输资源。常用的煤炭提质加工技术有煤炭分选、配煤、型煤、水煤浆、热解、液化、气化、煤炭燃烧与发电技术，通过采用先进的煤炭提质、煤基材料和煤共伴生资源综合利用技术，实现煤炭精细化加工、深度提质和分质分级，优化煤炭产品质量，实现煤及伴生资源的全组分综合利用。

8.1 煤炭分选

选煤是根据煤中不同组分的性质差异而将其分选成不同质量产品的加工过程。在煤炭开采过程中，会混入煤层顶底板岩石和煤层间的夹矸，通过对原煤进行分选加工，能够脱除其中大部分无机矿物质，降低煤的灰分和硫分，从而有效改善煤炭产品质量，优化煤炭产品结构。

8.1.1 概述

无论是动力用煤，还是化工用煤或民用煤，煤中的灰分和硫分都是十分有害的。煤炭燃烧时，其中的绝大部分矿物质不仅不产生热量，反而还要吸收部分热量后随炉灰排出。就动力煤而言，灰分每增加 1%，会多消耗 2%～2.5% 的煤炭，我国电厂煤粉锅炉燃原煤热效率一般为 28% 左右，如改燃分选后的煤，热效率可提高到 35%。就炼焦煤而言，灰分每降低 1%，相应炼出焦炭的灰分将降低 1.33% 左右；对于后续的炼铁过程，焦炭灰分每降低 1%，高炉的焦炭消耗量可节约 1.0%～2.0%，同时还将少用 4% 的石灰石，这样，高炉可多装一些铁矿石，生铁产量提高约 2.2%，国家标准规定炼焦精煤的灰分一般不应超过 11.5%。

煤炭中的硫分危害极大，硫分在燃烧过程中产生 SO_2、SO_3、H_2S 等酸性气体严重污染大气，每分选 1 亿吨原煤，一般可减少燃煤排放 SO_2 量 100 万～150 万吨。

我国煤炭资源的 90% 以上赋存在长江以北，北煤南运、西煤东运的局面将长期存在。根据发改委消息，2019 年我国通过铁路运煤约 23 亿吨，煤炭运量占铁路运量的 57% 以上，平均运距 8000 多千米。因此如果煤炭不加分选，直接运输含有大量有害矸石的原煤，会造成运力和运费的极大浪费。按原煤平均含矸 20% 计，每年铁路运送矸石量为 4 亿多吨，多占铁路运力 580 亿吨·km。通过分选加工可以除去煤炭中大量的矸石，从而有效节约运力，减轻运输部门负担。

因此，选煤是一项经济有效的清洁煤生产技术，是洁净煤技术的源头技术，具有重大的社会经济意义，它成为煤炭工业现代化水平的重要标志之一。

现代的选煤方法主要是机械化选煤，是依据煤与矸石在密度、硬度、表面润湿性及电磁性质等物理性质和物理-化学性质方面的差异，在一定的分选机械中分离，并经过一系列辅助作业，最终获得各种质量规格的煤炭产品。选煤方法有多种，如图 8-1 所示。

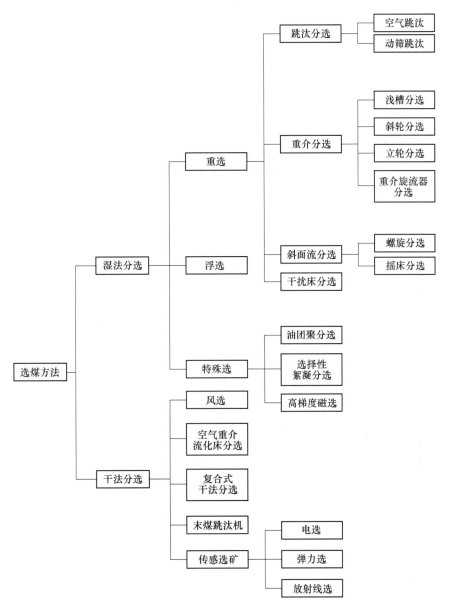

图 8-1 选煤方法分类

重选是应用最广的选煤方法，尤以湿法重选最为常见。在湿法重选中，跳汰选出现最早，且至今仍为重要选煤方法之一，适宜于处理易选及中等可选的煤炭；重介质选是分选效率最高的选煤方法，已广为应用，适用于处理难选煤；溜槽选是古老的选煤方法，近年较少应用。各种选煤方法适应的原煤粒度范围不同。动筛跳汰和重介质分选机可处理粒度为 13~400mm 粒级的块煤；定筛跳汰可分选 0.5~100mm 的宽分级或不分级原煤；重介质分选机适合处理 6~1000mm 粒级的原煤，重介质旋流器适于处理 0.5~200mm 粒级的原煤，浮选法适于处理小于 0.5mm 的煤泥。在重选和浮选之间，可用水介质旋流器、螺旋分选机、干扰床分选机或摇床搭接，处理 0.5~3mm 粒级的粗煤泥。

8.1.2　跳汰选煤

跳汰选煤是指原煤主要在垂直升降的变速介质流中按密度差异进行分选的过程。跳汰选煤所用的介质可以是水（水力跳汰），也可以是空气（风力跳汰）。

被选物料给到跳汰机的筛板上，形成一个密集的物料层，这个密集的物料层称为床层。在给料的同时，从跳汰机下部透过筛板周期地给入，上下交变水流，物料在水流的作用下进行分选。首先，在上升水流的作用下，床层逐渐松散悬浮，这时床层中的矿粒按照其本身的特性（密度、粒度和形状）做相对运动，进行分层。上升水流结束后，在休止期（停止给入压缩空气）以及下降水流期间，床层逐渐紧密，并继续进行分层。待全部煤粒都沉降到筛面上以后，床层又恢复了紧密状态，这时大部分矿粒彼此间已丧失了相对运动的可能性，分层作用几乎全部停止。只有那些极细矿粒，尚可以穿过床层的缝隙继续向下运动（这种细粒的运动称作钻隙运动）并继续分层。下降水流结束后，分层暂告终止，至此完成一个跳汰周期的分层过程，如图 8-2 所示。

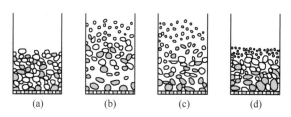

(a)　　　　(b)　　　　(c)　　　　(d)

图 8-2　颗粒在跳汰时的分层过程

（a）分层前颗粒混杂堆积；（b）上升水流将床层托起；（c）颗粒在水流中沉降分层；
（d）水流下降，床层紧密，重产物进入底层

跳汰分选法工艺系统简单、设备操作维修方便、处理能力大、投资少，对于易选和中等可选性的原煤有足够的分选精度，因此，在生产中应用很普遍，是重选中最重要的一种分选方法。另外跳汰选煤处理的粒度级别较宽，在 0.5~150mm 范围内，既可以分级入选，也可以不分级入选。跳汰选煤的适应性强，除极难选煤外，均可优先考虑用跳汰方法处理。

8.1.3　重介质选煤

重介质选煤是一种采用密度介于煤与矸石之间的液体作为分选介质的高效重力选煤方法。依所用的分选介质不同分为重液选煤和重悬浮液选煤。重液主要包括有机溶液（如四氯化碳、三溴甲烷苯、二甲苯）和无机盐水溶液（如氯化锌水溶液、氯化钙水溶液）；而重悬浮液是指高密度的固体微粒与水配制成悬浮状态的两相流体。由于重液价格高、不易回收、多数还有毒性或腐蚀性，因此，一般只在实验室中做煤炭浮沉试验时使用。目前，国内外普遍采用磁铁矿粉与水配制的悬浮液作选煤用的重介质，这种悬浮液可以配制成需要的密度，而且容易净化回收。

重介质选煤的分选效率高于其他选煤方法，入选粒度范围宽（重介质分选机的入料粒度为 6~1000mm，重介质旋流器的入料粒度为 0.5~200mm），生产控制易于自动化，因而

得到了十分广泛的应用。重介质选煤按分选力的不同可分为两种：重力重介质选煤和离心力重介质选煤。分选块煤采用重介质分选机，分选末煤采用离心力作用下的重介质旋流器。分选的基本原理是阿基米德浮力定律。

重介质分选机分选过程是：在静止的悬浮液中，当颗粒密度大于悬浮液密度时，颗粒下沉；当颗粒密度小于悬浮液密度时，颗粒上浮；当颗粒密度等于悬浮液密度时，颗粒处于悬浮状态，然后用悬浮液流和刮板或提升轮分别把浮物和沉物排出，完成分选工作。

重介质旋流器的分选过程是：物料和悬浮液以一定压力沿切线方向给入旋流器，形成强有力的旋涡流。其中一股沿着旋流器圆柱体和圆锥体内壁形成一个下降的外螺旋流；另一股围绕旋流器轴心形成上升的内螺旋流；由于内螺旋流具有负压而吸入空气，在旋流器轴心形成空气柱；由于离心力的作用入料中的低密度精煤集中在锥体中心随着内螺旋流向上，从溢流口排出；高密度的矸石甩向锥体内壁，并随着悬浮液向下做螺旋运动，从底流口排出。在旋流器中离心力可比重力大几倍到几十倍，因而大大加快了末煤的分选速度并改善了分选效果。

国华科技最新研发的 S-GHMC 系列超级重介质旋流器，不但具备单机最大处理能力 1300t/h 的超强能力，还具有最大 910t/h 的超强排矸能力，且入料原煤粒度上限超过 200mm。它不但取消了原料煤脱泥系统，更使所有预排矸系统变得多余。超级重介质旋流器已在贵州仲恒、山西南关等选煤厂成功投入运行。据检测，入选中等可选性原料煤的仲恒选煤厂，一段可能偏差 0.022kg/L、二段 0.034kg/L；矸石带-1.8kg/L 密度级煤 0.79%、精煤带 1.8kg/L 密度级矸石 0.00%。

8.1.4 浮游选煤

浮游选煤简称浮选，浮选是利用煤和矸石表面物理化学性质（特别是表面润湿性）差异在固-液-气三相界面进行的一种选别技术。将煤泥在搅拌桶内配制成一定浓度的煤浆，加入药剂后充分搅拌，搅拌后的煤浆进入浮选机，在浮选机的搅拌充气作用下，矿粒与气泡相互碰撞，由于煤粒的表面润湿性差，碰撞时粘附到气泡上，被气泡带到水面的矿化泡沫层形成浮选精煤，而矸石的润湿性好，碰撞时不与气泡附着，仍留在矿浆中成为浮选尾煤。

浮选的入料粒度上限 0.5mm，浮选是当前分选煤泥最有效的方法，对选煤厂煤泥水处理和回收细粒精煤起着重要的作用，搞好细粒精煤回收，不仅使煤炭资源得到充分合理的利用，而且也可提高经济效益。

浮选是利用矿物的表面疏水性差异借助气泡作为载体进行的选别作业，图 8-3 是水滴和气泡在不同矿物表面的铺展情况，图 8-3 中矿物的上方是空气中水滴在矿物表面的铺展形态，从左至右，随着矿物亲水程度的减弱，水滴越来越难于铺开而成为球形；图 8-3 中矿物的下方是水中气泡在矿物表面附着的形态，气泡的形状正好同水滴的形状相反，从右向左，随着矿物表面亲水性的增强，气泡变为球形。显然，在水中亲水性矿物难以同气泡附着，可浮性差；而疏水性矿物易与气泡附着，可浮性好。

煤泥的可浮性是指煤泥浮选的难易程度，它主要取决于煤岩成分、煤的煤化度、矿物杂质及其嵌布特征、表面氧化程度及粒度组成等。

煤的天然可浮性好，但是煤的结构复杂，含有非极性、杂极性和极性的物质，因而在

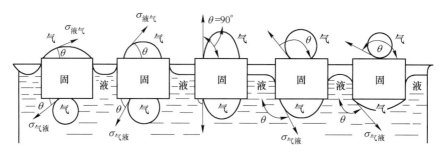

图 8-3　矿物表面的润湿现象

表面各处的极性和疏水性不同。在暴露出的芳香核网面上，特别是各种碳氢化合物的部位，水化作用弱，疏水性强；而在有含氧官能团的地方水化作用强，是亲水部位。嵌布于煤有机质中的无机矿物，如石英、黏土类矿物，水化作用强，也是亲水的。煤中的黄铁矿，其水化程度比其他成灰矿物弱，具有较强的疏水性。

煤的煤化度对煤的可浮性有很大影响。通常，中等煤化度的煤（如焦煤、肥煤）具有最好的可浮性，煤化度高和煤化度低的煤，其可浮性均有所下降。煤化度低时，含氧官能团数量大，孔隙率达 10% 以上；煤化度高时，亲水的含氧官能团数量虽有些下降，但侧链含量也减少，而且侧链变短，使疏水程度降低，孔隙率也比中等煤化度有所增加，因此，在这两种情况下，可浮性均较差。

煤表面容易氧化，煤氧化后可浮性变差。煤表面是否存在官能团是决定煤能否氧化的重要因素，煤在水中的氧化比在空气中要剧烈得多，所以煤的浸泡时间对煤的可浮性有很大的影响。

为了全面了解煤泥的实际可浮性情况及实际分选效果，必须对煤泥进行浮选试验，根据产品质量的要求和试验结果，制定合理的浮选工艺流程。浮选试验所用的仪器设备、方法和步骤，可按国家标准《煤粉（泥）浮选试验 第 1 部分：试验过程》(GB/T 30046.1—2013) 和《煤粉（泥）浮选试验 第 2 部分 顺序评价试验方法》(GB/T 30046.2—2013) 的规定执行。

8.1.5　干法分选

干法分选技术具有投资少、生产成本低、劳动生产率高、精煤回收率高、不用水、选后精煤水分低、可出多种灰分不同的产品、适应性强、入料粒度范围宽、除尘效果好、占地面积小、建设周期短、维修量小等特点，对于干旱地区和严寒地区采用干法选煤更具有特殊意义。在我国占可采储量 2/3 以上的煤炭地处山西、陕西、内蒙古西部和宁夏等严重缺水地区，因而无法大量采用现在耗水量较大的湿法选煤方法来提高煤质。在国外很多国家和地区也存在类似问题，如在美国西部因缺水而影响该地区丰富煤炭资源的开发利用，所以研究新型高效干法选煤技术在中国是当务之急。干法分选技术包括空气重介质流化床干法选煤、风力选煤、复合式选煤、末煤风力跳汰分选和传感选矿。

8.1.5.1　空气重介质流化床干法选煤技术

空气重介质流化床干法选煤技术是选煤领域里的一种新型的高效干法分选技术。不同于传统的风力选煤，它以气固两相流作为分选介质，可以准确地将物料按密度分离，其分选效果与湿法重介选相当，是一种很有前途的分选方法。

从 20 世纪 60 年代开始，美国、加拿大、苏联等国先后开展将流态化技术应用于煤炭分选的研究工作，但都未能实现工业化。我国率先将空气重介质流化床选煤技术投入工业化生产，为我国缺水、严寒地区和易泥化煤炭的分选开辟了一条新途径。

空气重介质流化床干法分选机是物料完成干法分选、分离的主要设备，结构如图 8-4 所示。物料在分选机中的分选过程是：经筛分后的 50~6mm 块状物料与加重质分别加入分选机中，来自风包的具有一定速度的有压气体经底部空气室通过气体分布器均匀作用于加重质而发生流化作用，在一定的工艺条件下形成具有一定密度的均匀稳定的气固两相流化床。物料在流化床中按密度分层，小于床层密度的物料上浮，称为浮物，大于床层密度的物料下沉，称为沉物。分层后的物料分别由低速运行的无极链刮板输送装置逆向输送，浮物如精煤从右端排料口排出，沉物如矸石或尾煤从左端排料口排出；分选机下部各风室与供风系统连接，设有风压与各室风量调节及指示装置。分选机上部与引风除尘系统相连，设计引风量大于供风量，以使分选机内部呈负压状态，可有效地防止粉尘外逸。

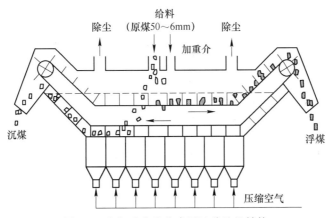

图 8-4 空气重介流化床干法分选机结构

8.1.5.2 风力选煤法

风力选煤是较为常见的一种干法选煤技术，主要在空气中，依据煤炭与矸石杂质之间的密度差异进行重力分选的。主要原理是在平面上施加上升气流，进而通过气流强度变化来对煤炭资源进行分选，在多数情况下会使用倾斜平面结构，依据设备运作方式的差异，呈现出大致两种风力选煤途径：第一种途径是在分层时通过机床振动变化和气流强度变化对煤矿进行分选，一部分质量低、密度小的煤矿自然从末端排出，而重量大的煤矿则被分选出；另一种风力选煤法是通过气流摇动呈现出复合效果，将密度较高的矸石从煤炭中分选出来，最后剩下的产物就是精煤和中煤。两种拣选方式的原理相同，分选差异主要体现在机械运作方式和分选对象上：（1）通过过滤法将矸石从原煤中拣选出来；（2）通过筛选法将精煤从煤矿中分选出来。

风力选煤法在煤炭工业中应用相对广泛，由于技术整体相对成熟，成本相对低廉，性价比比较突出。但风力选煤法在精度上会有明显缺陷，且拣选方式粗糙，进而经常容易出现杂质超标和矸石残留现象，一方面难以保障风力选煤对精煤的有效分选，另一方面风力选煤对杂质的过滤能力也相当有限。

8.1.5.3 复合式选煤法

复合式选煤法其实是传统振动法和风力选煤技术的结合，以空气和煤粉为介质，以空气和机械振动为动力，使物料松散并按密度进行分选。如图 8-5 所示，入选煤由给料机送到给料口，进入具有一定纵向和横向坡度的分选床，在床面上形成一定厚度的物料床层。底层料物受振动惯性力作用向背板运动，上层物料在重力作用下沿床层表面下滑，由于振动力和物料的压力，使不断翻转的物料形成螺旋运动并向矸石端移动，因床面宽度逐渐减缩，密度小的煤从表面下滑，通过调节排料挡板，使最上层煤不断排出；风力通过床面上均匀分布的若干垂直风孔，作用于分选物料，一方面使物料松散，以利于物料按密度分层；另一方面，上升气流与物料中所含细粒煤形成气固两相悬浮介质层，提高分选精度。物料在每一运动周期都受到一次分选作用，经过多次分选后可以得到灰分由低到高的多种产品。

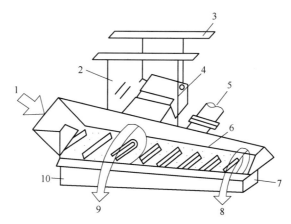

图 8-5　复合式干法分选机的结构

1—入料；2—吊挂装置；3—机架；4—电磁振动器；5—风；6—分选床；
7—挡板；8—矸石；9—精煤；10—空气室

8.1.5.4 末煤跳汰分选

末煤跳汰分选也是风力跳汰分选的一种，分选设备主要是干法末煤跳汰机，干法末煤跳汰机是借鉴湿式跳汰机工作原理，独立设计研究出的新一代末煤干选设备，它分选效果好，运行成本低。该设备由分选床体、布风机构、卸料装置和控制系统等构成，在适当的供风系统和除尘系统下工作。物料进入分选床后，形成由重力、振动力、摩擦力及上升气流作用的 3 个分选过程，每个过程分选出一种重产品，最后过程选出精煤。该设备适应入料小于 13mm 粒度的末原煤，有效分选粒度 13～3mm。干法末煤跳汰机由机架、悬挂装置、分选床、摊平装置、集尘罩、激振器（八级振动电机）、可调风室、脉动供风装置、卸料装置、入料装置组成，如图 8-6 所示。干法末煤跳汰机的工作原理同湿式跳汰机基本相同，只是这种跳汰机的分选介质是风而不是水。当细粒级混合物料进入分选床，在分选床的振动力、物料自身重力、相互间的摩擦力和分选床底部鼓入的脉动上升气流的共同作用下，逐渐松散分层。密度较大的重物料逐渐沉入床层底部，密度较小的轻物料逐渐浮到床层上部。在适宜的跳汰过程中，逐渐形成稳定的床层，由分选床底部卸料装置将沉积在床层底部的重物料排出，其他物料则随着分选床的振动进入下一工序。经过两次底部卸料后得到的最终产品为矸石1、矸石2、中煤和精煤。

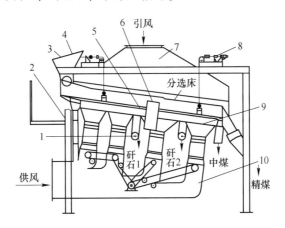

图8-6　干法末煤跳汰机主机结构示图

1—卸料装置；2—机架；3—原煤；4—入料装置；5—摊平装置；6—激振器（八级振动电机）；
7—集尘罩；8—悬挂装置；9—可调风室；10—脉动供风装置

8.1.5.5　传感选矿

传感选矿是基于传感器的矿石分选技术，主流技术包括X射线透射（XRT）、近红外光谱（NIR）、颜色识别（COLOR）、电磁感性（EM）、光度（PM）、可见光谱（VIS），传感选矿工艺将不同的矿石类型进行分离，最终达到选择性的分选工艺，分选过程中减少能源和水等资源的消耗，降低生产成本。

TDS智能干选机是基于X射线透射（XRT）技术的智能煤矸分选设备，如图8-7所示，由天津美腾科技有限公司自主研发，其分选精度接近浅槽，高于动筛、跳汰及其他干选设备，分选精度超过水洗，处理粒级300~50mm和100~25mm原煤，矸石带煤率为1%~3%，煤中带矸率为3%~5%，处理能力最大能达到145t/h，可大幅度减少地面洗选系统的无效洗选量。

TDS智能干选系统是由给料、识别、执行、供风、除尘、配电和控制等七大辅助部分组成的。选矸前，干选系统先将原煤在皮带上进行排队处理，然后采用大数据计算和智能识别技术，利用X射线源的穿透力原理，对煤与矸石进行数字化识别，把密度不同的物质区分开来，并建立相适应的分析模型，最终通过高压风将矸石排出。

8.1.6　低品质煤分选提质

随着高品质煤资源的不断开发利用，以及持续快速增加的能源需求，在不久的将来，低品质煤资源开发利用将势在必行，这部分资源的大规模提质利用对于我国实现以煤为主的能源持续供给，保障经济快速持续发展以及国家能源安全具有重大战略意义。

我国的低品质煤主要以褐煤和长焰煤为代表的低阶煤为主，还包括高硫煤及稀缺炼焦

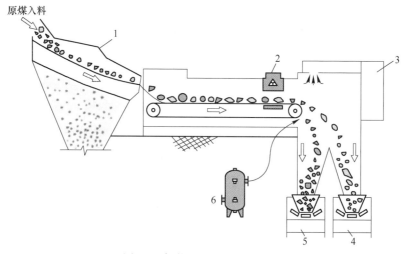

原煤入料

图 8-7　智能干选机分选示意图

1—原煤分级筛；2—识别装置；3—除尘装置；4—矸破带；5—精煤皮带；6—储气罐

中煤等，低品质煤分选提质主要包括低阶煤分选、高硫煤脱硫分选和炼焦中煤再选。

8.1.6.1　低阶煤分选

褐煤的洗选具有特殊性，特别是对于高灰高水易泥化褐煤，原生煤泥量大，矸石遇水极易泥化，如果对这部分褐煤进行传统意义上的湿法洗选，往往造成洗水浓度过大、煤泥水处理困难、生产循环水黏度迅速增高等问题，影响分选过程。传统观念认为，易泥化的褐煤不能通过湿法选煤对其加工，如果洗选加工按照高阶煤洗选进行，造成资本投入过高。我国褐煤的基本特性之一是易泥化，矸石和煤在泥化过程中存在着明显的差异，褐煤在水中泥化，矸石泥化后进入煤泥水中，褐煤仍以块状存在，这实际上是一个洗选降灰过程。选煤设计大师邓晓阳对内蒙锡林浩特 4 号煤的煤质特征进行分析，研究了该褐煤洗选的可能性，该褐煤矸石易泥化，但煤不易泥化，创新性地提出了"重力分选+泥化分选"的洗选降灰新理念新工艺，为高灰高水易泥化褐煤的洗选加工指出了一条新路。

另外，煤泥浮选是降灰提质、资源化利用的最佳途径。浮选是利用物理的表面疏水性差异借助气泡作为载体进行的选别作业。不同煤化阶段的煤具有不同的表面物理化学结构，低阶煤变质程度低，含有较多的含氧官能团且表面孔隙率较高，导致其煤泥表面疏水性差，常规浮选困难。低阶煤煤泥浮选的研究，将为低阶煤煤泥的合理利用探索一条新的道路，对于高炭能源低炭化利用、减少煤炭资源浪费、降低煤炭利用过程中的污染具有重要意义。神东煤炭集团提出煤泥浮选脱灰降硫高质化利用开发研究项目，与中国矿业大学王永田教授共同研究工业级规模下低阶煤煤泥浮选技术及装备的可行性与可靠性。中国矿业大学国家煤加工与洁净化工程技术研究中心成功开发了添加助剂的专有新型捕收剂，可在浮选捕收剂药耗量 2.5~3.0kg/t 时完成低阶煤煤泥浮选提质。针对布尔台选煤厂煤泥粒度细、细泥灰分高，常规浮选设备分选选择性差的问题，选择旋流-静态微泡浮选柱进行微细粒级煤泥的浮选，实现煤与细泥的完善分选，浮选精煤灰分为 7.30%、尾矿灰分为 78.55%，精煤可燃体回收率可达 89.13%，实现了低阶煤浮选的重点突破。

8.1.6.2 高硫煤脱硫分选

煤炭中硫的脱除与煤炭中硫的赋存形态密切相关，我国中高硫煤中，硫的形态除少数小型矿区以有机硫为主外，绝大多数矿区以无机硫为主。煤炭中的无机硫主要是以黄铁矿（FeS_2），少部分为白铁矿（两者是同质异形体）和硫酸盐的形式存在，有机硫主要以碳硫键形式存在，包括硫醇（R-SH）、硫醚（R-S-R）、二硫化物（R-S-S-R）和噻吩及其衍生物等。高硫煤脱硫分选方法包括物理法脱硫、化学法脱硫、微波脱硫和微生物法脱硫。

A　物理法脱硫技术

高硫煤物理分选方法主要分为重选、浮选和磁选；重选脱硫主要按照矿物密度的不同进行脱硫分选，常用的高硫煤分选工艺有跳汰—摇床联合脱硫分选、重液—离心脱硫分选、跳汰—重介旋流器脱硫分选等；浮选脱硫主要利用矿物表面润湿性的差异进行脱硫分选，分选工艺有一次浮选脱硫、中煤再选脱硫和精煤再选脱硫等；磁选脱硫利用煤和含硫矿物的磁性差异进行脱硫，我国煤中主要的含硫矿物为黄铁矿，磁性较弱，通过加入羰基铁气体的方法使黄铁矿表面生成一层磁硫铁矿层，提高黄铁矿的磁性；或采用高梯度磁选的方法进行高硫煤的磁选脱硫。

B　化学法脱硫技术

化学法脱硫既可以脱除部分有机硫，还可以脱除煤中细粒分散的黄铁矿硫。化学法脱硫技术主要是利用强碱性、强酸性和强氧化锌化学药剂，通过化学氧化反应、还原反应、抽提方法、热分解等来完成煤中硫的脱除。常用方法有 Mayers 方法、氯化钙氧化法、氢氧化钠熔融法、氢氧化铵法、高锰酸钾方法、过氧化氢氧化法、Kyzymiren 法等。虽然化学法脱硫可以脱除煤中大部分无机硫和较多的有机硫，但存在工艺流程复杂、成本高、环境污染大等缺点。

C　微波脱硫技术

微波在煤炭脱硫方面的应用主要是根据不同介质具有吸收不同频率微波能的这一物理性质。在给定微波频率和微波场强的条件下，煤质吸收功率与其复介电常数的虚部 ε'' 成正比。煤是一种非同质的混合物，混合物中复介电常数虚部不同，使煤在微波辐射下能够进行选择性的加热和化学反应。黄铁矿的介电损耗远大于纯煤，这种差异使煤中黄铁矿能够迅速加热，使煤中含硫组分被脱除。

D　煤炭生物脱硫技术

煤炭微生物脱硫技术是在极其温和的条件下，通常是温度低于100℃、常压下进行，利用氧化-还原反应使煤炭中硫转化成水溶性的硫酸根离子，从而使得煤炭中的硫脱除，或者将微生物作为捕收剂，来改变原料表面特性，然后利用浮选法进行脱硫。微生物法脱硫是人工加速自然界硫循环的过程。

微生物脱除煤中硫的机理（见图 8-8）大致可以分为直接氧化、间接氧化和微生物浮选脱硫三大类。

直接氧化：即细菌的细胞与黄铁矿固体基质之间直接接触而发生的生物化学氧化过程，反应式如下：

$$2FeS_2 + 2H_2O + 7O_2 \longrightarrow 2FeSO_4 + 2H_2SO_4 \tag{8-1}$$

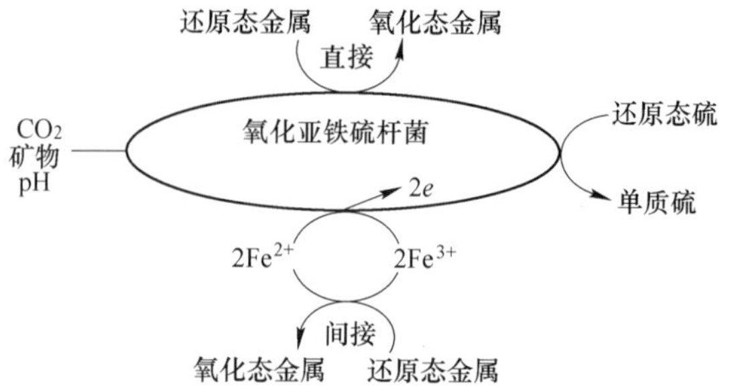

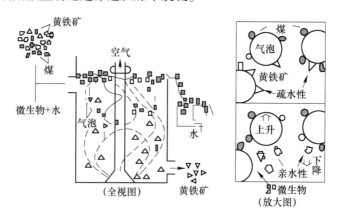

图 8-8 微生物脱硫机理示意图

可溶性硫酸亚铁在酸性条件下，依赖细菌可以快速地氧化成硫酸铁，其速度是空气氧化的 500~1000 倍。

$$4FeSO_4 + O_2 + 2H_2SO_4 \longrightarrow 2Fe_2(SO_4)_3 + 2H_2O \tag{8-2}$$

间接氧化：用细菌氧化硫酸亚铁的代替产物硫酸铁并对黄铁矿进行化学氧化。

即反应方程式（8-2）中细菌氧化硫酸亚铁生成的硫酸铁，再与黄铁矿反应生成硫酸亚铁和元素硫。

$$FeS_2 + Fe_2(SO_4)_3 \longrightarrow 3FeSO_4 + 2S \tag{8-3}$$

生成的硫酸亚铁又继续被细菌氧化成硫酸铁，生成的元素硫则被细菌转化成硫酸，从而使浸出液的 pH 值不断下降，甚至低于 1.0。

$$2S + 3O_2 + 2H_2O \longrightarrow 2H_2SO_4 \tag{8-4}$$

一般来说，细菌氧化黄铁矿体系中，直接作用与间接作用总是交替或同时进行的，在不同的反应阶段，两者的表现会有强弱的不同。

微生物助浮选脱硫的原理示意图如图 8-9 所示，将微生物加入煤泥水溶液中，由于微生物只附着在黄铁矿颗粒表面，使黄铁矿表面由疏水性变成亲水性。而与此同时，微生物却难以附着在煤颗粒表面，而使煤粒仍保持疏水性。由于微生物能选择性地吸附在煤和黄铁矿表面，故能利用微生物通过浮选从煤中脱硫。

图 8-9 助浮选脱硫技术

8.1.6.3 炼焦中煤再选

肥煤、焦煤、瘦煤等炼焦煤占全部煤炭资源储量的比例不到 30%，是我国的稀缺煤种，而炼焦中煤是炼焦煤分选加工过程中的副产品，是在经过各种选煤工艺富集和回收了精煤和排出尾煤之后的中间产物，产率一般在 5%～20%，目前炼焦中煤几乎全部作为燃料使用，致使大量优质稀缺炼焦煤资源严重浪费。为大力发展煤炭的洁净利用产业，结合我国煤炭资源的自身情况，从炼焦中煤中选出质量合格的精煤，是解决我国炼焦用煤资源短缺的有效途径。

中煤可以经过解离再选回收大量质量合格的稀缺炼焦煤，能产生很好的社会效益和经济价值。中煤破碎再选常用的方法有中煤破碎+跳汰+浮选工艺、中煤破碎+旋流器+浮选工艺、中煤破碎+螺旋分选机分选工艺、中煤破碎+浮选工艺、中煤破碎+TBS+浮选工艺、中煤超细磨+疏水絮凝浮选工艺和中煤超细磨+微细介质重介旋流器工艺。

对于中煤破碎+浮选工艺，中煤破碎解离程度和浮选效果的协调是难点，脉石矿物嵌布粒度会影响解离的粒度上限，当嵌布粒度较小时，破碎上限也较小，由于现有破碎机存在过粉碎的现象，导致破碎后产物细粒级含量急剧增加；若物料选择性破碎能力差，很可能导致大量高灰细泥的产生。高灰细泥的浮选选择性差，虽然分选过程中可以通过设备和工作参数调节来改善浮选精煤质量，也可以通过改变矿浆离子环境来调节颗粒和气泡间相互作用来减少细泥罩盖和夹带的现象，但是要在低破碎上限的前提下高效回收优质稀缺炼焦精煤难度依旧很大。

8.1.7 超纯煤技术

超纯煤技术是目前煤炭深加工新技术之一，也是时代发展对煤炭产品要求越来越高的体现。超纯煤是指尽可能地脱除煤中无机矿物质，使其灰分小于 1% 或 2%。超纯煤作为一种全新的产品，不仅可以制备成精细水煤浆，代替重油、柴油等用于内燃机、航空发动机等动力设备燃烧，还可以制备成碳纤维、高档活性炭、炭黑、超级电容器等各种煤基材料。

近年来，在煤结构研究新观点的支配下，发现煤分子中存在一些特殊功能高分子材料所具有的单元结构。因此，以煤为起始物之一，开发研究煤基高分子功能材料和复合材料已引起国内外科技界的重视，并成为高分子材料科学发展的新领域，包括通过煤分子裁剪技术，以洗精煤为原料，研制开发高分子合成单体；制备功能高分子材料，如耐高温高分子材料，导电功能高分子材料，抗静电高分子材料，太阳能电池电极材料、C_{60}、离子交换树脂、吸附剂等；煤基复合材料，以超细煤粉为原料，通过共混途径研制煤基聚合物合金材料，炭纤维复合材料等。

超纯煤制备技术大致分为物理技术和化学技术 2 类。化学技术主要是用强酸和强碱与煤中的无机矿物质发生化学反应，使其转变为可溶性的盐，从煤中除去，该法可有效处理所有煤种，但是成本高、污染严重。物理技术几乎包含了目前所有的主要选煤工艺，如重介选、浮选、磁选、摩擦电选等，与化学技术相比，物理方法具有工艺简单、成本低，对煤的破坏性小等特点，且其降灰效果较好，所以物理技术分选超纯煤也是煤炭清洁高效利用的主要方面。

中国矿业大学章新喜等人进行了摩擦电选制备超低灰煤的研究；中国矿业大学（北京）付晓恒等人进行了选择性絮凝方法生产灰分 1.00% 以下超纯煤并进一步生产代油水煤浆研究；神华宁煤集团太西洗煤厂进行了相关的探索性研究，探索了跳汰选和流膜分选用于煤炭超纯制备的实际效果；中国矿业大学杨建国等人的研究则为重介方法制备超纯煤提供了有益的探索；中国矿业大学刘炯天教授领导的课题组进行了基于旋流静态微泡浮选的浮选法制备超纯煤的研究。

8.2 井下选煤技术

井下选煤是将选煤系统建设在井下硐室和巷道中，在井下完成煤矸分离，矸石作为井下充填式开采的原料，或者直接充填采空区，仅需要将精煤产品升井至地面仓储。近年来固体充填开采技术的迅速发展为井下选煤工艺提供了技术支撑。通过采煤、选煤、充填技术的集成和耦合，实现采选充一体化，既充分处理了矸石废弃物，减小采动影响，又能够提高煤炭资源回收率，实现低碳、循环、绿色发展。目前井下选煤技术主要有井下动筛排矸技术、井下重介浅槽分选技术、井下智能干选技术等。

8.2.1 井下动筛排矸技术

井下跳汰排矸工艺与地面选煤厂动筛排矸工艺类似：原煤经 50mm 分级，筛上 300～50mm 粒级由块原煤机械动筛跳汰分选，块精煤、末原煤、高频筛筛上物、压滤煤泥运输至井上，块矸石充填。山东新汶矿业集团协庄煤矿和开滦集团唐山煤矿分别于 2009 年和 2013 年先后建成了井下机械动筛跳汰机块煤排矸系统。

井下跳汰排矸，以水为介质进行分选，优点是工艺简单，用水量少，生产成本低。缺点是：入料粒度范围不能太大，有效分选深度和精度都不如重介分选；设备体积大，需要巷道和硐室尺寸大，受巷道地质条件限制，支护费用高，跳汰机结构复杂，维护量较大。

8.2.2 井下重介浅槽排矸工艺

部分煤矿将成熟的重介浅槽技术依据井下条件对其进行改进并已成功应用。2010 年，新汶矿业集团济阳煤矿、翟镇煤矿井下浅槽排矸系统先后建成使用。井下重介浅槽排矸工艺为：原煤经 25mm（或 50mm）分级，筛上块煤进入浅槽分选，末原煤及脱介脱水后的精煤运至地面再处理或出售，分选后的矸石进行脱介脱水、破碎作业后运至填充面填充。

井下采用重介浅槽排矸的主要优点是：分选精度高，分选粒度范围宽，单台设备通过能力大，产品回收率高，对原煤入选量及粒度组成波动适应性强；有效分选时间短，次生煤泥量低；结构简单，易于操作和维护。但也存在缺点，该工艺需要介质回收系统，工艺复杂，占用巷道总面积大，配套设备多。

8.2.3 大直径两产品重介旋流器排矸

随着重介质密度控制系统、生产集控系统、脱介设备、介质回收设备的发展和完善，以及近年来耐磨管、耐磨设备和生产自动化技术的成熟发展，解决了以往重介系统存在的系统维护工作量大的缺点，使重介生产成本大幅降低，系统可靠性大大提高。目前，重介旋流器已在地面选煤厂得到了广泛应用，已成为煤炭洗选加工首选方法，将之用于井下巷道也是现在井下选煤的发展方向之一。

井下采用大直径重介旋流器分选的优点是：可全粒级入选，无须预先分级或脱泥，并且分选粒度范围宽，原煤入选粒度范围可达 200~0mm，分选下限低，有效分选下限在 1.0mm 左右，设备体积小，易于布置和操作，占用巷道较少；煤质波动适应能力强，分选精度高，处理能力大。

8.2.4　井下 TDS 智能干选机排矸

井下 TDS 智能干选机排矸工艺与地面选煤厂排矸工艺类似，只是将 TDS 智能干选机布置在井下巷道中，2018 年世界首例井下 TDS 智能干选系统落户王楼煤矿，这套干选设备为全封闭设计，全过程无人值守，是选煤史上第一台分选精度超过水洗的干选设备。

井下 TDS 智能干选设备无须水、无须介质、无煤泥水处理环节，既能减少井下矸石的地面排放，降低洗选成本，又能有效改善和稳定原煤煤质，同时还减少地面洗选的水洗量，避免了对水资源的污染。

8.3　配煤技术

8.3.1　动力配煤技术

动力配煤就是根据用户对煤质的要求，将若干种不同种类、不同性质的煤按照一定比例掺配加工而成的混合煤。它虽具有各种单煤的某些特征，但综合性能已有所改变，实际是人为加工的一个新"煤种"。通过科学的配煤技术，将优质高热值煤与劣质低热值煤合理配煤，既充分利用了劣质低热值煤资源，又可减少优质高热值煤的用量，提高利用效率，节约资源。

配煤原理：通过对煤进行煤质分析，可得到一系列表征煤的质量和用途的参数，即煤化参数。煤的主要煤化参数有水分、灰分、挥发分、硫分、发热量、灰熔融性等指标。配煤煤化参数的计算是基于挥发分、发热量、灰熔融性等煤质工业分析指标具有可加性的基础上优化设计。优化设计原则是在一定约束条件下追求目标函数的极值。具体分为 4 个步骤：提出约束条件，确定目标函数，建立数学模型，解出最优配方。动力配煤的优化设计原则是在一定约束条件下追求目标函数的极值。

动力配煤最大的优点是可以充分发挥每种煤的特点，相互取长补短，使配煤质量满足大、中、小不同类型锅炉的需要。配煤还可以提高出口煤的质量。如中国神府、东胜出口日本的动力用煤，尽管它是分选后的低灰、低硫的精煤，但由于煤灰软化温度低、灰成分中氧化钙的含量和水分高，不受国外用户的欢迎。而山西安太堡露天矿出口分选动力煤，煤灰软化温度高，灰成分中氧化钙含量低，但其硫分超过了 1%，灰分也比较高，也不受用户的欢迎，将两种煤炭配比出口，其质量就能够满足用户的需求。

动力配煤的环境效益也十分明显。某些硫分在 2.0% 以上的动力煤单独燃烧时，SO_2 排放的浓度较高，不仅严重污染大气，破坏生态平衡，而且还腐蚀锅炉炉体和管线，缩短锅炉整体使用寿命，这种煤与硫分低于 0.5% 的低硫煤相配后，配煤硫分降至 1% 以下甚至 0.8% 以下，燃煤的 SO_2 排放总量及废气中的 SO_2 浓度能达到环保要求。

随着基于大数据、云计算及机器学习等技术的发展，中国大唐集团公司将大数据技术应用于燃煤机组的智能配煤掺烧实践中，建立大数据建模平台（见图 8-10），根据燃料配煤掺烧相关指标数据和热力试验等相关数据，运用大数据技术，多煤种分级高效利用技术以及多目标优化的智能采购技术，实现了"互联网+"电力燃料的新突破，对大数据的采集及基于智能进化算法的实时配煤掺烧模型（见图 8-11）分析，生成最优机组配煤掺烧方案，有效提高对资源的调度效率和准确性，实现了企业综合效益的最大化。

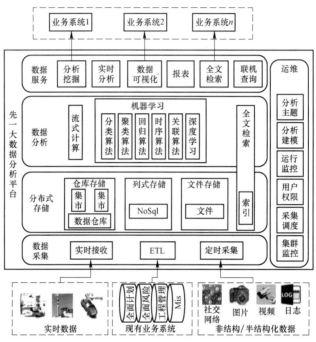

图 8-10　大数据建模平台技术架构

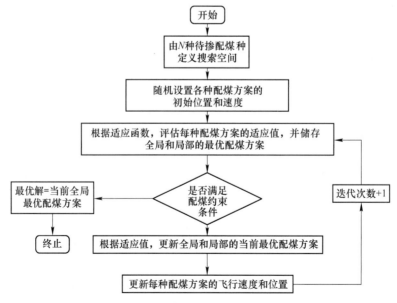

图 8-11　基于智能进化算法的实时配煤掺烧模型分析流程

8.3.2 炼焦配煤技术

配煤炼焦就是将两种或两种以上的单种煤，均匀地按适当的比例配合，使各种煤之间取长补短，生产出优质焦炭，并能合理利用煤炭资源，增加炼焦化学产品。

8.3.2.1 炼焦配煤理论

A 胶质层重叠原理

要求配合煤中各单种煤的胶质体的软化区间和温度间隔能较好地搭接，这样可使配合煤料在炼焦过程中能在较大的温度范围内处于塑性状态，从而改善黏结过程，并保证焦炭的结构均匀性。

B 互换性配煤原理

焦炭质量取决于炼焦煤中的活性组分、惰性组分含量及炼焦操作条件。单种煤的煤化度决定其活性组分的质量，镜质组平均组最大反射率是反映单种煤的煤化度的最佳指标。

C 共炭化原理

煤中加入非煤黏结剂进行炭化，称为共炭化。共炭化研究为采用低煤化度弱黏结煤炼焦时选用合适的黏结剂提供了理论依据，也为加入有机渣油、塑料类、橡胶类、沥青等与煤共炭化提供了可能性，并且为解决当前世界的环境污染问题做出了很大的贡献。

D 煤岩配煤原理

煤的镜质组反射率和显微组成是决定煤性质的内因，而焦化生产中评价煤质的主要指标仅为煤性质的外在表征。

煤的镜质组反射率测定结果中平均最大反射率 R_{max} 是目前国际上公认标志煤的煤化度最佳的一个指标。平均最大反射率 R_{max} 越大，对应煤煤化度越高。

煤的镜质组反射率分布图可以通过反射率在不同区间的频度分布来更全面、直观地表征炼焦煤结焦性质，配合煤中不同单种煤的镜质组反射率分布范围重叠程度越合理，分布图表现越平滑，越趋近于正态分布。煤种间在高温反应时适配性就越好，配煤效果以及焦炭质量越好。

8.3.2.2 炼焦配煤技术

A 捣固炼焦技术

捣固炼焦技术是我国炼焦行业的重要技术之一，其可以根据焦炭的不同用途，在装煤推焦车的煤箱内使用捣固机将焦炭与高挥发分煤及弱黏结性煤的混合物捣实，并从焦炉机侧将其推入炭化室内，进行高温干馏，实现炼焦。

B 配型煤炼焦技术

配型煤炼焦技术是一种能够扩大炼焦煤源的炼焦方法，其通过将一部分备煤加入黏结剂压成型，并将型煤与散煤按照一定比例混合装炉炼焦，能够有效改善煤料的黏结性，并提高了炼煤强度，对改善焦炭质量有重要作用。

C　炼焦配煤专家系统

计算机配煤专家系统（见图 8-12）是基于计算机和信息技术发展起来的配煤概念，它综合利用了煤炭数据库、焦炭质量预测方法、过程控制原理以及炼焦专家经验，以期实现生产成本最小化、优质炼焦煤用量最小化和弱黏结煤用量最大化的目标，对完善炼焦煤资源规划具有很大的推动作用。

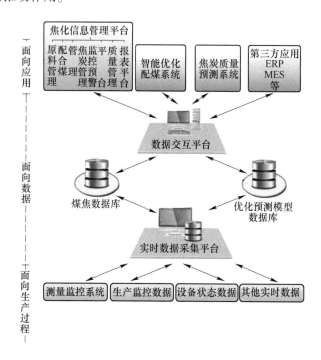

图 8-12　计算机配煤专家系统

8.4　型煤技术

型煤技术是以适当的工艺方法，将煤粉加工成具有一定形状、尺寸、特定物理化学性能和不同用途产品的工艺过程，所得产品称为型煤。型煤技术是以煤化工和煤的机械加工工艺学为基础，以燃烧理论、煤的转化技术（煤的焦化、气化、液化）、传热学原理和环保工程等为指导，以各种用煤设备特性和工艺原理为依据，发展成为煤炭加工利用的一个分支。

经过多年发展，型煤功能和用途不断扩宽和完善，型煤种类已超过几十种。按成型过程中的温度，通常将型煤分为冷压法型煤和热压法型煤，如图 8-13 所示。由于使用目的和成型模具不同，型煤可以有不同的外形，按照外形不同，对型煤进行分类，如球状、卵形、柱状、棒状和蜂窝状型煤等；按应用领域通常将型煤分为工业型煤和民用型煤，如图 8-14 所示。

粉煤成型过程主要有无黏结剂成型和黏结剂成型两种，有时也根据成型过程的温度分为冷压成型和热压成型。

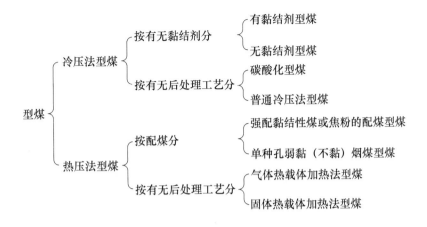

图 8-13　型煤按成型工艺的分类

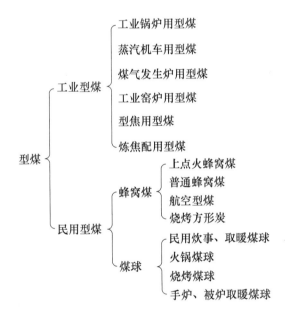

图 8-14　型煤按应用领域的分类

8.4.1 煤炭无黏结剂成型机理

煤炭无黏结剂成型机理有很多说法，如沥青质假说、腐殖酸假说、毛细孔假说、胶体假说、分子黏合假说等。

沥青质假说，该假说认为煤中的沥青质是引起煤颗粒间黏结成型的主要物质，其软化点一般为 70~80℃，煤在加压成型过程中，由于煤粒间相对位移，随着颗粒间彼此相互挤压、摩擦而产生热量，使得煤中的沥青质软化成为具有黏结性的塑性物质，从而将煤粒黏结在一起，进而在外力作用下变成型煤。

腐殖酸假说，该假说认为年轻煤中含有一些游离的腐殖酸类物质，它们作为一种胶体,具有较强的极性,成型过程中,它们会在外力作用下使煤粒间更加紧密接触,从而促使煤粉成型。

毛细孔假说,该假说认为年轻煤中含有大量的毛细孔,成型时毛细孔会被压溃,其中的水分挤出,覆盖于煤粒表面形成水膜,进而充填煤粒间的空隙,呈现出相互作用的分子间力,以促进煤粒接触,并进一步促使煤粒成型。

胶体假说,该假说认为年轻煤由固相和类液相两部分组成,固相由许多微米级胶质腐殖酸颗粒组成,成型过程中由于胶粒密集而产生聚集力,促使煤粒加工成型煤。

分子黏合假说,该假说认为在压力作用下,煤粒间由于紧密接触而出现分子间黏合现象,配合外力作用促使煤粒成型。

8.4.2 粉煤的黏结剂成型机理

粉煤的黏结剂成型,是指粉煤与外加黏结剂充分混合后,在一定的外力作用下压制成型的过程,该工艺适宜于多种煤的成型。

粉煤有黏结剂成型机理主要是针对烟煤及无烟煤的粉煤成型提出。从热力学观点来看,粉煤成型过程是体系的熵减小的非自发过程,必须有外力对其做功才能促使粉煤成型。从表面化学观点来看,粉煤破碎产生大量新的表面,体系表面能急剧增大,黏结剂分子充分润湿颗粒表面,降低体系表面能,才能使粉煤成型。黏结剂分子通常具有黏结性,通过黏结力作用促使粉煤成型。黏结剂与粉煤颗粒间存在各种吸引力,统称为内聚力,促使粉煤成型。常见的内聚力有固体桥联联结力、静电吸引力、液体桥联时颗粒间产生的联结力和范德华力。

成型机理的研究是构筑型煤研究体系的重要内容,也是对型煤工业应用的指导。但是目前的无黏结剂成型机理和粉煤有黏结剂冷压成型机理均是在对试验现象解释的基础上提出的,还没有一个统一的、可以指导型煤生产的成型机理。事实上,影响粉煤成型的因素比较多,各因素间相互干扰较严重,为研究粉煤成型机理带来困难。而从微观上深入研究型煤硬度、弹性、塑性和表面物理化学性质等原煤自身性质,以及粒度、水分、烘干温度和成型压力等工艺参数与不同黏结剂作用时型煤微观结构形态及变化规律,进而建立型煤微观结构与宏观性质之间的关联,是构筑型煤机理研究新的评价体系方法,使型煤技术真正成为一门可以精准控制、预测研究的技术。同时粉煤成型后使用与原煤相比,可以提高炉窑效率 5% ~ 13%,从而节约煤炭 7% ~ 15%;可以减少粉尘排放量 30% ~ 60%,从而降低大气中粉尘颗粒物浓度;使用固硫添加剂的型煤,可以降低 SO_2 排放 20% ~ 50%;可以使燃煤的其他有害物排放降低。因此,粉煤成型制型煤是一种比较清洁的煤炭利用方式。

8.5 水煤浆技术

煤浆技术就是将煤炭粉碎到足够的细度后和流动介质混合搅拌制成浆体燃料以代替石油等液体燃料的一种新型煤基洁净流体燃料制备技术。水煤浆是由 60% ~ 70% 的煤与 39% ~ 29% 的水及少量添加剂经过磨碎和强力搅拌而成的两相流浆体。这种煤基流体燃料既保持了煤炭原有的物理特性,又具有石油一样的流动性和稳定性,可以雾化燃烧,具备了类似重油的液态燃烧应用特点，可在工业锅炉、电站锅炉和工业窑炉上代油或煤、气燃用。水煤浆作为固液两相流态燃料，在特性上既不同于固态的粉煤，也不同于作为纯流体的石油。

中国矿业大学（北京）是国内最早从事水煤浆制浆技术研究开发与工程设计的单位，先后承担了国家"六五""七五""八五"攻关项目，"九五"期间得到"211工程"的资助。设有"教育部煤基浆体燃料工程研究中心""国家水煤浆中心制浆技术研究所"，中国矿业大学（北京）的水煤浆技术的研究与开发还得到联合国与国际科学文化中心（ICSC）的支持，是我国水煤浆制浆技术的权威单位，目前已形成一支高素质的科研队伍。

现在中国矿业大学（北京）已建成一流水平的水煤浆制备技术实验室和水煤浆中试厂，形成了我国自己的制浆理论体系，并且开发出一整套技术成果，使我国的水煤浆制浆技术达到了国际先进水平。先后获得"国家科技进步二、三等奖""能源部科技进步一等奖""山东省科技进步一等奖""教育部科技进步一、二等奖"。

8.5.1 难制浆煤种的水煤浆制备工艺

我国目前制浆用煤大多采用的是炼焦煤或炼焦配煤，浪费资源，我国低阶煤资源丰富，但其作为动力煤难以制备出高质量的水煤浆，如大同煤、神华煤（通常指侏罗纪煤），为众所周知的难制浆煤种。它的特点是内在水分高、含氧量高、孔隙发达、比表面积大、富含极性官能团、可磨性差。这些特性使它的成浆性难度判别指标 D 值往往超过10，属极难制浆煤种。

针对这些难制浆煤种开发了一套制浆工艺，以减少煤中的孔隙、比表面积和内在水分，改善煤炭的成浆性，同时通过改进和优化磨机的配球与运行参数，进一步提高产品的堆积效率；采用优化级配工艺，合理选择优化磨矿工艺流程与运行参数，配合添加剂的改进，利用低阶煤制备高浓度水煤浆。

8.5.2 水煤浆制备在线检测仪器的研究

随着单系统生产能力的扩大，必须相应提高制浆生产系统运行的可靠性，以保证水煤浆产品产量和质量的稳定。因此加强制浆生产过程的检测与控制具有十分重要的意义。控制的关键是原料煤的水分、水煤浆的黏度、浓度和粒度，但是目前国内外均无水煤浆的在线检测仪器。开发水煤浆质量的在线检测仪器，可实现对水煤浆质量的实时跟踪监测，实现水煤浆生产过程的闭环自动控制。

8.5.3 多种原料的配合制浆工艺

利用选煤厂细粒煤（如浮选精煤或煤泥）制浆有利于提高制浆效率，减少制浆能耗和降低制浆成本。但由于用细粒煤制浆在磨矿工艺和运行参数上与水洗精煤制浆有一定的差别，一般是分别进行磨矿制浆，制浆工艺较为复杂。因此开发多原料配合制浆工艺利用选煤厂细粒煤与水洗精煤搭配制浆可以简化工艺，并具有较好效益。关键技术：（1）需要对细粒煤与水洗精煤合理搭配进行优化和控制；（2）调整和优化磨机工况参数。

8.5.4　超纯煤和精细水煤浆的制备与燃用

利用矿物加工手段，将煤炭的灰分降到 1%~2%，制备出超纯煤，利用超纯煤制备粒度小于 10μm，灰分小于 1% 的精细水煤浆，是水煤浆技术的一个新的发展方向，其应用领域主要是城市小于 1t/h（蒸吨）的小型燃油锅炉、燃油中央空调、大型柴油机等。中国矿业大学（北京）已经建成一条 50kg/h 的精细水煤浆制备试验系统，并在 9kW 农用柴油机上燃用精细水煤浆试验成功，目前正在与有关柴油机厂家合作开发燃用精细煤浆的专用内燃机，同时小型燃油锅炉燃用精细煤浆的试验正在进行，燃用精细煤浆的中央空调也在试验中。

8.5.5　脱硫型水煤浆的开发

实践证明，水煤浆燃烧与直接燃煤相比具有一定的脱硫作用，其原理是水煤浆的燃烧温度比燃煤低，同时水煤浆中含有 30% 左右的水，水蒸气具有增湿活化的作用，煤灰中本身具有一定的脱硫物质，因此燃烧水煤浆具有一定的固硫和烟气脱硫作用，其二氧化硫排放比燃煤要低，据此在制浆过程中补充足够的脱硫物质，以强化其脱硫作用。

8.5.6　水煤浆技术处理工业废水

造纸黑液是造纸厂的主要污染物，约占造纸厂废液总量的 80%。碱性造纸黑液的治理传统方法多采用碱回收法。碱回收技术处理木浆黑液技术上是成熟的，经济上是可行的，但草浆黑液的碱回收法处理仅当达到一定的处理规模时，经济上才能持平或有一定效益，因此碱回收废处理造纸黑液对我国目前大量中小草浆造纸厂并不适用。

由于黑液中碱木素、羟基低分子有机酸、抽提物中的树脂酸和脂肪酸的钠盐具有表面活性功能，可用作水煤浆添加剂和固硫剂，因此，利用黑液中的有效成分代替水和添加剂制备可供锅炉稳定燃烧的黑液水煤浆燃料，通过锅炉燃烧方式达到有效处理黑液的目的。它不仅利用了黑液中的水和有效成分，还充分利用了黑液固形物的热量，初步研究表明黑液煤浆具有良好的燃烧优势。黑液水煤浆制备与燃烧技术是整个技术的关键。

9 煤炭热解技术

煤炭的热解，是指在隔绝空气的条件下，煤在不同温度下发生的一系列物理、化学变化的复杂过程。其结果是生成气体、液体、固体等产品。其中气体主要以氢气、一氧化碳、甲烷等低分子碳氢化合物为主，液体产物主要是链烃和芳烃组成的燃料油，固体类物质主要是含矿物质的碳类物质，通常称为焦。尤其是低煤化程度煤热解能得到高产率的焦油和煤气。焦油经加氢可制取汽油、柴油和喷气燃料，是石油的代用品，而且是石油所不能完全替代的化工原料。煤气是使用方便的燃料，可成为天然气的代用品，另外还可用于化工合成。半焦既是优质的无烟燃料，也是优质的铁合金用焦、气化原料、吸附材料。用热解的方法生产洁净或改质的燃料，既可减少燃煤造成的环境污染，又能充分利用煤中所含的较高经济价值的化合物，具有保护环境、节能和合理利用煤资源的广泛意义。

9.1 煤炭热解的分类

煤炭热解方法按照其工艺特征，可以进行如下分类：

（1）按照气氛的不同，可以分为惰性气氛热解、加氢热解和催化加氢热解。

（2）按照热解温度的不同，可以分为低温热解即温和热解（500~650℃）、中温热解（650~800℃）、高温热解（900~1000℃）和超高温热解（大于1200℃）。

（3）按照加热使用的热源不同，可以分为电加热热解、等离子体加热热解、微波加热热解等。

（4）按照加热方式的不同，可以分为外热式、内热式和内外并热式热解。

（5）根据热载体的类型不同，可以分为固体热载体、气体热载体和固体-气体复合载体热解。

（6）根据料层在反应器内的密集程度，可以分为密相床热解和稀相床热解两大类。

（7）根据固体物料在床层中的运行方式，可以分为固定床、流化床、气流床、滚动床热解等。

（8）根据反应器内的压强大小，可以分为常压热解和加压热解两类。

（9）根据热解速度不同，可以分为慢速热解和快速热解（10~200℃/s）。

实际热解过程中，到底选择何种热解方式，取决于用户对产品的要求，并且需要综合考虑物料自身的特点、设备制造、工艺控制技术水平以及其他条件。慢速加热热解，如煤的焦化过程，其目的是获取最大产率的固体产品—焦炭；而中速、快速和闪速热解，包括加氢热解，其目的是获得最大产率的挥发产物—焦油或煤气等化工原料。因此，可以通过选择合适的热解工艺技术，实现对煤的定向转化。

9.2 煤炭热解的原理

煤在隔绝空气条件下加热至较高温度而发生的一系列物理变化和化学反应的复杂过

程，称为煤的热解。煤炭的低温热解过程包括了许多化学和物理变化，是一个十分复杂的过程，这是由煤本身结构与性质的复杂性决定的。在热解过程中，煤炭因为温度的提高不断发生各种各样的变化，生成固相、液相、气相各种产物。所有这些变化都是互相影响，互相交错发生的，这样就增加了煤炭低温热解过程的复杂性。到目前为止，这方面的理论还不够完善。归结起来，煤的低温热解主要包括以下4个过程：

（1）固体燃料的加热过程——物理过程。

（2）燃料有机质热分解过程——化学过程。

（3）分解初次产物在固体燃料内部的扩散过程——物理过程。

（4）初次挥发产物的二次反应过程——化学过程。

在通常的情况下，这些过程的发生在时间和空间上是相互重合的。其中，前三种过程都发生在原料煤的内部，故煤的热解过程速率就决定于这三个过程中从动力学上来说最慢的过程。研究表明，在加热速度小于50℃/min时，控制性的过程为加热过程。

煤的热解过程随着温度的升高可以分为3个阶段，如图9-1所示。

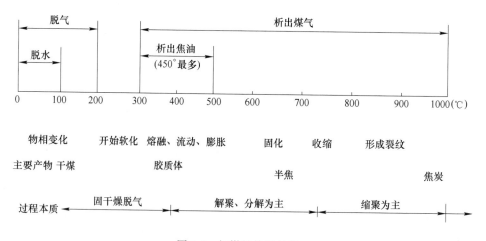

图9-1 烟煤的热解过程

第一阶段为干燥阶段，此时热解温度在300℃以下，原料煤在此阶段外形没有变化，主要发生表面的吸附水蒸发，放出原料中的吸附气体，并有少量CO_2、CH_4、H_2S及水蒸气产生。这个过程为吸热过程，主要发生脱碳基反应。

第二阶段为热解阶段，此时热解温度为300~600℃，原料煤中有机质开始发生变化，放出CO、CO_2及水蒸气，生成热解水，产生焦油，原料煤变软并发生剧烈分解，放出大量挥发产物，绝大部分焦油产生，形成半焦。这个过程主要发生解聚和分解反应。

第三阶段为热解后期，此时热解温度为600~1000℃，在这个阶段绝大部分焦油已经生成完毕，是焦炭的形成阶段。从半焦到焦炭，析出大量的煤气，使固体产物的挥发分降低，密度增加，体积收缩，形成碎块。700℃以下煤气的主要成分是CO、CO_2和H_2，当温度大于700℃时，煤气的主要成分是氢气。这个过程以缩聚反应为主。

由于煤组成的复杂性，在隔绝空气加热时，有机物的分解过程是互相交错平行进行的，不可能用一种简单的化学反应式表示出来，而且在不同的温度下，发生的物理化学变化也不相同。在工业生产和研究中一般按照煤在热解时不同温度范围的变化情况，根据主要反应特点分阶段进行说明。通常把热解反应分为以下几个阶段。

A 水分及小分子气体的逸出

这一阶段温度在175~200℃，主要是吸附在煤中的水分及变质作用中附着在煤表面或孔隙中的小分子气体解析出来，主要以物理作用或物理化学作用为主。

煤体吸收热量温度逐步升高到100℃时，附着在煤体中的外在水分开始蒸发，一般在110~120℃时，这部分水分基本上都可以蒸发脱除，还有一部分水吸附在煤的内部孔隙表面上，即内在水分，需要更多的热量克服表面能，因此这部分水的释放比较缓慢，需要的温度也较高，如孔隙发达的煤需要在150℃或者更高的温度下，才能完全脱除内在水分。

当水分逸出后，煤孔隙通道处于开放状态，这时在煤化作用过程中吸附在煤孔隙中的一些 CH_4、CO_2、CO 等小分子气体从煤体中解析出来，这部分气体与煤大分子分解的煤气相比，数量较少。

B 煤的热解

当温度继续升高到200℃以上，煤的有机大分子结构发生破坏，进入到化学作用阶段。煤中一些含氧官能团因为相对活泼而最先发生断键分解，形成 H_2O（热解水）、CO_2、CO等。若加热温度进一步提高到300~400℃时，连接煤有机大分子结构单元之间的桥键或结构单元周边的烷基侧链的化学键变得不稳定而发生断裂，开始形成部分烷烃、烯烃类产物；继续升温，煤有机芳香骨架结构中的部分杂环也受到破坏，有机质裂解也进一步加剧，分解产物中出现环烷烃、芳烃（苯等）以及一些含硫、氮、氧化合物，焦油的产率达到最大值。裂解产物中相对分子质量较小的物质以焦油蒸气形式逸出，相对分子质量稍大的沥青质残留在煤中。

焦油含氧化合物主要是一些有机酸和酚类，挥发产物中的含硫化合物主要包括硫化氢及噻吩类有机硫化物，煤中的氮经热解分解后一部分以游离形态存在，一部分则以氨形式存在，还有的是以中性或碱性化合物形态存在，如硫酸铵、吡啶等。

C 半焦化阶段

高于500℃时，热分解继续进行，残留的胶质逐渐变稠并固化形成半焦；高于550℃时，半焦继续分解，析出余下的挥发物（主要成分是氢气），半焦失重同时进行收缩，形成裂纹。

D 焦化阶段

温度高于800℃后，半焦体积缩小变硬形成多孔焦炭，焦油停止放出。煤初次分解的产品因进一步产生深度裂化，发生二次热分解，使焦油产率减少，同时也生成大量气体，析出挥发分的固体残留部分有自由基形成，并发生缩聚反应，最终形成以芳碳骨架结构为主的焦炭。

9.3 典型的煤炭热解技术

9.3.1 褐煤热解提质技术

典型代表主要有：美国 Encoal 公司开发的 LFC 工艺、美国油页岩公司采用回转炉热解的托斯考（Toscoal）工艺，澳大利亚联邦科学与工业研究院的 CSIRO 流化床快速热解工艺和西部能源公司的 ACCP 热解工艺等。国内研究煤炭热解提质技术的单位众多，较早的有煤炭科学技术研究院有限公司煤化工分院（原中国煤炭科学研究总院北京煤化工研究分院）开发的多段回转炉（MRF）热解工艺等。

表 9-1 为针对不同热解工艺的特点，从加热方式、煤种的适应性、目标产品及现有工业化程度等方面，对国内外典型的煤热解提质技术进行的分析。

表 9-1　国内外相关煤热解提质技术分析

设备	代表工艺	加热方式	原料	目标产品	规模	开发单位	存在问题
移动床	LFC 热解技术	气体热载体（惰性气）	次烟煤褐煤	固体燃料 PDF 及液油 CDL	1000t/d 商业示范	美国 Encoal 公司、SGI 公司、SMC 矿业公司	采用移动床热解工艺，焦油的品质控制以及后续系统的堵塞等问题需要解决
回转炉	MRF 热解技术	外热式	6~30mm 褐煤	焦油、半焦煤气	167t/d 工业示范	煤炭科学技术研究院有限公司煤化工分院	连续生产易出现粉尘沉积和堵塞，煤粉化严重，系统复杂，能耗高，生产能力有限
	Toscoal 热解技术	固体热载体	油面岩褐煤	焦油、半焦煤气	200t/d 工业化装置	美国油页岩公司	
流化床	CSIRO 热解技术	气/固热载体	褐煤	焦油	20kg/h 试验装置	澳大利亚联邦科学与工业研究院	热解气夹带的部分细粒半焦与焦油等冷凝物的分离比较困难
	ACCP 热解技术	气体热载体	烟煤、褐煤	高热值燃料	1632t/d 工业示范	西部能源公司	热解温度低，半焦产品存在自燃问题，不适合长途运输

9.3.2　煤热解制油气技术

国外煤热解制油气技术典型代表主要有：美国 FMC 和 ORC 公司开发的 COED 热解工艺，美国 Garrett 研究与开发公司开发的 Garrett 工艺，德国 Lurgi GmbH 公司和美国 Ruhrgas AG 公司联合开发研究的 L-R（Lurgi-Ruhrgas）热解技术，加拿大 UMATAC 工程有限公司为油页岩热解加工而开发的 ATP（Alberta Taciuk Process）技术，日本煤炭能源中心与日本钢铁工业集团开发的煤炭快速热解技术等。我国的煤热解制油技术研发起步较晚，但也有工业化应用的技术，如大连理工大学开发的褐煤固体热载体法热解技术，该技术通过将褐煤与热载体半焦快速混合加热，使其热解而得到轻质油品、煤气和半焦。不同形式的可应用于褐煤和烟煤热解制油气的典型技术。烟煤和褐煤热解制油气工艺技术分析见表 9-2。

表 9-2　烟煤和褐煤热解制油气工艺技术分析

工艺名称	开发公司	热解类型	加热方式	原料类型	主要产品	当前规模	技术说明
Carrett 工艺	美国 Garrett 研究与开发公司	气流床热解器	固体热载体内热式	0.1mm 粉煤	焦油、半焦、煤气	1972 年建有 3.8t/d 中试装置	快速热解、存在堵塞问题
COED 热解工艺	美国 FMC 和 ORC 公司	流化床热解器	气体热载体内热式	0.2mm 粉煤	合成气、焦油、半焦	550t/d 工业示范	低压多段热解，可产合成气

工艺名称	开发公司	热解类型	加热方式	原料类型	主要产品	当前规模	技术说明
L-R 热解工艺	德国 Lurgi GmbH 公司和美国 Ruhrgas AG 公司	L-R 双轴混合移动床热解器	固体热载体内热式	小于 5mm 粉煤	焦油、半焦、煤气	已工业化，最大 1 600t/d	高温高压热解，机械磨损严重
ATP 热解工艺	加拿大 UMATAC 工程有限公司	回转炉热解器	固体热载体外热式	小于 12mm 油页岩	焦油、半焦	303t/d（10 万吨/a）工业示范	焦油产量高，易出现堵塞，能耗高
煤炭快速热解工艺	日本煤炭能源中心	气流床热解器	气体热载体内热式	80%的小于 0.1mm 粉煤	焦油、煤气	100t/d 工业示范	热解速度快，最大限度地获得气态和液态产品
DG 热解工艺	大连理工大学	下行床热解器	固体热载体内热式	小于 6mm 褐煤，不黏性次烟煤	焦油、煤气、半焦	150t/d 工业示范	热解煤气热值高、焦油含酚量高、煤焦混合机械易磨损

9.3.3　以煤热解为基础的多联产技术

随着煤化工、发电等领域基础科学研究的深入及前沿技术开发的提升，煤热解有望向大型化、一体化、多联产的方向发展。煤的多联产技术是以煤炭为原料，将煤的多种转化方式（热解、气化、燃烧）有机集成到一个系统中，同时获得多种二次能源（热、电、气、油）和化工产品。多联产技术的实质是实现煤、电、气、油一体化联合生产，追求的是整个系统的经济效益最大化、能源利用效率的最大化和污染物排放的最小化。目前，多联产的主要技术方向可以分为 3 类：以煤热解为基础的多联产技术，以煤部分气化为基础的多联产技术和以煤完全气化为基础的多联产技术。部分典型以煤热解为基础的多联产技术分析见表 9-3。

表 9-3　以煤热解为基础的多联产技术分析

开发单位	技术特点	产品类型	规模	原料
中科院过程工程研究所		焦油、煤气	与 75t/h CFB 锅炉耦合，热解煤量 120t/d	霍林河褐煤
北京经济动力研究所	热解+燃烧	热、电、气	3.6t/d 试验装置	无黏结性烟煤、弱黏结性烟煤和褐煤
中科院山西煤化所		焦油、煤气、半焦	完成与 75t/h CFB 锅炉耦合，热解煤量 120t/d 工业示范	府谷西岔沟煤
日本煤炭能源中心	快速加氢热解+气化	合成气、轻油	完成 20t/d 中试试验	—
美国固体煤炭公司	热解+燃烧	煤气、焦油	36t/d	褐煤
美国 Carbon fuels 公司	热解+气体	热、焦油	300t/d	可用黏结性煤
		煤气、焦油	3.6t/d 试验装置	

9.3.4　其他新型热解技术

神华集团和中国矿业大学（北京）以烟道气等惰性气体作为干燥介质，采用气流床和流化床组合干燥技术，以及高压无黏结剂热成型工艺，联合开发出了一种低阶煤高温烟气干燥热压成型技术——HPU（Hot Press Upgrading）-06 工艺技术，该技术目前已应用在神华宝日希勒 2×50 万吨/年的褐煤提质工业示范项目上。

陕西神木三江煤化工公司在鲁奇三段炉工艺的基础上开发出了 SJ-Ⅳ 低温干馏炉工艺，该工艺目前已应用于兴安盟辰龙能源集团 200 万吨/年洁净煤项目，但该工艺的废热气与热解气在炉内混合排出，因而煤气量大、煤气热值较低，需要庞大复杂的煤气净化系统。

西北化工研究院依据在煤化工领域多年的研发经验，推出低阶煤新型热解工艺技术，该技术采用新型的热解反应器形式，得到的产品煤气和焦油的净化分离较为简单，可避免传统内热干馏时煤气热值低、难以利用的问题。该技术结合西北化工研究院自身成熟的气化技术和废水处理技术，利用废水和热解焦粉制成高浓度料浆，可作为燃料或气化原料，在高温燃烧和水煤浆气化温度下（1100~1300℃），苯、酚等有机物将剧烈燃烧分解成水和碳氧化物，可有效处理含有机物的热解废水。该技术通过公斤级小试、500kg/h 级中试验证，已展示出油气品质较好、收率高、粉尘夹带有效控制、装置稳定运行的良好效果。目前，100 万吨/年低阶煤新型热解示范装置的工艺软件包编制工作已完成。

我国低阶煤储量丰富，提高煤炭加工转化水平，使煤炭由单一燃料向原料和燃料转变，将为今后煤炭利用的基本原则。进一步加强煤质影响工艺路线选择的研究、完善并优化煤炭热解提质中多种单项技术的集成，从而推进煤炭分级分质利用，促进我国煤炭转化产业的结构调整和优化升级。

10 煤炭液化技术

煤炭液化是把固体状态的煤炭经过一系列化学加工将其转化成液态产品（汽油、柴油、液化石油气等液态烃类燃料）的洁净煤技术。根据化学加工过程的不同，煤炭液化工艺可分为直接液化和间接液化两大类。广义的煤液化还包括干馏制取煤焦油等。

10.1 煤直接液化技术

煤直接液化在氢气和催化剂作用下，通过加氢裂化转变为液体燃料的过程称为直接液化。裂化是一种使烃类分子分裂为几个较小分子的反应过程。因煤直接液化过程主要采用加氢手段，故该方法又称煤的加氢液化法。

10.1.1 煤直接液化技术的基本原理

煤与石油主要都是由 C、H、O 等元素组成。不同的是，煤的氢含量和氢碳原子比石油低，氧含量比石油高；煤的相对分子质量大，一般大于5000，而石油相对分子质量分布很宽，从几十到几百；煤的化学结构复杂，一般认为煤的有机质是具有不规则构造的空间聚合体，它的基本结构单元是以缩合芳环为主体的带有侧链和官能团的大分子，而石油则为烷烃、环烷烃和芳烃的混合物。煤中还有相当数量的以细分散形式存在的无机矿物质和吸附水，并含有数量不定的杂原子（氧、氮、硫）、碱金属和微量元素。

根据煤炭与石油在化学组成及结构上的差异，要把固体的煤炭转化成流体的油，煤炭直接液化必须具备以下4大功能：

(1) 将煤炭的大分子结构分解成小分子。

(2) 提高煤炭的 H/C，以达到石油的 H/C 水平。

(3) 脱除煤炭中氧、氮、硫等杂原子，使液化油的质量达到石油产品的标准。

(4) 脱除煤炭中的无机矿物质。

在直接液化工艺中，煤炭大分子结构的分解是通过加热来实现的。煤的结构单元之间的桥键在加热到250℃以上时开始断裂，产生自由基碎片。自由基碎片非常活泼，当处于氢环境时，它能与周围的氢结合成稳定的 H/C 比较高的低分子产物（油和气）。因此加氢液化的实质是用高温切断煤分子结构中的 C—C，在键断裂处用氢来饱和，从而使相对分子质量减小和 H/C 提高。

与煤自由基碎片结合的氢必须是活化氢。活化氢的来源有：煤分子中氢的再分配，供氢溶剂、氢气中被催化活化的氢分子，化学反应放出的氢。为保证系统中有一定的氢浓度，使氢容易与碎片结合，必须有一定的压力（氢分压）。目前的液化工艺的一般压力为 $5 \sim 30\text{MPa}$，高压加氢对设备材质要求较高，投资大、能耗高是主要问题。

10.1.2 煤直接液化催化剂

目前国内外用于煤液化工艺研究和生产的催化剂种类很多，通常按其成本和使用方法的不同，分为廉价可弃型催化剂和高价可再生型催化剂。

由于价格便宜，廉价可弃型催化剂在直接液化过程中与煤一起进入反应系统，并随反应产物排出，经过分离和净化过程后存在于残渣中。最常用的此类催化剂为含有硫化铁或氧化铁的矿物或冶金废渣，如天然黄铁矿（FeS_2）、高炉飞灰（Fe_2O_3）等，因此又常称之为铁系可弃型催化剂。1913 年，Bergius 首先使用了铁系催化剂进行煤液化的研究，其所使用的是从铝厂得到的赤泥（主要含氧化铁、氧化铝及少量氧化钛）。通常，铁系可弃型催化剂常用于煤的一段加氢液化反应中，反应完不回收。

高价可再生型催化剂的催化活性一般好于廉价可弃型催化剂，但其价格昂贵，故需要反复使用。它们通常是石油工业中常用的加氢催化剂，多以多孔氧化铝或分子筛为载体，主要活性成分为 NiO、MoO_3、CoO 和 WO_3。在运行过程中，随着时间的增加，催化剂的活性会逐渐下降，所以必须设有专门的加入和排出装置以更新催化剂，对于直接液化的高温高压反应系统，这无疑会增加系统的技术难度和成本。

研究表明，金属硫化物的催化活性高于其他金属化合物，因此无论是铁系催化剂还是铝系催化剂，在进入系统前，最好转化为硫化态形式。同时为了在反应时维持催化剂活性，高压氢气中必须保持一定的硫化氢浓度，以防止硫化态催化剂被氢气还原成金属态。同理，不难理解高硫煤对于直接液化是有利的。

10.2 煤的间接液化技术

煤的间接液化，又称一氧化碳加氢，是将煤气化得到的 CO 和 H_2，在一定条件（温度和压力）下，精催化合成石油及其他化学产品的加工方法。该方法是德国人 F. Fischer 和 H. Tropsch 在 1923 年发明的，后称为费托（F-T）合成法。这是石油合成工业的开始，也是煤间接制取烃类油的一种方法。

10.2.1 F-T 合成法

10.2.1.1 F-T 合成法原理

F-T 合成的基本化学反应是由一氧化碳加氢生成饱和烃和不饱和烃，反应式如下：

$$nCO + 2nH_2 \longrightarrow (-CH_2-)_n + nH_2O - Q$$

当催化剂、反应条件和气体组成不同时，还进行下述平行反应：

$$CO + 2H_2 \longrightarrow (-CH_2-) + H_2O - Q$$
$$CO + 3H_2 \longrightarrow CH_4 + H_2O - Q$$
$$2CO + H_2 \longrightarrow (-CH_2-) + CO_2 - Q$$
$$3CO + H_2O \longrightarrow (-CH_2-) + 2CO_2 - Q$$
$$2CO \longrightarrow C + CO_2 - Q$$

在 F-T 合成中包含许多平行和顺序反应，相互竞争又相互依存。根据热力学计算，可以得到以下规律：

（1）生成烃类和二氧化碳的概率高于生成烃类和水的概率。

（2）从烃类化合物类型讲，烷烃最易生成，其次是烯烃、双烯烃、环烷烃和芳烃，炔烃不能生成。

（3）对同一种烃类，随碳数增加，生成概率增加。

（4）温度升高，对主要产物的生成不利，尤其是多碳烃类和醇类。相对比较，温度高有利于烷烃特别是低烷烃的生成，温度低有利于不饱和烃和含氧化合物的生成。

10.2.1.2　F-T 合成催化剂

F-T 合成所用的催化剂有铁、钴、镍和钌等，其中用于工业生产的主要是铁。铁催化剂比其他金属便宜，选择性和操作适应性较好，可采用高空速合成辛烷值较高的汽油。铁系催化剂又可分为沉淀铁系催化剂和熔融铁系催化剂。沉淀铁系催化剂主要应用于固定床反应器中，其反应温度较低，为 200~280℃。制造工艺是首先由水溶性铁盐溶液沉淀，沉淀的含铁化合物进行干燥和焙烧，再用氢气还原制得催化剂。熔融铁系催化剂主要应用在温度较高的气流床反应器中，反应温度达 280~340℃。它是通过磁铁矿与助熔剂融化，然后用氢还原制成，它的活性较小，但强度高。为改善 F-T 合成的选择性，也研究开发了 Fe/ZSM-5、Zn-Cr/ZSM-5 等催化剂。

催化剂的活性对间接液化的转化率和产率分布有着极其重要的影响。不同系列的催化剂，其适宜的温度和压力范围是不同的，只有当它处在适宜的温度和压力范围内，其催化活性才是最好的。各种催化剂适宜的压力和温度范围如表 10-1 所示。

表 10-1　各种催化剂适宜的压力和温度范围

催化剂	适宜的压力范围/MPa	适宜的温度范围/℃
铁催化剂	1.0~3.0	200~350
钴催化剂	0.1~2.0	170~190
镍催化剂	0.1	110~150
钌催化剂	10~100	110~150

从化学平衡角度看，压力升高，有利于合成反应，但高压将对催化剂的活性和寿命产生影响，铁催化剂一般用在中压（0.7~2.5MPa）。合成气中 H_2/CO 比值高，有利于生成饱和烃和轻产物，一般还要控制合成气的含硫量以防止催化剂中毒。

10.2.2　煤制甲醇及其转化技术

甲醇最早是从木材干馏中获得的，因此又称木醇。目前甲醇的生产工艺路线主要是采用铜基催化剂的 ICI 中压法、低压法及 Lurgi 低压法、中压法和采用锌铬催化剂的高压法。由于高压法存在甲醇副反应多、产率较低、投资费用和动力消耗大等缺点，故在 20 世纪 70 年代中期以后不但新建厂全部采用低压法，而且老厂扩建或改造也几乎都采用低压工艺。

基本原理可表示为：

$$CO + 2H_2 \longrightarrow CH_3OH - Q$$

在合成气中如果有 CO_2 存在，则还会发生：

$$CO_2 + 3H_2 \longrightarrow CH_3OH + H_2O - Q$$

甲醇合成反应是强放热过程，依据反应热移出方式的不同，可将反应器分为激冷式绝热反应器（ICI 工艺采用）和管壳式等温反应器（Lurgi 工艺采用）。

最早使用的甲醇合成催化剂为 Zn_2O_5-Cr_2O_3，活性较低，需要在高温下合成，一般是 $380 \sim 400℃$。为了提高平衡转化率，必须在高压下合成。20 世纪 60 年代后开发出高活性的铜系催化剂，适宜温度是 $230 \sim 280℃$。

10.2.3　煤制二甲醚

二甲醚（dimethylether，缩写为 DME，分子式 CH_3OCH_3）是一种重要化工产品。目前生产二甲醚的工艺路线很多，工艺上应用的主要是甲醇气相催化脱水工艺和合成气直接合成二甲醚工艺。

10.2.3.1　甲醇气相催化脱水工艺（二步法）

甲醇气相催化脱水工艺是将甲醇蒸气通过催化剂床层进行脱水反应制取二甲醚，其反应方程式如下：

$$2CH_3OH \longrightarrow CH_3OCH_3 + H_2O$$

所用催化剂主要有活性氧化铝、结晶硫酸铝、13X 分子筛、ZSM-5 分子筛等。反应温度控制在 $290 \sim 310℃$，反应压力一般为 $0.4 \sim 0.6MPa$。在此条件下，甲醇转化率为 75%，二甲醚选择性为 60%，吸收率为 $94\% \sim 95\%$，二甲醚纯度可达 99.5%。

由于甲醇气相催化脱水工艺要经过甲醇合成、甲醇精馏、甲醇脱水、二甲醚精馏等工艺，流程较长（涉及过多中间环节），使得热效应降低、设备投资大、生产成本较高。

10.2.3.2　合成气直接合成二甲醚（一步法）

合成气直接合成二甲醚有气、固两相法（也称气相法）和气、液、固三相法（也称液相法和三相法）。气相法制二甲醚，是将合成气通过装有复合催化剂的固定床反应器，一步合成二甲醚。因使用了复合催化剂，其具有甲醇合成和甲醇脱水的双重功能。所生成的甲醇无须分离和提纯，即在系统中迅速脱水转化成二甲醚。相继迅速发生的脱水反应消耗了甲醇，因而破坏了甲醇合成反应的平衡，使之向生成甲醇的方向移动，使甲醇合成反应进行得更为彻底，从而提高了 CO 的转化率。同时，由于变换反应的产生，消耗了水，从而又破坏了甲醇脱水反应的平衡，使之向生成二甲醚的方向移动。

该工艺一般采用管壳式反应器，管内装复合催化剂，管间用水移走反应热，并副产蒸汽，反应后气体经冷却、冷凝，液体送去精馏，不凝气体用吸收液吸收、洗涤，尾气送至合成系统，精馏废气用作燃料，废液送至处理工序。一步法具有流程短、设备少、投资省、耗能低、成本低、单程转化率高等优点，有很强的市场竞争力。

11 ‖ 煤炭气化技术

煤炭气化是指在特定的设备内于一定温度及压力下使煤中的有机质与气化剂发生一系列化学反应，将固体煤转化为灰渣和可燃性气体的过程。煤炭气化能够达到充分利用煤炭资源的目的，是洁净、高效利用煤炭的最主要途径，在电力生产、城市供暖、燃料电池、液体燃料和化工原料合成等方面有着广泛的应用。随着煤炭转化日益向电-热-化工多联产方向发展，煤的气化已成为多联产系统和许多能源高新技术的关键环节，是未来洁净煤技术中的核心技术。

11.1 煤炭气化的分类

迄今为止，已开发及处于研究发展中的煤气化方法不下百种，由于许多因素互相掺杂，对气化过程进行通用的系统分类是比较困难的。工业技术的分类通常是依据分类方法或具体技术指标来进行的。对于煤炭气化技术，常见的分类方法有如下几种：

（1）以入炉煤的粒度大小进行分类，有块煤（6~50mm）气化、细粒煤（0.1~9mm）气化、粉煤（小于0.1mm）气化等。此外，还有以入料煤的形态进行分类，以干煤进料的称为干法气化，而入炉煤以油煤浆或水煤浆形式进料的则归为湿法气化，因水煤浆或油煤浆制备中煤的粒度要磨细到1μm以下才能保证良好的流动性和稳定性，所以有时也将它们归类到粉煤气化法中。

（2）以气化介质为主进行分类，有空气鼓风气化（空气煤气）、空气-水蒸气气化（发生炉煤气）、氧-水蒸气气化（水煤气）和加氢气化（以氢气为气化剂，由不黏煤制取高热值煤气的过程）等。

（3）以气化过程供热方式进行分类，有内热式气化（气化过程中没有外界供热，煤与水蒸气反应所需的热量由煤的氧化反应所提供）、外热式气化（气化所需热量通过外部加热装置供给，煤气质量较好）和热载体气化（气、固或液渣载体与原料煤通过热交换供热）。

（4）以气化过程的操作压力为主进行分类，有常压或低压气化（0~0.35MPa）、中压气化（0.7~3.5MPa）和高压气化（7MPa）。

（5）以排渣方式为主进行分类，有干式或湿式排渣气化、固态或液态排渣气化、连续或间歇排渣气化等。

（6）以入炉煤在炉内的过程动态进行分类，有移动床（固定床）气化、流化床气化、气流床气化和熔融床气化等。

（7）以固体煤和气体介质的相对运动方向进行分类，有同向气化（或称并流气化）、逆流气化等。

（8）以过程的阶段性为主进行分类，有单段气化、两段（单筒、双筒）和多段气化等。

（9）以过程的操作方式为主进行分类，有连续间歇式和循环式气化等。

（10）以反应的类型为主进行分类，有热力学过程和催化气化过程。

（11）根据地下煤层气化与采出煤的气化方式，可分为地面气化站气化和地下气化工艺。

在实际工业生产中又常常对每种气化方法突出一两个类别，冠以名称，予以简化。如鲁奇炉又叫固定床块煤加压气化法，柯柏斯-托切克炉又叫常压粉煤气流夹带床气化法，温克勒炉又叫细颗粒煤流化床气化法，谢尔（Shell）法又叫粉煤加压液态排渣气化法等。

有效的煤炭气化方法是根据不同的过程参数或所用的不同燃料种类进行分类的，依气固接触形式、热传递方式、进料方式、排渣方式而不同，并因此对气化原料煤的要求也不同。分类方法（6）是目前比较流行的，即按煤在气化炉内移动方式分成固定床或移动床、流化床、气流床、熔融床四大类。前三种气化方法对原料煤的粒度和黏结性、操作条件等有不同的要求，同时热效率、碳转化效率、处理能力及煤气组成也有明显的区别，表 11-1 列出了这三类气化炉的重要特点。

表 11-1　三种典型气化方法比较

项　　目	移动床气化法	流化床气化法	气流床气化法
典型气化炉形式			
原料煤粒度/mm	3~30	1~5	小于 0.1
使用煤种	非黏结性煤	黏结性较低的煤种	基本无限制
供料方式	块煤干式	粉煤干式	粉煤干式或水煤浆湿式
排渣/灰方式	干式排灰或液态排渣	干式排灰或团聚排灰	液态排渣
气化温度/℃	450~1000（干式排灰） 600~1600（液态排灰）	850~1100	1500~1800
碳转化率/%	高（99.7）	低（大于 95）	高（大于 99）
冷煤气效率/%	高（约 89）	中（80~85）	低（76~80）
生产能力	低	中	高
代表技术	π 型炉，W-G 炉（常压）、UGI 间歇式水煤气炉、ATC/Wellman 两段炉、Lurgi/BGC-Lurgi 加压炉	Winkler 炉、KRW/U-Gas 炉、HTW 炉	Texaco/E-Gas（水煤浆供料）、Shell/Prenflo/GSP（干粉供料）

11.2　煤炭气化的基本原理

煤的气化过程是以煤或煤焦为原料，以氧气（空气、富氧或纯氧）、蒸汽或氢气为气化剂，在高温条件下，通过一系列反应将原料煤从固体燃料转化为气体燃料的过程。气化过程发生的反应包括煤的热解、燃烧和气化反应。从物理化学过程来看，煤的气化共包括以下几个阶段：煤炭干燥脱水、热解脱挥发分和热解半焦的气化反应，如图 11-1 所示。

图 11-1　煤气化的一般历程

　　煤的干燥过程在 200℃ 以前完成，在此阶段煤失去大部分水分，并以水蒸气形式逸出。之后，进入煤的干馏阶段，开始发生煤的热解反应，一部分干馏气相产物，随着气化条件的不同，直接或间接转化成二氧化碳、一氧化碳、氢、甲烷等而成为气化产物的组成部分。一些相对分子质量较大的挥发物则以焦油形式析出或参与二次气化反应，留下的热解半焦则进行后续的气化反应。

　　气化反应是在缺氧状态下进行的，因此煤气化反应的主要产物是可燃性气体 CO、H_2 和 CH_4，只有小部分碳被完全氧化为 CO_2，可能还有少量的 H_2O，该过程中主要的化学反应有：

碳完全燃烧：
$$C + O_2 \longrightarrow CO_2 + 393.8 kJ/mol \tag{11-1}$$

碳不完全燃烧：
$$2C + O_2 \longrightarrow 2CO + 115.7 kJ/mol \tag{11-2}$$

CO_2 在半焦上的还原：
$$C + CO_2 \longrightarrow 2CO - 164.2 kJ/mol \tag{11-3}$$

水煤气变换反应：
$$C + H_2O \longrightarrow CO + H_2 - 131.5 kJ/mol \tag{11-4}$$
$$CO + H_2O \longrightarrow H_2 + CO_2 + 41.0 kJ/mol \tag{11-5}$$

甲烷化反应：
$$C + H_2O \longrightarrow CO + H_2 - 131.5 kJ/mol \tag{11-6}$$
$$C + 2H_2 \longrightarrow CH_4 + 71.9 kJ/mol \tag{11-7}$$

　　煤炭气化反应的进行伴随有吸热或放热现象，这种反应热效应是气化系统与外界进行能量交换的主要形式。其中反应式（11-3）、反应式（11-4）为吸热过程，是造气的主要反应，其余的反应都是放热反应。即使在无外界提供热源的情况下，煤的氧化燃烧和挥发分析出过程放出的热量，足以为其他吸热反应提供能量，即实现自供热，为煤的气化过程提供必要的热反应条件。

　　除了以上反应外，煤中存在的少量的杂质元素如硫、氮等，也会与气化剂或气化产物发生反应，在还原性气氛下生成 H_2S、COS、N_2、NH_3 以及 HCN 等物质，具体反应如下：
$$S + O_2 \longrightarrow SO_2 \tag{11-8}$$
$$SO_2 + 3H_2 \longrightarrow H_2S + 2H_2O \tag{11-9}$$
$$SO_2 + 2CO \longrightarrow S + 2CO_2 \tag{11-10}$$
$$2H_2S + SO_2 \longrightarrow 3S + 2H_2O \tag{11-11}$$
$$2S + C \longrightarrow CS_2 \tag{11-12}$$
$$S + CO \longrightarrow COS \tag{11-13}$$
$$N_2 + 3H_2 \longrightarrow 2NH_3 \tag{11-14}$$
$$N_2 + H_2O + 2CO \longrightarrow 2HCN + 1.5O_2 \tag{11-15}$$
$$N_2 + xO_2 \longrightarrow 2NO_x \tag{11-16}$$

由于气化过程中氧供给不足，反应多在还原环境下进行，所以气化产物中的含硫化合物主要以 H_2S 为主，另含有少量的 COS 和 CS_2，一般情况下 SO_2 几乎不出现，但若煤气中水蒸气过剩量越大，SO_2/H_2S 量就会越大。含氮化合物主要以 NH_3 为主，HCN 和 NO_x（$NO+NO_2$）为次要产物。这些气体产物在煤气净化工序中予以脱除，得到有用的硫、氮化合物副产物，消除了潜在的污染，最终将煤转化为洁净的气体燃料。

在以上气化过程的主要反应中，由原料煤和输入气化剂 O_2、H_2O 之间直接发生的反应称为一次反应，其余反应为气化初级产物与初始物质之间的反应，称为二次反应。

可以看出，煤的气化过程是一个复杂的物理化学过程，在气化炉中所进行的反应，除部分为气相均相反应外，大多数属于气固非均相反应过程，所以气化反应过程速度同化学反应速度和扩散传质速度有关，其反应机理符合非均相无催化反应的一般历程。煤或煤焦的气化反应一般经历 7 个相继发生的步骤：

（1）反应气体从气相扩散到固体碳表面（外扩散）。

（2）反应气体再通过颗粒的孔道进入小孔的内表面（内扩散）。

（3）反应气体分子吸附在固体表面上，形成中间络合物。

（4）形成的中间络合物之间或中间络合物和气相分子之间发生反应，属于表面反应步骤。

（5）吸附态的产物从固体表面脱附。

（6）产物分子通过固体的内部孔道扩散出来（内扩散）。

（7）产物分子从颗粒表面扩散到气相中（外扩散）。

以上 7 个步骤可归纳为两类，（1）、（2）、（6）、（7）为扩散过程，其中又有外扩散和内扩散之分；而（3）、（4）、（5）为吸附、表面反应和脱附，其本质上都是化学过程，故合称表面反应过程。煤半焦在气化温度下，其扩散过程和化学过程交替进行，由于各步骤的阻力不同，反应过程的总速度将取决于阻力最大的步骤，即速度最慢的步骤是整个气化过程的速度控制步骤。因而，总反应速度可以由外扩散过程、内扩散过程或表面反应过程控制。研究表明，低温时表面反应过程是气化反应的控制步骤，高温条件下，扩散或传质过程逐步变为控制步骤。

11.3　煤炭气化方法

煤气化工艺方法是生产合成气产品的主要途径之一，通过气化过程将固态的煤转化成气态的合成气，同时副产蒸汽、焦油（个别气化技术）、灰渣等副产品。煤气化工艺技术分为：移动床（固定床）气化技术、流化床气化技术、气流床气化技术和地下气化法 4 大类，各种气化技术均有其各自的优缺点，对原料煤的品质均有一定的要求，其工艺的先进性、技术成熟程度也有差异。

11.3.1　移动床（固定床）气化法

移动床（固定床）气化技术一般分为常压移动床气化技术和加压移动气化技术。固定床实际上就是移动床，只是床层各层面的参数基本恒定，床层无明显位移。

11.3.1.1　常压移动床气化法

常压移动床气化法通常包括煤气发生炉气化法、水煤气气化法和相应的两段炉气化法。

常压移动床气化法的特点是在常压条件下运行，采用自供热和干法排灰的方式进行移动床气化。在气化炉内，固体原料煤从炉顶加入，在向下移动的过程中与从炉底通入的气化剂逆流接触，进行充分的热交换并发生气化反应，使得沿床层高度方向上有一明显变化的温度分布，一般自上至下可分为预热干燥层、干馏层、气化层（还原层）、燃烧层（氧化层）以及灰渣层，如图 11-2 所示。

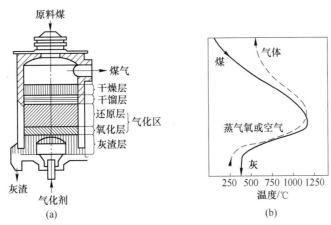

图 11-2　移动床气化炉内固体床层温度区域分布（a）
和气化煤与气体产物的温度变化（b）

生产时，气化剂通过气化炉的布风装置自下而上均匀送入炉内，首先进入灰渣层，与灰渣进行热交换被预热，灰渣则被冷却后经由旋转炉蓖离开气化炉。由于灰渣层温度较低，且残炭含量较小，因此灰渣层基本不发生化学反应。

预热后的气化剂在氧化层与炽热的焦炭发生剧烈的氧化反应，主要生成 CO_2 和 CO，并放出大量的热，因此氧化层是炉内温度最高的区域，并为其他气化反应提供热量，是维持气化炉正常运行的动力带，其发生的主要反应有：

$$C + O_2 \longrightarrow CO_2 + 394.55MJ/kmol \quad (11-17)$$
$$C + 0.5\,O_2 \longrightarrow CO + 115.7MJ/kmol \quad (11-18)$$

在氧化层中，残留的极少量未燃尽炭和不可燃的灰分进入灰渣层冷却，高温的未反应气化剂以及生成的气体产物则继续上升，遇到上方区域的焦炭。在这里二氧化碳和水蒸气分别与焦炭发生还原反应，因此称为还原层。还原层是煤气中可燃气体（CO 和 H）的主要生成区域，也称气化层。其主要反应均为吸热反应，

因此其温度与氧化层相比有所降低。

$$CO_2 + C \longrightarrow 2CO - 173.1\ MJ/kmol \quad (11-19)$$
$$C + H_2O \longrightarrow CO + H_2 - 131.0\ MJ/kmol \quad (11-20)$$

还原层上升的气流中主要成分是可燃性气体产物（CO 和 H_2 等）和未反应尽的气体（CO_2、H_2O、N_2）等，在上部区域与刚进入炉内原料煤相遇，进行热交换，原料煤在温度超过 350℃时，发生热解并析出挥发分（可燃气体或焦油），并生成焦炭，由于此时上升气流中已几乎不含氧气，所以煤实际处于无氧热解的干馏状态，故称为干馏层，其反应过程可示意如下：

$$\text{煤} \longrightarrow CH_4 + H_2 + CO_2 + H_2 + C_mH_n + \text{焦油} + \text{半焦} \tag{11-21}$$

由式（11-21）可见，干馏层生成的煤气中含有许多气体杂质，这些气体杂质随还原层生成的煤气混合即为发生炉煤气，经过炉顶附近的干燥层将原料煤预热干燥后离开发生炉。事实上，在发生炉中的气化反应并非有如上明显的分层面，但通过分析不同炉层内主要气体组成的变化，可见其变化趋势与分层描述的基本一致。

11.3.1.2 加压移动床气化法

加压移动床气化法是一种在高于大气压力（1.0~2.0MPa 或更高压力）的条件下进行煤的气化操作，通常以氧气和水蒸气作为气化介质，以褐煤、长焰煤或不黏煤为原料的气化技术，其突出优点是煤气热值高，煤种适应性强，耗氧量较低，气化强度高，生产能力增大，粉尘带出量少等。加压气化技术的主要缺点为粗煤气中含有较多的酚类、焦油和轻油蒸气，煤气净化处理工艺较复杂，易造成二次污染，投资高，设备的维护和运行费用较高等。

加压气化的基本原理除了一般常压气化发生的煤燃烧、二氧化碳还原、水煤气反应和水煤气平衡反应外，主要是发生了一系列甲烷生成的反应，而这些反应在常压下是需要催化剂参与才能发生的。

$$C + 2H_2 \longrightarrow CH_4 + Q \tag{11-22}$$
$$CO + 3H_2 \longrightarrow CH_4 + H_2O + Q \tag{11-23}$$
$$2C + 2H_2O \longrightarrow CH_4 + CO_2 + Q \tag{11-24}$$
$$CO_2 + 4H_2 \longrightarrow CH_4 + 2H_2O + Q \tag{11-25}$$

加压移动床气化与常压移动床气化类似，气化炉内也可按反应区域来进行分层，各层的主要反应及产物如图 11-3 所示。其主要的特点是在还原层上方，由于 H_2O、CO_2 和 C 进行了大量反应，不断生成 H_2 和 CO，同时因吸热使环境温度降低，为甲烷的生成创造了条件。随着碳加氢反应及 CO 和 H_2 的合成反应的进行，甲烷的量不断增加，形成了所谓的甲烷层。由于生成甲烷的反应速度较慢，因此与氧化层和还原层相比，甲烷层较厚，占整个料层的近 1/3。

与此同时，在加压条件下，其他反应也受到了不同程度的影响。由于主要的氧化反应 $C + O_2 \rightarrow CO_2$ 和水煤气平衡反应 $CO + H_2O \rightarrow CO_2 + H_2$ 的反应前后体积不变，因此压力提高不影响其化学平衡，但加快了反应速度。而水煤气生成反应 $C + H_2O \rightarrow CO + H_2$ 和二氧化碳还原反应 $C + CO_2 \rightarrow 2CO$ 则是体积增大的反应，压力提高化学平衡向左移动，因此在加压气化生成的煤气中 CO_2 含量高，CO 和 H_2 含量降低，水蒸气消耗大，废水多。

11.3.2 流化床气化法

流化床煤气化技术是煤炭气化的主要方法。流化床气化法的原理与流化床燃烧具有相同之处，都是利用煤的流态化这一特殊的流动状态来实现煤的化学反应。在这里，气化所用的气化剂代替了燃烧用的空气，使煤和气化剂在流态化状态下发生气化。

流化床（或称沸腾床）主要优点是床层温度均匀，传热传质效率高，气化强度大，使用粉煤，原料价格便宜，且煤种适应范围宽，产品煤气中基本不含焦油和酚类物质。其主要缺点是气体中带出细粉过多而影响了碳转化率，但通过采用细煤粉循环技术此缺点可得到一定程度的克服。

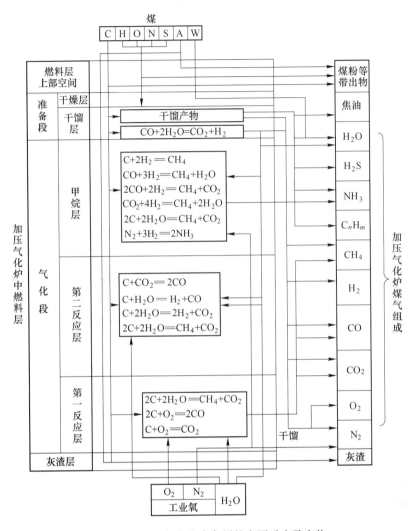

图 11-3　加压气化炉中各层的主要反应及产物

　　图 11-4 所示为典型的温克勒气化炉示意图，煤料经过破碎处理后，通过螺旋给料机或气流输送系统进入气化炉，具有一定压力的气化剂从床层下部经过布风板吹入，将床上的碎煤托起，当气流速度上升到某一定值时，煤粒互相分开上下翻滚，同时床层膨胀且具有了流体的许多特征，即形成了流化床。根据流态化原理，影响流态化过程的主要因素是气流速度，即通过床层界面的平均流速，如果气流速度小于一定值则煤粒将不能流化，床层有结渣的危险，通常根据试验来选择确定最佳流化速度，并作为气化炉的操作气速；另外流化效果还受煤粒粒径的影响，如果太小煤粒将随煤气夹带出炉外，如果太大则很难流化，工业中粒度要求较移动床要小，一般在 0.1~6mm 左右。

　　在流化床中，通常将气化温度控制在 950℃，以免在流化不均引起局部过热时，产生局部结渣从而使流化状态被坏。因此与移动床相比，其氧化反应进行得比较缓慢，而且只能用于气化反应性较好的煤种，如褐煤等。但在流化床内部由于燃料颗粒与气化剂混合良好，其温度沿床层高度的变化比固定床平稳。图 11-5 为流化床和移动床的温度分布比较。

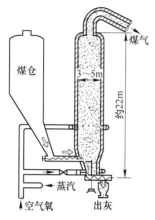

图 11-4　温克勒气化炉示意图

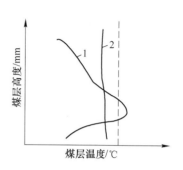

图 11-5　流化床和移动床的温度分布比较
1—移动床；2—流化床

与固定床类似，在流化床气化区仍分为氧化层和还原层，但其还原层温度较高且一直可以延伸到整个床层。气化煤气中 CO_2 的含量较高，这是由于床层燃料量较固定床少，所以还原反应进行得不完全，使得煤气中 CO_2 含量较高，同时由于床内温度分布均匀，粗煤气出口温度较高。同时在流化床内由于具有良好的传质传热性能，因此进入气化炉的燃料可以迅速地分布在炽热颗粒之间而迅速加热，其干燥和热解过程在反应区同时进行，使得挥发分的分解完全，煤气中热解产物的含量很少，几乎不含焦油。

总的来说，由于流化床温度均匀，气固混合良好，同时煤的粒度小，比表面积大，因此能获得较高的气化强度和生产能力。但其缺点也同样突出，在流化状态下，很难将灰渣和料层进行分离，70% 的灰及部分未燃尽炭被煤气夹带出气化炉，既增加了煤气净化的难度，也造成很大程度的热损失。同时，另外的灰分通过黏结落入灰斗，灰渣和飞灰的含碳量均较高，这是流化床气化最大的问题。虽然 HTW、U-Gas 和 KRW 都采用了多种办法，如布置喷嘴群控制气流流速使含碳物料和灰渣分离，但除 U-Gas 能将灰渣含碳量控制在 6%～10% 的水平外，其余两种技术的含碳量仍比较高。

11.3.3　气流床气化法

气流床气化法是 20 世纪 50 年代初发展起来的新一代煤气技术。目前的主要炉型为 Shell、Texaco 和 E-gas 等。

Shell 煤气化工艺属加压气流床粉煤气化，是以干煤粉进料，纯氧作气化剂，液态排渣。干煤粉由少量的氮气（或二氧化碳）吹入气化炉，对煤粉的粒度要求也比较灵活，一般不需要过分细磨，但需要经热风干燥，以免粉煤结团，尤其对含水量高的煤种更需要干燥。气化火焰中心温度随煤种不同约在 1600～2200℃ 之间，出炉煤气温度约为 1400～1700℃。产生的高温煤气夹带的细灰尚有一定的黏结性，所以出炉需与一部分冷却后的循环煤气混合，将其激冷至 900℃ 左右后再导入废热锅炉，产生高压过热蒸汽。干煤气中的有效成分 $CO+H_2$ 可高达 90% 以上，甲烷含量很低。煤中约有 83% 以上的热能转化为有效气，大约有 15% 的热能以高压蒸汽的形式回收。

湿法气流床气化是指煤或石油焦等固体碳氢化合物以水煤浆或水炭浆的形式与气化剂

一起通过喷嘴，气化剂高速喷出与料浆并流混合雾化，在气化炉内发生迅速气化反应的工艺过程。具有代表性的工艺技术有美国德士古发展公司开发的水煤浆加压气化技术、道化学公司开发的两段式水煤浆气化技术、中国自主开发的多喷嘴煤浆气化技术。德士古发展公司水煤浆加压气化技术开发最早，在世界范围内的工业化应用最为广泛。

Texaco 水煤浆加压气化的一般工艺为：原料煤经湿磨破碎后，与水混合制成煤浆，先用低压煤浆泵送入煤浆槽，再经高压煤浆泵送入气化喷嘴，和气化剂（氧气）一起混合雾化喷入气化炉，在炉中迅速发生气化反应。Texaco 气化炉分为上下两部分：气化部分（燃烧室）和冷却部分。气化炉冷却部分按冷却的方式不同分为激冷型和废热锅炉型两种。Texaco 气化炉采用的水煤浆浓度通常为 60%~65%，使得该工艺的氧耗量较高，冷煤气效率一般为 70%~75%。气化炉内温度达 1300~1500℃，气化压力为 4.3~4.8MPa，煤气主要成分是 CO、H_2、CO_2 和 H_2O，以及少量的 CH_2、N_2、H_2S 等。

E-gas 气化炉主要特点为水煤浆进料和两段气流床加压气化。在美国 Wabash IGCC 示范项目中选择了 E-gas 气化技术。目前新建的气化炉单台生产能力可达 2500t/d。E-gas 两段式气化炉的煤浆制备和输送过程与德士古气化炉类似，经过燃烧器喷嘴后进入第一段的煤浆进料气流床气化反应器，其炉体与结构同 K-T 常压气化炉相似，炉内温度在 1320~1420℃左右。由于温度高出灰软化温度，灰分以液态排渣的方式进入底部的激冷室，固化分离；同时第一段生成的高温煤气通过上部出口进入第二段气化反应器。在反应器前端喷入补充煤浆，高温气迅速加热煤浆，水分瞬间蒸发，煤粉与气化剂呈气流态并在高温下完成气化反应，炉内温度降至 1040℃。由于温度低于灰软化温度，灰分被热煤气夹带出炉顶，进入煤气净化设备。从工业表现来看，E-gas 气化法采用加压气流床、水煤浆两段气化的方法：（1）保持了使用煤种广、生产能力大和碳转化率高的优点；（2）第一段高温煤气的显热气化了第二段补充喷注的煤浆，使粗煤气出口温度下降至 1000℃左右，这样既方便了热回收系统的设计和运行，又有利于提高热利用率。同时由于延长了煤在炉内的停留时间，使得煤气中的热解产物能够充分分解，减少了煤气净化处理的压力。

气流床气化法用极细的粉煤为原料，被氧气和水蒸气组成的气化剂高速气流携带进入并在气化炉进行充分的混合、燃烧和气化反应。气流床气化是气固并流，气体与固体在炉内的停留时间几乎相同，都比较短，一般在 1~10s。煤粉气化的目的是通过增大煤的比表面积来提高气化反应速度，从而提高气化炉的生产能力和碳的转化率。

气流床气化法属于高温气化技术，从操作压力上可分为常压气化与加压气化，除 K-T 炉为常压气化外，其他炉型均采用加压气化的方式。在气流床气化时，一般很少用空气做气化剂，基本都直接用氧气和过热水蒸气作为气化剂，因此在炉内气化反应区温度可高达 2000℃，由于煤被磨得很细，具有很大的比表面积，又处于加压条件下，因此气化反应速度极快，气化强度和单炉气化能力比前两类气化技术都高。气流床气化主要特点表现为煤种适应性强，煤粉在气化炉中停留时间极短、煤气中夹带有大量未反应的碳、不利于 CH_4 的生成，煤气中 CO 含量高、热值低，粗煤气中不含焦油、酚及烃类液体等污染物，煤气温度（一般都在 1400℃左右）高等。

11.3.4 煤炭地下气化法

煤炭地下气化法（In-situ Coal Conversion，ISC）工艺过程集钻建产品井、控制燃烧注入井及 ISC 为一体，不需要开挖采煤，也无须任何工作人员进入地下，就可生产低成本的工业燃气和化工合成原料气（简称合成气，主要成分为氢气、天然气、一氧化碳、二氧化碳等），通过产品井输到地面，合成气经物理水洗、分离、净化后直接供应下游能源化工企业或居民生活使用，输送成本低、煤炭资源利用率高，有效延伸了煤化工产业链，增加了煤炭能源附加值，基本上实现了污染物零排放，同时避免了煤矿井工开采的安全隐患。

11.3.4.1 煤炭地下气化原理

煤炭地下气化的实质是将传统的物理开采方法变为化学开采方法。煤炭地下气化的原理如图 11-6 所示。首先从地表沿煤层开掘两条倾斜的巷道 1 和 2，然后在煤层中靠下部用一条水平巷道将两条倾斜巷道连接起来，被巷道所包围的整个煤体，就是将要气化的区域，称之为气化盘区。

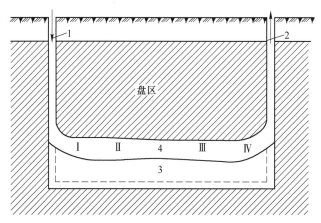

图 11-6　煤炭低下气化原理
1—鼓风航道；2—排气巷道；3—灰渣；4—燃烧工作面；
Ⅰ—氧化带；Ⅱ—还原带；Ⅲ，Ⅳ—干馏-干燥带

最初，在水平巷道中用可燃物质将煤引燃，并在该巷形成燃烧工作面。这时从鼓风巷道 1 吹入空气，在燃烧工作面与煤产生一系列的化学反应后，生成的煤气从排气巷道 2 排出地面。随着煤层的燃烧，燃烧工作面逐渐向上移动，而工作面下方的采空区被烧剩的煤灰和顶板垮落的岩石所充填，但塌落的顶板岩石通常不会完全堵死通道而仍会保留一个不大的空间供气流通过，只需利用鼓风机的风压就可使气流顺利通过通道。这种有气流通过的气化工作面被称为气化通道，整个气化通道因反应温度不同，一般分为气化带、还原带和干馏-干燥带。

A　氧化带

在气化通道的起始段长度内，煤中的碳和氢与空气中的氧化合燃烧，生成二氧化碳和水蒸气。在化学反应过程中同时产生大量热能，温度达到 1200~1400℃，致使附近煤层炽热。

B　还原带

气流沿气化通道继续向前流动，当气流中的氧已基本耗尽而温度仍在 800~1000℃以上时，二氧化碳与炽热的煤相遇，吸热并还原为一氧化碳。同时空气中的水蒸气与煤里的

碳起反应，生成一氧化碳和氢气以及少量的烷族气体，这就是还原区。

C 干馏-干燥带

干馏-干燥带是煤炭在气化工作面还原带后受热气流加热而热解和干燥的区段。在该区段内，还原反应停止，沿气化通道向前流动的热气流加热周围的煤炭，当煤炭温度达到300 ℃以上时，在缺氧的环境中便产生煤的热解（干馏），放出许多挥发性混合气体，有氢、甲烷和其他碳氢化合物。同时，干馏之后形成的混合气体仍具有较高的温度，可使周围煤炭的湿度降低，起到脱水干燥的作用。经干馏-干燥带之后，在其出口得到含有 CO、H_2、CH_4、C_nH_m、CO_2、N_2、H_2O、O_2、H_2S 等混合气体，其中 CO_2、H_2、CH_4 等是可燃气体，它们的混合物就是煤气。

气化通道的持续推移，使气化反应不断地进行，这就形成了煤炭地下气化。根据国内外资料，燃烧 1kg 煤约可产生 $3\sim5m^3$（热值 $4200kJ/m^3$）的煤气。

11.3.4.2 煤炭地下气化方法

A 有井式地下气化法

采用井巷通到煤层，进行煤炭地下气化的方法称有井式地下气化法。该方法的准备工作量大，成本高，巷道不易密闭，漏风量大，气化过程不稳定，难于控制。在建地下煤气发生炉时，不可避免地要进行地下作业。

B 无井式地下气化法

采用地表钻孔通到煤层，进行煤炭地下气化的方法，称无井式地下气化法。它是采用定向钻井技术，由地面钻出送气孔、出气孔和煤层中的气化通道，构成地下煤气发生炉，如图11-7所示。

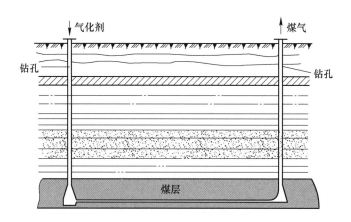

图 11-7 无井式地下气化法

11.3.4.3 煤炭地下气化的发展

煤的地下气化技术从设想到实践约有 100 年的历史，1868 年西门子（Siemens）曾提出气化煤屑和废煤的可能性。1888 年俄国门捷列耶夫提出煤地下气化的设想。1912 年英国拉姆齐（W. Ramsey）提出地下气化方案。1930 年苏联开始进行煤地下气化的工业试验，之后波、匈、美、德、英、比利时、加拿大等国也进行试验研究，1980 年苏联用地下气化法生产的燃气约 15 亿立方米，1990 年美国的地下煤气站处理原煤达 1.5 亿吨。

1958 年以来，煤炭地下气化在我国进行大量产业化试验研究，1987 年完成了江苏省"七五"重点攻关项目——徐州马庄矿煤炭地下气化现场试验；1994 年完成了国家"八五"重点科技攻关项目——徐州新河 2 号井煤炭地下气化半工业试验；1996 年完成了河北省重点科技项目——"唐山刘庄煤矿煤炭地下气化工业性试验"；2000 年完成了"新汶孙村煤矿煤炭地下气化技术研究与应用"项目；2005 年中国矿业大学在重庆中梁山北矿进行的煤矿地下气化试验首次实现了在高瓦斯矿井进行地下多煤层联合气化；2007 年乌兰察布新奥气化采煤技术有限公司完成"无井式煤炭地下气化试验项目"研究，同年 10 月首个无井式气化炉点火成功，2013 年首个工业性气化炉建成投入试生产，2014 年 8 月移动单元气化技术开发成功；2010 年中国矿业大学王作棠教授煤炭地下气化团队与华亭煤业集团有限责任公司合作开发了"难采煤有井式综合导控法地下气化及低碳发电工业性试验项目"。

2019 年 11 月 27 日中为能源内蒙古自治区鄂尔多斯市准格尔旗唐家会矿区煤炭地下气化正式投产（见图 11-8），标志着中国拥有自主知识产权的第四代 ISC 技术成功应用，并实现了 5 个"世界首次"，首次实施"实时"地下气化炉工艺监控系统，首次实施"安全可控"地下点火和供氧系统，首次实施"多通道、多功能"注入井和产品井系统，首次实施"连续生产"高温产品井系统，首次实施"实时"地下环境监测系统，该项目是目前世界上唯一在运行的可实现实时自动化监控，在线分析，采用纯氧气化，多功能注入井和高温产品井技术，能连续、稳定生产的 ISC 技术工业化示范项目，标志着我国的煤炭地下气化技术具备了大规模工业化推广的基础。

图 11-8　中为能源 ISC 技术工业化示范项目现场

12 | 煤炭燃烧与发电

12.1 煤炭清洁燃烧技术

煤炭作为电力供应的主要来源，预计到2030年仍然有75%的电力供应来自煤炭。因而，清洁煤发电技术显得尤为重要。目前，清洁煤发电技术主要途径为煤的清洁燃烧。我国煤燃烧所释放的SO_2占到全国总排放的85%，CO_2占到85%，NO_x占到60%，粉尘占到70%。煤清洁燃烧技术主要涉及煤炭燃烧理论、煤炭燃烧新设备及新工艺等。为了减少燃煤污染物排放和提高能源效率，发展较为迅猛的煤洁净燃烧技术有超临界压力锅炉加烟气脱硫技术、循环流化床锅炉技术（CFBC）和增压流化床锅炉联合循环技术、整体式煤气化联合循环发电技术等。循环流化床锅炉技术是公认的清洁燃烧技术，与煤粉炉相比，具有热效率高、低NO_x和SO_2排放、燃料适应性广、灰渣活性好、脱硫脱硝成本低、负荷调节范围宽、投资少、适用热电和调峰机组等优势。

12.1.1 煤粉燃烧理论

煤的燃烧过程是指煤中的可燃物成分与空气中的氧发生强烈的氧化反应并伴随着发热、发光的过程。

煤的单颗粒着火示意图如图12-1所示。煤的燃烧过程首先从加热干燥开始（1），然后挥发分开始分解析出（2），如果炉内温度足够高，并有氧气存在，则挥发分着火燃烧，形成明亮的火焰（3）。这时氧气消耗于挥发分的燃烧，不能到达煤焦的表面，因此煤焦还是暗的，煤焦的温度也不很高。但是，随着挥发分的逐渐燃尽，火焰逐渐缩短（3~5），煤焦的温度也逐渐升高，当挥发分基本燃尽后，焦炭开始燃烧（6），直到完全燃尽（7~10）。因此，煤的着火一般总是从挥发分开始，而挥发分的燃烧能促进以后焦炭的燃烧。

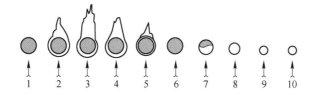

图 12-1 煤的单颗粒着火示意图

煤粉的燃烧过程是一个复杂的受物理化学因素影响的多相燃烧过程。在此过程中，既发生燃烧化学反应，又发生质量和热量的传递、动量和能量的交换。一般而言，煤中的可燃物主要是焦炭，它占煤发热量的40%（泥煤）至95%（无烟煤），而且其燃烧时间最长，所以焦炭燃烧的快慢是整个燃烧过程的关键。煤受热时，表面上或渗在孔隙中的水分，首先蒸发变成干燥的煤，接着就是挥发分逐渐析出，当外界温度较高又有足够的氧时，析出的气态烃就会燃烧起来，最后才是碳的着火和燃烧。所以，煤炭燃烧可以分成：（1）加热过程中首先析出水分和挥发分的热解过程；（2）挥发分着火和燃烧；（3）固定碳或半焦着火和燃烧。

12.1.1.1 煤的热解

煤的热解过程实际上是煤的大分子在温度较高时，某些弱键发生断键，析出轻质的气态物质、焦油，残余的分子键再聚合生成稳定的主要由碳组成的大分子的过程。

煤热解的反应过程因煤结构不同、煤颗粒大小及加热条件不同，在挥发分的产量、析出速率及产物的组成等方面有明显差异。

温度对热解过程影响很大，研究证明，析出的挥发分只与最终温度和压力有关，与加热速度几乎无关。系统压力越低，挥发分产率越高。煤的表面析出挥发分是一个吸热过程，但煤颗粒表面的温度是基本恒定的。也就是说所供给的热量仅消耗在化学反应吸热上，并未用于升高煤的温度。

12.1.1.2 挥发分的着火和燃烧

煤粒进入燃烧室后将受到干燥，随之开始热分解并析出挥发分。当环境温度达到400℃以后，如能与适当浓度的空气混合，挥发分将首先着火燃烧起来，从而使煤粒周围的气体温度迅速提高，然后引燃煤半焦并使其中残留的挥发成分继续析出。

几种煤的挥发分开始析出的温度和着火温度见表12-1，煤的挥发分析出温度和着火温度与试验方法关系很大，表中所列数据只是一个参考数据。挥发分析出温度和着火温度与环境温度和煤粉粒度等参数有直接关系。

表 12-1 煤的挥发分开始析出温度和着火温度

煤　种	挥发分开始析出温度/℃	着火温度/℃
褐煤	130~170	250~450
长焰煤	170	400~500
贫煤	390	600~700
无烟煤	380~400	700

挥发分的着火一般是在其离开颗粒表面一段距离后才发生的，决定火焰能否形成的两个主要因素是挥发分的浓度和温度。

挥发分从悬浮的颗粒表面向外扩散，颗粒表面的挥发分浓度最高，随着距离增加其浓度不断降低。而煤的颗粒则由于气流的传热而被加热，因此气相温度高于煤的温度，即温度梯度和挥发分浓度梯度的方向相反。只有当温度和浓度都超过某最低极限后才能发生燃烧。着火地点既不会在颗粒表面（温度太低），也不会远离颗粒表面（浓度太低），而是在离颗粒的一定范围内。在特定条件下挥发分也可能首先不是在气相中被点燃，而是在离表面极近的界膜处着火并立即传递到颗粒表面或者颗粒表面直接着火。这就要求颗粒的升温速度要极快，在挥发分还没有来得及离开表面时，表面温度已达到着火温度。在这种情况下，挥发分和固定碳（半焦）同时燃烧。着火的空间位置：（1）取决于煤种；（2）取决于反应活性；（3）取决于颗粒大小。颗粒大小尤为重要，因为颗粒越小，比表面积越大，而传热速度正比于热交换面积，因而小颗粒的煤升温快，极易形成表面着火。

挥发分着火后，火焰即向颗粒和环境两个方向蔓延，直至那里的氧气或挥发分浓度低到不足以维持燃烧为止。以后，火焰就稳定在挥发分的析出量和氧气的扩散量符合化学计量关系的范围内。挥发分析出速度越高或氧气的扩散速度越低，火焰稳定区离煤粒就越远。许多研究发现，在煤粒周围形成的火球直径可以是煤粒本身直径的 3~6 倍。

随着燃烧的进行，挥发分的析出速度不断降低，火球也就随之缩小，直到仅在颗粒表面燃烧。如果此时的表面温度和氧气浓度都足够高的话，半焦就会着火。

挥发分的析出和燃烧，对一个煤粒而言在各个方向不一定是均匀的，因为颗粒的形状本身就往往不对称，另外岩相成分、可燃物质和矿物质的分布也可能不均匀，所以不可能在煤粒周围形成圆球形的火焰。对悬浮在气流中的煤粒而言，一边的挥发分浓度会高于另一边，所以火焰就不对称。

12.1.1.3 固定碳的燃烧

假定煤在燃烧时首先是析出挥发分，剩下的炭和灰组成的固体残留物就是焦炭，燃烧结束后的残留物为灰分。在炭表面或其周围气体中可能发生多种不同的反应。下面分析纯碳与氧的化学反应。

（1）在一定温度条件下，碳与氧气发生反应产生二氧化碳，也可能同时生成一氧化碳，即

$$C + O_2 \longrightarrow CO_2$$
$$2C + O_2 \longrightarrow 2CO$$

（2）在碳表面的气体层内，一氧化碳和氧可能发生气相反应而生成二氧化碳，即

$$2CO + O_2 \longrightarrow 2CO_2$$

（3）二氧化碳在高温下可能被碳还原、分解，生成一氧化碳，即

$$CO_2 + C \longrightarrow 2CO$$

在上述反应中，碳与氧的化学反应是碳燃烧的基本过程，称之为初级反应（或一次反应或正反应）。而一氧化碳的燃烧与二氧化碳的还原过程则称为次级反应（或二次反应或副反应）。它们的产物则分别称为初级（一次）产物和次级（二次）产物。

因为碳在燃烧反应后总是得到 CO_2 与 CO 两种产物，不仅如此，在反应表面上及其附近，还有一些附加反应，如上述的一氧化碳及二氧化碳被还原等，在煤粒高温燃烧过程中，还可能发生下列碳与水之间的反应：

$$C + H_2O \longrightarrow CO + H_2$$
$$H_2 + \frac{1}{2}O_2 \longrightarrow H_2O$$
$$CO + H_2O \longrightarrow CO_2 + H_2$$

这就使燃烧过程的进行情况变得很复杂。其中，碳与氧的反应是普遍认可的主要反应。

对碳氧化反应的机理就曾经有过不同的观点。一种观点认为碳燃烧最初生成二氧化碳，二氧化碳并不能稳定地从碳表面解吸扩散出来，却又被灼热的碳表面还原生成一氧化

碳。碳表面受热愈强烈，还原作用也进行得愈快；此产生的一氧化碳，在碳表面附近遇到氧时又可全部或局部烧尽，随后又产生了新的二氧化碳。该见解有其实验基础，是早年以较慢的空气流速通过煤层而得出的结论。当煤层不厚时，在燃烧过程中会得到所谓完全燃烧产物二氧化碳 CO_2；当把煤层增加到一定厚度，且保持风量不变时，则逸出的气体大部分为一氧化碳 CO，仅有少量二氧化碳。这就说明在煤层下部，碳与氧发生化学反应得到的产物是二氧化碳气体，这些气体在向上流经煤层时，由于该处已无氧气，就被炽热的碳层还原成一氧化碳，成为未完全燃烧的产物。因此，就得出二氧化碳是初级反应产物、一氧化碳是次级反应产物的结论。

第二种观点基于用高速空气流通过燃烧的煤层的实验结果，即当用高速空气流吹入燃烧着的薄碎煤层时可获得大量的一氧化碳，但如果速度降低，生成的一氧化碳就与氧燃烧成二氧化碳。此种观点认为碳与氧反应时，一氧化碳为初级产物。但该实验条件并不符合燃烧实际情况。

第三种观点认为碳与氧反应时，首先生成中间碳氧络合物（C_3O_4）。中间碳氧络合物再变化生成二氧化碳和一氧化碳。此观点是考虑到低温时的吸附现象，该现象证实了碳与氧反应时没有直接化合成 CO_2 或 CO。氧被吸附在碳的表面上，形成络合物。当温度略低于 1300℃ 时，碳表面上几乎全被吸附在其上的氧分子占满，其中有一部分将发生络合，其余部分已盖满了络合物，但在另一新的氧分子撞击下会发生分解。化学反应方程式为：

络合：$$3C + 2O_2 \longrightarrow C_3O_4$$
分解：$$C_3O_4 + C + O_2 \longrightarrow 2CO_2 + 2CO$$

故燃烧反应是氧分子被吸附络合和撞击下发生分解等环节串联而成的。这种观点目前已被普遍接受。

由此可以看出，炭粒的燃烧机理是非常复杂的，它与炭粒的结构、表面状况和温度条件等都有较密切的关系。

碳的燃烧主要为多相反应，碳的晶格结构对多相反应有很大影响。碳有金刚石与石墨两种晶格结构。金刚石的晶格结构中碳原子的排列非常紧密，原子之间键的结合力很大，因而金刚石的晶格结构非常稳定，硬度很高，与氧分子发生化学反应的活性极小，所以研究金刚石的燃烧技术没有什么意义，但从金刚石的晶格结构中可以看出碳晶格的排列对其反应活性的影响。石墨的晶格结构是由一些边长为 0.141nm 的正六角形组成的基面彼此平行叠结而成的。每个基面内的碳原子就分布在六角形的顶点上，各基面之间相距为0.3345nm，紧连着的两个基面互相错开一个位置（即依次错开 0.141nm）。基面内六角形顶点上的碳原子之间的距离很近，原子间键的结合力很大，而各基面之间的结合力却较弱，使一些气体分子或原子易于侵入。

常温下由于物理吸附作用，碳晶体表面常吸附一些气体分子。当温度略有升高时，气体分子就会解吸离开碳晶体，而又变为原来的气体分子。当温度较高时，一些气体分子溶入晶格基面之间，使晶格发生变形，气体也发生化学变化，碳与气体形成了固溶状态的络合气体。当固溶络合气体被分解时，产生新的气体解吸离开碳晶体。

当温度很高时，物理吸附现象已不存在，固溶状态的络合气体也逐渐减少，但晶体周界对气体分子的化学吸附能力却大大增加了。这是因为石墨晶格内部每个碳原子要以 3 个价电子才能和基面内其他碳原子结合，而晶体周界上的碳原子却以 1~2 个价电子就能和基面内的其他碳原子结合，故周界上碳原子的活性较大，其活化能也很大（约为 $8.5×10^4$ kJ/mol），所以在温度很高时其化学吸附能力很强。吸附的气体也会自动或被其他气体分子撞击而分解，解吸离开碳晶体。

温度高于 600℃ 时，碳和氧的燃烧反应机理是由化学吸附所引起的，被吸附的氧与晶体边缘周界的碳原子形成了络合物，络合物自行或被新的氧分子撞击而分解。

12.1.1.4　煤表面的多相燃烧

在煤的燃烧过程中，挥发分是不断析出的，其析出过程与焦炭的燃烧过程交叉进行，几乎延续到煤粒燃尽的最后阶段，这就使煤粒附近的物理化学过程更为复杂。

多相（或两相）反应，一般是在固相与气相或液相之间的相界面上进行的，因此，亦可称为表面反应。燃烧的煤粒在高温气流中受热，发生燃烧化学反应，过程非常复杂，它包括许多物理化学现象。但其最基本的过程是煤与氧化剂之间的氧化反应。固体燃料与气体发生反应气体必然要扩散到固体燃料表面上，在相界面上发生化学反应。所以，煤粒与氧化剂 O_2 在表面上发生的是多相反应，进行反应时的相界面称为反应面，一般可分为以下 5 个环节：

（1）氧气（空气）向煤粒表面扩散转移。

（2）氧气到达煤粒表面，并被吸附（吸附就是分子或多或少地紧密连接在相界面上）在煤粒表面上。

（3）被吸附的氧分子与相界面上的碳原子发生燃烧化学反应，反应产物吸附在煤粒表面上。

（4）反应产物从煤粒表面解吸。

（5）反应产物扩散转移，离开煤粒表面。

这五个环节是紧密相连的，煤粒燃烧过程的总速度决定于其中进行得最慢的那个环节，其中氧气被吸附在煤粒表面和反应产物解吸这两个环节进行得较快。所以，反应过程主要就取决于氧气扩散速度及燃烧化学反应速度。

煤的多相燃烧反应一般呈现下列 3 种不同状态：

（1）动力燃烧状态，即化学反应速率控制区。通常碳表面温度很低时，整个燃烧反应速率就受碳表面上化学反应速度的控制，要强化碳的燃烧，必须提高温度。当温度较低时，燃烧化学反应速度较慢，即使氧气向煤粒表面扩散的速度很快，使煤粒表面上吸附很多氧分子，也不能加速化学反应的进行，所以不可能使燃烧速度加快。加快反应速度的关键是提高温度，这时煤粒的燃烧速度主要取决于化学动力学因素，因此，此时的燃烧工况属于动力燃烧区，例如家用的烧煤炉，在点火升炉时就不应连续扇风，以免降低温度，而应该采取措施使温度上升，火床炉在刚点着引燃物时也不能大力鼓风，就是这个道理。

（2）扩散燃烧状态，即扩散速率控制区。燃烧速率取决于氧气扩散到碳表面上的速率，而与温度无关。要强化燃烧过程，可以减小煤颗粒粒径，加强气流速度，以减薄气膜厚度，使碳表面反应剂浓度增大，以便提高燃烧速率。当温度很高时，化学反应速度较快，煤粒表面上碳原子与氧分子的燃烧反应进行得很快，氧气的扩散速度远赶不上燃烧反应速度，氧气的扩散速度成为燃烧过程的制动因素。此时的燃烧工况属于扩散燃烧区。要提高燃烧速度，关键在于提高煤粒表面的质量交换系数，亦即提高空气与煤粒表面之间的相对速度，因它可使质量交换系数增大。例如家用煤炉与火床炉，在正常运行中温度已很高，燃烧状况属于扩散区，此时要提高锅炉蒸汽产量的途径就是加强鼓风。

（3）过渡区燃烧状态，该状态是介于上述二者之间的情况。当温度处于动力燃烧区和扩散燃烧区之间的一段范围内时，扩散速度与燃烧反应速度相差不大，燃烧过程的速度既取决于扩散速度，又取决于燃烧反应速度。故燃烧工况属于中间燃烧区。这时，提高温度和增强气流速度都能强化煤的燃烧过程。例如提高温度使燃烧由动力区转向扩散区；再由增强流速和减小颗粒粒径使燃烧转向动力区。这时煤燃烧速率能大大强化。

多相反应除能在外表面进行外，亦可在物体内部进行，如物体具有松散的孔隙和裂缝等。因此，只有当燃烧表面是平滑的、不透气时才具有单纯的"表面"反应。否则，外表面和内表面两种情况都有（一般固体燃料均具有一定的孔隙性）。当多相反应在物质的内表面进行时就称为内部反应。煤在燃烧或气化时都会发生内部反应。内部反应时，氧气亦是以扩散方式向物质内部孔隙渗透到达内表面。当反应温度愈高，与固体的反应能力愈大时，反应在很大程度上集中在物体外表面上进行；反之，当反应温度愈低，与固体的反应能力愈小时，则反应愈渗入到物体的内表面。

12.1.1.5　煤粉的燃尽

煤粉着火后，就强烈地燃烧。燃烧速度起初很高，然后逐渐减慢，因为气流中的氧浓度逐渐减小。煤粉燃尽过程的条件和机理是十分复杂的。在整个燃尽过程中，气流的温度起初飞速上升，因为此时燃烧非常迅速，燃烧产热非常多，远远超过了吸热的影响。随着煤粉的挥发性物质的燃尽和焦炭燃烧速度的减慢，燃烧速度迅速减慢，燃烧产热减小，抵消不了水冷壁吸热的影响，温度就逐渐下降，煤粉就逐渐燃尽或停止燃烧，煤粉的燃烧进入熄火状态。

目前对煤粉燃烧过程和模型预测的研究很多，但还没有对整个煤粉燃烧过程提出一个比较完整的燃烧理论和物理模型。迄今为止，有不少研究者提出了各种理论，但是都只能解释某些局部现象，或者对燃尽过程作出了许多简化的假设。

12.1.2　煤粉燃烧技术

煤粉的高效燃烧往往和火焰稳定紧密联系在一起，因为煤粉燃烧时不"放炮"、不灭火或不发生事故就是最大的节约。近年来，在煤粉的高效燃烧和火焰稳定方面，国内外都进行了较深入的研究并取得较多的成果。

12.1.2.1　强化煤颗粒和高温烟气的对流换热

煤颗粒从加热至着火的时间，高温烟气回流加热比辐射加热快 23 倍。煤粉越细，加热的时间越短，着火和燃烧的时间越快，因此可达到高效燃烧和火焰稳定的目的。具体的燃烧技术有：三角形钝体产生高温烟气回流；用稳定层产生烟气回流并产生一种束腰形的气固两相流结构；用有速度差的同向射流产生回流，强化煤颗粒和烟气的强烈混合；用不对称射流产生回流强化对流热交换；利用叶片旋流产生中心回流区强化煤粉着火等。

12.1.2.2 强化煤粉的高浓度集聚

如果对煤粉气流进行适当浓缩，在高浓度煤粉集聚区域内，将产生以下效果：煤粉的着火温度降低到 250~300℃（烟煤）或 400~450℃（无烟煤），则使着火时间缩短 1/2，火焰温度提高 300~350℃，着火距离缩短 100~400mm，火焰传播速度加快，煤粉气流的着火热减少 55%，氧化氮的排放量直线下降。这就会导致煤粉较快地着火和火焰变得稳定，达到高效燃烧的目的。具体的技术有：弯管离心流使煤粉浓缩，旋风分离使煤粉浓缩，叶片惯性流使煤粉浓缩，对称体撞击使煤粉浓缩等。

12.1.2.3 强化燃烧过程的初始阶段

煤粉高效燃烧和火焰稳定的关键是燃烧的初始阶段，当煤粉刚喷入炉内 0.15s 时，挥发分析出已超过 80%，固定碳烧掉 60%；在 0.2s 时，煤粉已烧去 80%，而剩下的 20% 的煤需要 4 倍（0.8s）时间才能烧完。也就是说，如果煤粉在炉内逗留时间为 1s，那么燃烧的初始阶段用 20% 的时间烧去煤粉的 80%，而剩下的 80% 时间只烧掉煤粉的 20%，可见强化燃烧过程的初始阶段是至关重要的。实现这项技术的有：有限空间内使煤粉快速加热甚至着火，强化火焰根部的热量交换和质量交换，强化气固两相流扰动等。

事实上，很多新型煤粉燃烧器不仅具有它本身非常独特的优点，而且是多种原理的有机复合体，具有多种功能。例如，钝体或船体燃烧器、大速差射流燃烧器和各种浓淡燃烧器，都在有限的小空间内加强火焰根部的扰动和对流换热，在回流的边界附近都有高浓度煤粉的集聚过程，建立有利于燃烧的小区域，因此这些燃烧器都能适应不同煤种、低负荷下稳燃的需要，具有各种需要的功能。

12.1.2.4 煤粉高效燃烧的其他新技术

煤粉燃烧目前存在的主要问题是低效高污染。因此，近年来，已开发出了高预热空气燃烧、脉动燃烧、催化燃烧、低 NO_x 燃烧技术，CO_2 再循环燃烧技术，煤、稻草、木材加工废料等生物质的混烧技术等洁净燃烧新技术。

12.1.3 流化床燃烧技术

12.1.3.1 流化床燃烧的原理

固体颗粒在自下而上的气流作用下具有流体性质的过程称为流化。颗粒尺度较大而操作气速较小时在床下部形成鼓泡流化床，即其连续相是气固乳化团，其分散相是以气为主的气泡。在气泡上浮力作用下床内颗粒团之间有较强的质交换。颗粒尺度较小、操作气速较高，加以使用分离器使逸出物料不断返回时，形成另一流化形态，称快速流化床，其分散相为气固乳化团，连续相为含少量颗粒的气体。目前的循环流化床燃烧是有灰循环过程的流化床锅炉的总称。

对于以灰为主循环物料的锅炉，图 12-2 给出了循环床物料平衡模型示意图。

循环量 c 与燃料燃烧所形成的灰颗粒粒度分布（即成灰特性）有关。设某一粒度的成粒量为 e，依据灰平衡公式 $e=a+b$，a 为由分离器逸出的某一粒度颗粒量，b 为排渣带出的

某一粒度颗粒量, 一般称 $\dfrac{c-a}{c}$ 为分离效率 η_a , 相类比

$\dfrac{c-e}{c-a}$ 为排渣的选择效率 η_b , 而 $c=e\dfrac{1}{1-\eta_a\eta_b}$, 这一表达
式说明 η_a 和 η_b 对循环量同样重要, 实际上对细粒度 η_b 接
近于 1, 循环量主要取决于 η_a ; 对粗粒度 η_b 接近于 1,
则循环量主要取决于 η_b 。 不同粒度颗粒间也相互影响,
例如燃料还生成一些不能参与循环的大颗粒, 当它们被排
出时将携带部分可参与循环的颗粒。对于能参与循环但粒
径偏粗的颗粒, $a(c)$ 与不参与循环的大颗粒量接近反比,
大的不参与循环的颗粒量, 将抑制循环量, 这就部分说明
了为什么国外炉型在使用高灰和粗破碎燃料时出力不足。

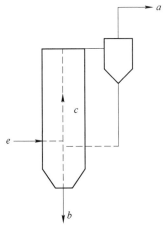

图 12-2　循环床物料平衡模型

减少不参与循环的颗粒量, 可显著提高循环量。强化破碎
固然可达此目的, 但电耗和细微难燃颗粒量将增加。气速将影响可参与循环颗粒的粒度:
(1) 高气速时可参与循环颗粒的粒度增大; (2) 气速的提高将增加 $a:b$, 速度越高, 在
渣中带出的份额越少, 循环量越大。高气速可造成循环物料的宽筛分和高浓度, 这两点都
更有利于炉膛上部产生乳化颗粒团, 而乳化颗粒团将增强传热, 延长颗粒停留时间, 改善
分离特性。粒度大于等于 $150\mu m$ 的颗粒有着高的分离效率, 颗粒在炉内停留时间长, 气
固相对运动速度大, 燃烧速率较高, 燃尽程度高; 粒度小于等于 $100\mu m$ 的颗粒因粒度小,
周围温度低, 气固相对运动速度小, 处于表面动力反应区, 其反应速度甚低, 加之分离效
率低, 所以燃尽程度差, 是造成不完全燃烧损失的主要原因。提高床温和延长停留时间可
减少未燃尽损失, 但作用有限, 结合脱硫将飞灰成粒再燃是解决飞灰未燃尽损失的根本
途径。

除小颗粒难以燃尽外, 另一个值得注意的是气相未燃烧损失: (1) 由于给煤点集中,
挥发分释放集中, 如不能与氧充分混合将难燃尽; (2) 乳化颗粒团内往往氧不足而气泡或
非乳化颗粒团内的氧过剩, 因此流化床常出现 CO 和 O_2 浓度同时很高的现象。高温分离过
程中气体间能强烈混合, 燃尽度提高, 中温分离达不到燃尽气相可燃物的目的。

差速循环床是研究各种过程后出现的依照规律组织过程的典型。它将床下部某区域的
气速恢复到 $8\sim12m/s$, 但在上升约 3m 以后截面扩大, 气速迅速降为小于等于 $6m/s$, 由于
高速而带起的粗颗粒将回落, 与高速区并列的是一个床速仅为 1m/s 左右的低速区, 颗粒
将自然地落入该区, 在上升与回落过程中颗粒间相互作用明显, 又提供了团聚的条件。高
速区内的燃烧份额将明显降低。与仅依靠分离器分离的锅炉不同, 主循环颗粒不再仅为
$300\mu m$ 左右的一个狭窄粒度带, 可向粗粒径延伸到 1.5mm 左右, 是一个很宽的带, 而且
由于分离器入口的较粗颗粒增加, 分离效率提高, 循环量甚大。大循环量、强传热和高速
燃烧区低的燃烧份额, 使锅炉的出力和燃料适应特性改善。

在没有采用差速循环床的条件下, 用水冷壁构筑的异形分离器是循环床锅炉结构的重
大进展。现有高温旋风分离器有不冷却与汽冷两种。不冷却分离器内耐火衬里很笨重, 只
能采用下支撑结构, 它与燃烧室的上悬吊结构有矛盾, 总重也太重, 启动时容易损坏, 人
们一直想改变它。FW 公司首先采用过热器构筑汽冷分离器, 将分离器制成圆形, 后发现

难以运输和安装。以水冷壁构筑的分离器外形是方形,制造运输方便,内部四角抹圆,分离效果相当好,与不冷却筒一样能达到高燃尽度和较大循环量,其优势是特别适于大型化。

由于差速循环床已完全解决了炉内燃料与传热问题,分离器的任务将有所改变,即它首先应保证气相可燃物燃尽,至于细颗粒的燃尽可以用设于低温区的第二级分离和飞灰制粒再燃解决,对高温分离效率的要求可以降低,这一变化将会形成新一代大型循环流化床锅炉。

12.1.3.2 流化床燃烧的特点

煤的流化床燃烧是继层煤燃烧和悬浮燃烧之后,发展起来的第三代煤燃烧方式。由于固体颗粒处于流态化状态下具有诸如气固和固固充分混合等一系列特殊气固流动、热量、质量传递和化学反应特性,从而使得流化床燃烧具备一些与层煤燃烧和悬浮燃烧不同的性能。

流化床锅炉具有较高的传热系数、较低的投资和较低的排放浓度,而且其燃料的适应性比较广泛,不但可以燃用优质煤,而且可以燃用高灰煤、高硫煤、高水分煤、煤矸石、泥煤、煤泥、油页岩、石油焦、炉渣和垃圾等。

A 燃料适应性强

流化床内新加入的燃料和脱硫剂占整个床料的比例很小,即使劣质燃料,一旦进入流化床,立刻会被大量的灼热惰性粒子包围和稀释,并在床层温度不明显降低的前提下,使燃料迅速加热到高于其着火温度,顺利地着火、燃烧和燃尽。许多循环流化床锅炉燃用煤的灰分高达 40%~60%。

B 易于实现炉内高效脱硫

流化床内气固混合充分,且燃烧温度恰好处于 $CaCO_3$ 与 SO_2 反应的最佳温度。在燃烧过程中加入廉价易得的石灰石或白云石,就可方便地实现炉内高效脱硫。

C NO_x 排放量低

流化床燃烧实际上是一种有效的低温强化燃烧方式。床内温度较低且分布均匀,空气中的氮氧化物(NO_x)的含量很低。

对于分一次空气和二次空气加入助燃空气的分段流化循环流化床,因炉膛底部处于还原状态,此处析出的部分燃料氮会转化为分子氮,不能充分与氧反应生成 NO_x。而分子氮即使在炉膛上部的氧化区也难氧化,因此 NO_x 生成量更小。

D 燃烧效率高

流化床的气固混合好,燃烧速率高,较小煤粒在炉膛高度的有效范围内,有足够时间燃尽,因而,相对层燃炉而言,燃烧效率要高。特别是循环流化床锅炉,因为绝大部分未燃尽的炭粒被高温旋风分离器捕集后,再送回炉膛,从而获得更长的燃尽时间。所以能在比鼓泡流化床更宽的运行变化范围内获得更高的燃烧效率,达到可与煤粉炉相媲美的程度。

E 灰渣便于综合利用

流化床的低温燃烧特性使其产生的灰渣具有较好的活性,可以用来做水泥熟料或其他建筑材料的原料。另外，流化床燃烧温度低，燃烧过程中钾、磷等升华很少，灰渣中钾、磷等成分含量相对较高，能用于改良土壤和做肥料添加剂。

除此之外，循环流化床锅炉还具有负荷调节性能好、便于大型化等优点。

与常压流化床相比，增压流化床内气体密度大，允许较低的流化速度（约为 1m/s），这样可减轻床内受热面和炉墙的磨蚀；较高的压力也允许床层较深。因此低速和深床的综合效应使得气体在床内的停留时间增长，从而进一步减少脱硫所需的脱硫剂用量，并且改善燃烧效率。

12.2 煤炭洁净发电

电力是安全、高效、清洁的二次能源，是当代人类社会赖以生存的基础。中国是世界上主要的煤炭生产和消费国之一，根据中电联年度快报统计，截至 2014 年年底，全国全口径发电装机容量为 13.6 亿千瓦，其中火电装机容量为 9.2 亿千瓦，火电占全部装机容量的 67.65%，以煤电为主的火力发电在电力生产中的主导地位在很长一段时间内不会改变。煤电在创造优质清洁电力的同时，排放的大量粉尘、有害气体（主要为 SO_x、NO_x 等）和温室气体 CO_2 等污染物，造成了严重的环境问题。

洁净煤发电技术就是尽可能高效、清洁地利用煤炭资源进行发电的相关技术。它的主要特点是：提高煤的转化效率，降低燃煤污染物的排放。目前，在提高机组发电效率上主要有两个方向：（1）在传统煤粉锅炉的基础上通过采用高蒸汽参数来提高发电效率，如超超临界发电技术；（2）利用联合循环来提高发电效率，如增压流化床燃煤联合循环、整体煤气化联合循环等。在降低燃煤污染物上也有两个方向：（1）利用高效的烟气净化系统脱除或回收污染物；（2）以煤气化技术为核心，对煤气净化后进行清洁利用，其发展如图 12-3 所示。

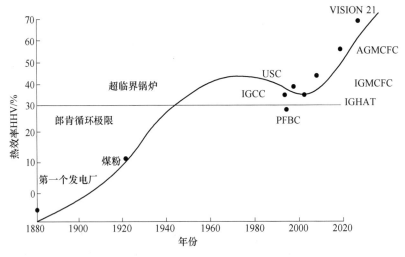

图 12-3　洁净煤技术发展

PFBC—增压流化床燃烧；IGCC—整体煤气化联合循环技术；IGHAT—整体煤气化湿空气透平联合循环；
IGMCFC—整体煤气化燃料电池；AGMCFC—先进煤气化联合循环技术；
USC—超超临界发电技术；VISION21—21 世纪远景计划

12.2.1 超超临界发电技术

一直以来，高蒸汽参数是提高燃煤锅炉蒸汽机组发电效率的主要方法，图12-4和图12-5给出了主蒸汽压力和温度发展的历史情况。超过22.115MPa的主蒸汽压力称为超临界压力；通常把超过29.5MPa（300at）的主蒸汽压力称为超超临界压力，相应参数的机组又分别称为超临界机组或超超临界机组。

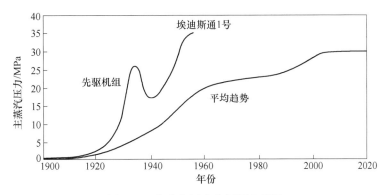

图 12-4　主蒸汽压力发展历史情况

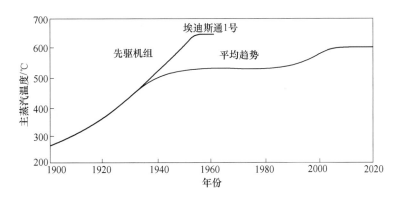

图 12-5　主蒸汽温度发展历史情况

图12-6说明了大容量煤粉锅炉机组提高效率的各种措施对其机组效率的大致影响规律，从中可以看出，通过降低过量空气系数和降低排烟温度的措施对机组效率的提高幅度有限，而采用提高蒸汽参数、降低冷凝器压力和进行再热对机组效率提高的贡献比较大。如在蒸汽温度基本不变的情况下，蒸汽压力从亚临界发展为超临界（25MPa），机组效率突增1.5%，继续从超临界（25MPa/540℃/560℃）发展为超超临界（30MPa/600℃/600℃），机组效率又可增长1.5%。如将一级再热发展为二级再热，机组效率又增加0.8%，冷凝压力的降低也可以对机组效率产生明显影响。但后两种措施受到系统复杂程度和环境条件的限制，因此对于大容量机组来讲，提高蒸汽参数仍是提高电厂效率和降低单位容量造价比的有效途径。

先进的大容量超超临界机组不仅效率高，采用烟气净化装置后大大降低了污染物排放，而且还具有良好的负荷适应性。同时实际的运行表明，超临界机组甚至超超临界机组的运行可靠性已经不低于亚临界机组，有的甚至还要更高一些。另外，相对于其他洁净煤发电技术（如 IGCC、PFBC 等），超临界发电技术具有良好的技术继承性和经济性。因此，超临界发电技术越来越得到各国电力工业的重视，被认为是技术上最可行、经济上最有竞争力的洁净煤发电技术。

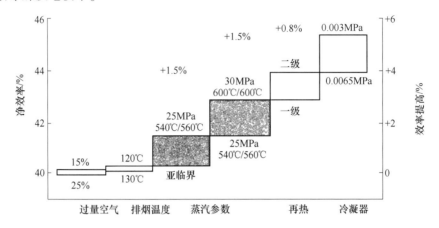

图 12-6　各种措施对大容量煤粉锅炉机组效率的影响

12.2.2　超超临界机组的发展历史及前景

自 20 世纪 50 年代以来，国外燃煤电站汽轮机始终以提高蒸汽参数和增大单机功率为发展重点，目前 300MW 的火电机组通常采用亚临界参数，600MW 等级及以上容量的机组已普遍采用了临界乃至超超临界参数。新设计的机组多采用变压运行，可适应带中间负荷和调峰的需要，运行的灵活性大为提高。

超临界机组技术经几十年的发展，已成为目前世界上先进、成熟和达到商业化规模应用的洁净煤发电技术，在许多国家取得了良好的经济效益和环保效果。从其发展过程来看，世界上超临界发电的技术的发展大致可以分成两个主要阶段：

（1）第一个阶段大致从 20 世纪 50 年代到 80 年代，主要以美国、德国和日本等国家为代表。初期参数就已达到超超临界参数。例如，美国 Philo 电厂 6 号机于 1957 年投产，容量为 125MW，蒸汽压力为 31MPa，蒸汽温度为 621℃/566℃/566℃，二次中间再热，是世界上第一台超超临界机组。1959 年，Ed-dystone 电厂 1 号机投产，是容量为 325MW，蒸汽压力为 34.3MPa，蒸汽温度为 649℃/565℃/565℃ 的二次中间再热机组。然而在实际运行中，过高的蒸汽参数超越了当时材料技术的发展水平，导致了机组运行可靠性较差等问题的发生。在经历了初期盲目选择超临界参数后，后来发展的大型机组的参数水平又重新回到了常规超临界参数，直至 20 世纪 80 年代，美国超临界机组的参数基本稳定在这个水平。

（2）第二个阶段至今，是国际上高效超临界机组快速发展的阶段，在环保要求日益严格的背景下，新材料的开发以及常规超临界技术的成熟都为高效超临界机组的发展提供了必要条件。在这个阶段，以日本（三菱、东芝、日立）、欧洲（SiemensAlstom）为代表倡导了超临界机组的发展方向，即在保证机组高可靠性、高可用率的前提下采用更高的蒸汽温度和压力。这个阶段超超临界机组的发展有以下 3 方面的趋势。

1）蒸汽压力取得并不太高，多为 25MPa 左右，而蒸汽温度取得相对较高，主要以日本的技术发展为代表。这种方案可以降低造价、简化结构、增加可靠性，通过提高温度的手段来提高机组热效率更为有效。

2）蒸汽压力和温度都取较高值（28~30MPa，600℃左右），从而获得更高的效率，主要以欧洲的技术发展为代表；部分机组在采用高温的同时，压力也提高到 27MPa 以上。压力的提高不仅关系到材料强度及结构设计，而且由于汽轮机排汽湿度的原因，压力提高到某一等级后，必须采用更高的再热温度或二次再热循环。近年来，除了丹麦两台二次再热机组外，提高压力的业绩主要来源于 1998 年以后西门子公司的产品。

3）更大容量等级的超超临界机组的开发。决定机组容量的关键之一是低压缸的排汽能力，与进汽参数无直接关系。为尽量减少汽缸数，大容量机组的发展更注重大型低压缸的开发和应用。三菱重工、日立和西门子、阿尔斯通等公司在大功率机组中已开始使用末级铁合金长叶片。

经过多年的不断完善和发展，目前超临界机组的发展已进入了成熟和实用阶段，具有更高参数的超超临界机组也已经成功地投入商业运行。据统计，目前全世界已投入运行的超临界及超超临界参数的发电机组大约有 600 多台，其中美国有 170 多台，日本和欧洲各约 60 台，俄罗斯及原东欧国家 280 余台。目前发展超超临界技术领先的国家主要是日本、德国和丹麦等，世界范围内属于超超临界参数的机组大约有 60 余台。中国超超临界机组发展后来居上，截至 2014 年 1 月 6 日，中国已投运 600℃/1000MW 超超临界机组 64 台。其中，上海外高桥电厂 2×1000MW 超超临界机组（28MPa/605℃/603℃），2012 年供电煤耗降低到 276g/（kW·h）。

国内超超临界机组发展历程：

我国超临界、超超临界机组发展较晚。我国于 20 世纪 80 年代后期开始从国外引进 30 万千瓦、60 万千瓦亚临界机组，第一台超临界机组于 1992 年 6 月投产于上海石洞口二厂（2×600MW，25.4MPa，541/569℃）；2002 年，"超超临界燃煤发电技术的研发和应用"项目，中国华能集团公司、中国电力投资集团公司、国家电站燃烧工程技术研究中心等 23 家单位通力合作，首次提出了我国发展超超临界火电机组的技术选型方案，自主设计了超超临界电站，自主调试成功了 100 万千瓦和 60 万千瓦机组，形成了我国完整的超超临界电站开发基础。

2008 年超超临界燃煤发电技术获得 2007 年度国家科学技术进步一等奖。示范工程——华能玉环电厂于 2007 年建成投产，成为世界上超超临界百万千瓦级容量最大的火电厂。其中 2 台 100 万千瓦超超临界发电机组（参数 26.25MPa、600℃/600℃）是当时国际上参数最高、容量最大、同比效率最高的超超临界机组，效率高达 45.4%，供电煤耗 283.2g/kW·h，比 2006 年全国平均供电煤耗 366g/kW·h 低 82.8g/kW·h，每年可少排放二氧化碳 50 多万吨、二氧化硫 2800 多吨、氮氧化物约 2000t，经济效益和社会环境效益前景巨大。

十余年来，我国超超临界燃煤发电技术实现了跨越式发展，在 600℃ 等级超超临界机组设计、运行等方面积累了丰富经验，整体上达到国际先进水平。在我国科学技术部和能源局的支持下，我国"十二五"期间相继开展了 660MW 超临界循环流化床锅炉技术、1000MW 等级超超临界二次再热发电技术、700℃ 超超临界燃煤发电关键技术等研究。

　　2016 年我国首个 700℃ 超超临界发电关键部件验证试验平台在华能南京热电厂建成并投运，目前正开展相关材料和高温热部件的长时间验证试验；2018 年，国家"863"计划项目——"700℃ 超超临界发电关键技术研究"项目结题，完成了 700℃ 超超临界燃煤锅炉设计方案，为进一步开展 700℃ 等级高效超超临界发电关键技术的研究奠定了良好的基础。目前我国 700℃ 超超临界燃煤发电技术研究开发工作已经取得重要阶段性成果，但由于起步太晚，大量研究工作才刚刚开始，与国外相比仍存在较大差距，应在高温热部件、锅炉设计与制造技术、汽轮机设计与制造技术、辅机技术和热力系统优化技术等方面进一步研究，早日实现 700℃ 超超临界发电技术的工业应用。

　　国外超超临界机组发展历程：

　　（1）20 世纪 90 年代中期以来，世界上已建和在建的超超临界机组的参数和容量的发展有两个特点：1）欧洲国家在建设大容量火力发电机组时以追求机组的高效率为主要目标，在提高蒸汽温度的同时，蒸汽压力也随之提高，主蒸汽压力为 25~28MPa，主蒸汽温度为 58℃ 居多，再热蒸汽温度为 580~600℃，大多采用一次再热；2）日本的超超临界机组在大幅度提高机组容量的时候，主要是提高机组的蒸汽温度，而蒸汽压力基本保持在 25MPa，日本这种对超超临界机组蒸汽参数（较低的蒸汽压力和较高的蒸汽温度）的选择主要是基于技术经济的考虑。

　　（2）锅炉布置形式按照各公司传统，有∏形布置及半塔形布置。日本超超临界锅炉全部采用∏形布置，德国、丹麦全部采用半塔形布置，这主要是由各自的传统技术所决定的。

　　（3）燃烧方式按照各公司传统，有切圆燃烧和对冲燃烧两种方式。日本 IHI、日立公司制造的超超临界∏形炉均采用了前后墙对冲燃烧方式，三菱重工的锅炉燃烧方式全为八角双切圆燃烧方式，两种燃烧方式的目的都是为了减少炉膛出口烟温偏差。欧洲的超超临界塔式炉不存在烟温偏差问题，燃烧方式既有四角切圆燃烧，又有对冲燃烧，还有个别的八角双切圆燃烧和八角单切圆燃烧。

　　（4）水冷壁形式早期为垂直管屏，20 世纪 90 年代后，除日本三菱公司采用内螺纹垂直管外，其余全部采用螺旋管圈。

　　（5）已投运的 1000MW 级超超临界机组以双轴机组居多，但随着汽轮机超长末级长叶片的开发应用，大容量单轴机组已成为发展趋势。

　　材料的发展水平决定了不同时期的火电站的运行参数。20 世纪 70 年代能源危机的出现和电力市场竞争的加剧导致了 20 世纪 80 年代初开始的一系列发展超超临界发电技术的合作研究和发展技术。为进一步降低能耗和减少污染物排放，改善环境，在材料工业发展的支持下，超超临界正朝着更高参数的技术方向发展。目前超超临界机组最大容量已达到 1300MW，最高效率达 49%，充分显示了超临界和超超临界技术的成熟性和推广前景。国外超超临界机组发展的近期目标为 1000MW 级机组，参数为 31MPa/600℃/600℃/600℃，并正在向更高水平发展。

　　欧盟最近几年来正在进行"Thermie700 计划"，公布了发展下一代超超临界机组的计划，过热蒸汽温度将提高到 700℃，再热蒸汽温度可以达到 720℃，相应的压力将从目前的 30MPa 左右提高到 35~40MPa。根据英国贸工部对超临界蒸汽发电的预测，今后 5 年内，超临界机组蒸汽温度将达到 620℃。到 2020 年，蒸汽温度将达到 650~700℃，循环效率可达到 50%～55%。

从 2002 年开始美国能源部又启动了一个用于燃煤电厂超临界和超超临界机组的高温高强度合金材料研究项目（VISION 21 计划的一部分）。主要研究用于燃煤电厂超超临界机组的高温高强度合金材料，以增强美国锅炉制造业在国际市场中的竞争力。该研究项目的 5 个主要目标是：

（1）确定哪些材料影响了燃煤电厂的运行温度和效率。

（2）定义并实现能使锅炉运行于 760℃的合金材料的生产、加工和涂层工艺。

（3）参与美国机械工程师协会（ASME）的认证过程并积累数据为开发 ASME 规范批准的合金材料做好基础工作。

（4）定义能够影响运行温度为 871℃的超超临界机组设计的因素。

（5）与合金材料生产商、设备制造商和电力公司一起确定成本目标并提高合金材料和生产工艺的商业化程度。

12.2.3 整体煤气化联合循环（IGCC）

整体煤气化联合循环电站系统是一种将煤气化技术、煤气净化技术与高效的联合循环发电技术相结合的先进动力系统，它在获得高循环发电效率的同时，又解决了燃煤污染排放控制的问题，是极具潜力的洁净煤发电技术。

12.2.3.1 IGCC 的基本原理

整体煤气化联合循环的基本形式如图 12-7 所示（独立空分系统）。其实际过程是：向气化炉中喷入煤粉（或水煤浆）、水蒸气和来自空气分离器的富氧气化剂，在高压(2～3MPa) 的条件下产生中低热值的合成粗煤气（CO+H_2）；然后经净化系统将粗煤气中的灰分和含硫杂质（主要是 COS 和 H_2S）除去；净化煤气作为燃料在燃烧室点燃，生成的高温高压燃气进入燃气轮机中膨胀做功，发电并驱动压气机。压气机输出的压缩空气一部分进入燃气轮机燃烧室作为燃烧所需空气，一部分经空气分离器制得富氧气体。燃气轮机的排气进入低循环，在余热锅炉内将给水加热成蒸汽，并送入蒸汽轮机内做功发电。

从总体上说，一套完整的 IGCC 系统应该包括以下 3 大部分：

（1）气化部分，包括气化炉、进料系统、粗煤气显热回收系统和净化系统。

（2）动力部分，包括燃用清洁煤气的燃气蒸汽联合循环发电机组。

（3）空分部分，在需要纯氧做气化剂时的深冻制氧空气分离系统。

从联合循环的形式上来看，IGCC 属于非补燃余热锅炉型联合循环，简单地说，它是利用煤的气化和净化设备，将煤转化为干净的可燃煤气，从而在高效且比较成熟的燃气-蒸汽联合循环中使用，以实现煤的洁净发电。总体上看，IGCC 较好地实现了煤中化学能的洁净转化，并通过联合循环实现了能量的高效梯级利用。

12.2.3.2 典型的 IGCC 示范工程

目前 IGCC 技术正逐步从商业示范阶段走向应用阶段。华能天津 IGCC 是华能"绿色煤电计划"第一阶段的示范工程，是国内第一座、世界第六座大型 IGCC 电站，是我国"国家洁净煤发电示范工程""十一五""863 计划"重大课题依托项目和"基于 IGCC 的

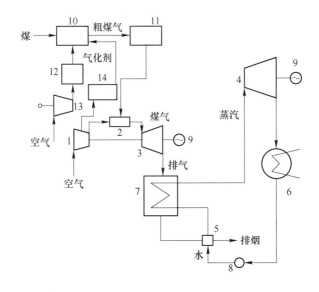

图 12-7　整体煤气化联合循环（IGCC）基本形式

1—压气机；2—燃烧室；3—燃气透平；4—蒸汽轮机；5—给水加热器；6—凝汽器；7—余热锅炉；8—给水泵；
9—发电机；10—气化炉；11—煤气净化装置；12—空气分离器；13—空气压缩机；14—空气分离器

绿色煤电国家 863 计划研究开发基地"。电站装机容量为 265MW，核心装置采用华能自主知识产权的 2000t/a 级两段式干煤粉加压气化炉，工程于 2009 年 9 月 5 日开工建设，2012 年 11 月 6 日投产，其主要系统工艺流程如图 12-8 所示。

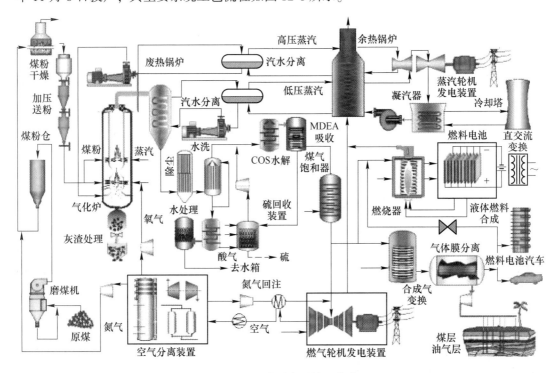

图 12-8　IGCC 多联产系统工艺流程

天津 IGCC（整体煤气化联合循环发电系统）机组主要包括空分、气化、净化及动力岛四个系统，空分产生纯氧用于气化炉燃烧反应，气化炉煤与氧气燃烧反应后产生合成气，合成气经净化脱硫后进入动力岛燃机燃烧发电，燃机排气余热进入余热锅炉，产生的蒸汽推动汽轮机发电。截至 2018 年 9 月 23 日 0 时 18 分，华能天津 IGCC 整套装置连续运行 3918h，打破由日本勿来电站保持的连续运行 3917h 的世界纪录，并继续处于稳定运行状态，成为全世界连续运行时间最长的 IGCC 机组。

天津 IGCC 机组空分主机控制系统为康吉森 TRICON 系统，DCS 控制系统为霍尼韦尔公司 PKS 系统，燃机 TCS 采用西门子 T-3000 系统，汽机 DEH 采用西门子 T-3000 系统，TCS 系统与 DEH 系统各自独立。

总的来说，IGCC 电站具有如下显著特点：

（1）极佳的清洁性。在进行燃烧发电之前先对煤进行洁净转化使得它有极好的环境效益，克服了由于煤的直接燃烧产生的环境污染，其粉尘排放量几乎为零，脱硫率可达 99%，脱氮率可达 90%。同时由于能量转换效率高、燃料消耗量少，其 CO_2 排放量也减少 1/4。这些是目前其他发电技术所不可比拟的。

（2）高效率。且有继续提高效率的潜力，IGCC 电站的高效率主要来自联合循环发电，目前燃用天然气燃气轮机效率已达 58%，而当今商业试验的大型 IGCC 电站效率也已达 43%~46%。可以预见，随着相关技术问题的解决和整体优化的进步，IGCC 电站的净效率具有超过 50% 甚至更高的潜力。

（3）耗水量少。据统计，比常规汽轮机电站少耗水 30%~50%，使之更适用于水源紧缺的地区，特别是煤矿地区建立坑口电站。

（4）能综合利用煤炭资源，组成多联产系统。由于 IGCC 是基于煤气化的发电系统，在生产电的同时，可以根据需要将煤气转化为热、燃料气和化工产品等，既可以实现煤资源的综合利用，也有利于增加收入，平衡过高的初投资。

（5）燃煤后的废物处理量最少，且可综合利用脱硫后生成的单质硫或硫酸加以出售，有利于降低发电成本。灰和微量金属元素熔融冷却后形成珠状渣、固化碱金属等有害物质，不仅大大减缓环境污染，而且可以用作水泥的熟料。

当然，目前之所以仅有为数不多的一些国家在进行 IGCC 电站示范，是因为该技术系统还存在着以下两个显著的问题。

（1）系统复杂，运行难度大。该系统是化工与发电两大行业的综合体，各项技术不仅自身技术水平高，而且互相关联并耦合在一起，对系统优化设计和安全运行管理都提出了很高的要求。

（2）初投资和运行成本高。相关报告显示，IGCC 单位造价为 1400~1700 美元/kW，发电成本为 19~61 美分/(kW·h)，均高于同样容量的带有烟气净化措施的传统煤粉锅炉发电系统。

由此可见，过高的系统整合度和技术要求从某种意义上限制了 IGCC 系统性能的发挥，因此在设计、运行和评价 IGCC 系统的时候，必须从系统的整体性能（发电效率、系统结构、投资等）来衡量各项技术和分系统的影响。

12.2.4 增压流化床燃煤联合循环发电技术（PFBC-CC）

增压流化床锅炉联合循环是将增压流化床燃烧（PFBC）技术与高效的燃气-蒸汽联合循环相结合发展起来的一项洁净煤发电技术。

增压流化床燃煤联合循环的原理：增压流化床联合循环是以一个增压的（1.0~1.6MPa）流化床燃烧室为主体，以蒸汽、燃气联合循环为特征的热力发电技术。增压流化床联合循环的燃烧系统一般是将煤和脱硫剂制成水煤浆，用泵将其注入流化床燃烧室内（另一种方法是用压缩空气将破碎后的煤粒吹入流化床燃烧室内）。压缩空气经床底部的压力风室和布风板吹入炉膛，使燃料流化、燃烧，在流化床燃烧室中部注入二次风使燃料燃尽。床内燃烧温度一般为 850~950℃。炉膛出口的高温高压烟气经除尘后驱动燃气轮机，燃气轮机一方面提供压缩空气的动力，另一方面带动发电机发电。同时锅炉产生的过热蒸汽进入汽轮机，带动发电机发电。其基本系统如图 12-9 所示。

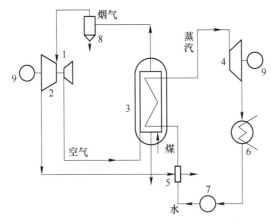

图 12-9　燃煤增压流化床联合循环系统示意图
1—压气机；2—燃气轮机；3—增压锅炉；4—汽轮机；5—给水加热器；
6—凝汽器；7—给水泵；8—烟气净化设备；9—发电机

从联合循环类型上看，燃煤增压流化床锅炉联合循环属于增压锅炉型燃气蒸汽联合循环，其底循环不受燃气轮机初温的限制，可以采用亚临界甚至超临界参数的蒸汽循环系统，从而使系统的发电功率和效率在一定范围内得到提高。虽然前面曾提到，增压锅炉型联合循环在目前已经渐渐被高效的余热锅炉型联合循环所取代，但在以煤为燃料时，由于增压流化床燃烧技术具有一定的优越性，因此 PFBC 仍是有一定竞争力的洁净煤发电技术。与以油或天然气为燃料的增压锅炉型联合循环相比，燃煤增压流化床锅炉具有以下特点：

（1）燃煤烟气的杂质较多，为了保护燃气轮机的叶片，必须在高温条件下对其进行高温除尘，使燃气中含尘量减少到 2×10^{-4} 以下。

（2）在燃煤增压流化床中，为了防止煤层结焦影响流态化，床温一般不超过 900℃，因此其排出的高温烟气温度一般为 830~850℃，远低于燃油或天然气时 1200~1300℃ 左右的燃气轮机入口初温。

为了克服增压流化床燃煤联合循环动力装置中燃气轮机入口温度较低（850~920℃）

的问题，提出了第二代增压循环流化床联合循环发电技术。在这个系统中，主要增加了一个增压气化装置，将原煤分解为煤气和焦炭，焦炭送入增压流化床燃烧锅炉作为原料，经过净化的煤气被送入燃气轮机的前置式燃烧室，与来自增压流化床燃烧锅炉的热烟气混合燃烧，使进入燃气轮机时的燃气初温提高到 1100~1300℃，从而将循环的总体效率提高到 45%~50%。其工艺流程如图 12-10 所示。

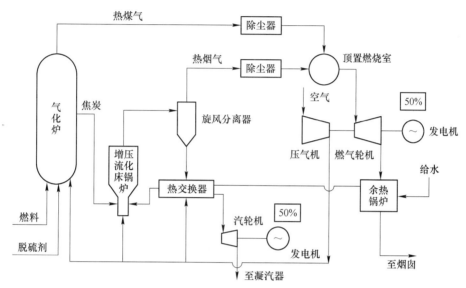

图 12-10　第二代增压流化床锅炉联合循环示意图

12.2.5　整体煤气化-燃料电池联合循环技术

前面所述的各种先进的发电技术，从能量的转换角度来看，都是先将蕴藏在矿石燃料（煤、石油、天然气）中的化学能转变为热能，然后通过动力机械做功转化为机械能，最后经发电装置得到高质量的电能。其中从热能向机械能的转换过程即是热机循环过程，必然会有热力学损失，即不可能超越卡诺循环的效率。

燃料电池是一种电化学装置，简单地说，它是反应物燃料与空气中的氧发生电化学反应而直接获得电能和热能的装置。图 12-11 为燃料电池的反应原理示意图。

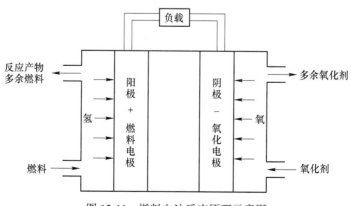

图 12-11　燃料电池反应原理示意图

和普通化学电池在结构上有所类似，燃料电池也是由阳极（又称燃料电极）、阴极（氧化电极）催化氧化剂的还原过程和电解质构成。其中阳极催化燃料的氧化过程，阴极催化氧化剂如氧等的还原过程电池的两个电极通过外接线路提供了电子转移的场所，电解质则构成了电池的内回路。

燃料电池理论上可以实现80%的转化效率，虽然实际运行的燃料电池总的效率在45%~60%之间，如果能充分利用反应过程中的生成热，其综合利用效率仍可接近80%，远远超过常规燃煤电站（40%左右）以及先进的燃气-蒸汽联合循环（50%左右）的发电效率，如图12-12所示。

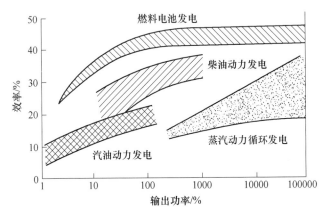

图 12-12 不同形式发电效率的比较

由于燃料电池发电具有高效、无污染的特点，因此可以将其融入先进的燃煤联合循环发电技术中，从而提高系统的发电效率，减少污染排放。这就是整体煤气化-燃料电池联合循环。该循环整合了燃料电池、燃气轮机和蒸汽轮机三种发电方式，充分利用了煤气化、煤气净化、余热锅炉等先进技术，既可提高发电效率，又能解决燃煤发电的污染问题，为洁净煤发电技术引出了一个新的方向。

如图12-13所示为整体煤气化-燃料电池联合循环的系统示意图，其中以清洁煤气为燃料的燃料电池构成了系统的"顶循环"，即煤在高温高压下气化，生成以H_2和CO为主的可燃气体，经净化处理后进入燃料电池的阳极，同时作为氧化剂的空气经压缩后送至燃料电池的阴极，发生燃料电池反应进行发电。燃料电池的高温排气直接或经过燃烧加热后进入燃气轮机，完成"底循环"，即燃气蒸汽联合循环进行发电。预计该系统可将发电效率提高到60%。

在该循环系统中，除燃料电池外，其余均是IGCC系统中已经验证并示范通过的技术，因此该循环实现并投入运行的关键就是与燃料电池相关的技术。目前根据使用的电解质不同，燃料电池主要有以下5种。

（1）碱性燃料电池（AFC）。它是最早开发的并已成功应用在航天领域，其工作温度为60~80℃。由于其造价昂贵且寿命较短，并不适宜用在实际的发电工业中。

（2）磷酸型燃料电池（PAFC）。它是目前最为成熟的商业化燃料电池，已经实现了兆瓦级的发电功率，工作温度为190~210℃，发电效率超过40%~50%。但由于其催化剂铂抗CO腐蚀性差，一般要求燃料中CO含量低于1×10^{-4}，因此不能以煤气化气体为燃料。

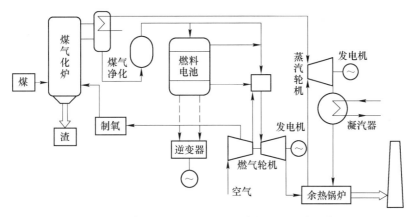

图 12-13　整体煤气化-燃料电池联合循环的系统示意图

（3）熔融碳酸盐燃料电池（MCFC）。其具有电化学转化效率高，不需要贵金属作为电极催化剂，燃料适应性广，可进行 CO_2 捕集降低污染物排放等优点。MCFC 工作温度一般为 500~750℃，高温排气可用于燃气轮机混合发电，具有联合循环发电效率高和电厂结构简单等优点，具有广阔的应用前景，也是最有潜力应用于兆瓦（MW）级分布式发电系统的燃料电池之一。MCFC 到目前已经有约 40 年的发展历史，美国、日本等发达国家在 MCFC 方面进行了大量研究，德国 GenCell 公司开发并示范了 40~125kW 的中等规模的 MCFC 示范电站，美国、欧洲各国、日本也示范了 MW 级的电站。我国在 MCFC 方面的研究还处于初级阶段。MCFC 发电效率可达 60%，且不会受燃料中的含碳物质影响，因此适合应用在整体煤气化-燃料电池联合循环之中。

（4）固体氧化物燃料电池（SOFC）。固体氧化物燃料电池是一种全固态能量转换装置，通过电化学氧化还原反应将燃料化学能直接转化成电能，具有发电效率高、环境友好、燃料适应性广和高温余热可回收等优点。SOFC 发电效率可达 60%。根据工作温度区间的不同，SOFC 大致可以分为高温型（900~1000℃）、中温型（700~850℃）和低温型（400~600℃）。高温工作不仅提高了 SOFC 材料成本，而且带来了其稳定性问题，阻碍了它的实际应用。低温化是 SOFC 发电技术的重要发展趋势。SOFC 工作温度的降低不仅可极大地降低材料及制备成本，更重要的是可极大地提高其长期运行的稳定性。目前，可用于低温 SOFC 的固体电解质材料主要有镓酸镧基电解质、氧化铈基电解质、氧化铋基电解质和质子导体电解质等体系。

（5）质子交换膜燃料电池（PFMFC）。其工作温度在 60~100℃，发电效率可达 40%~50%，其主要特点是启动快、体积小、质量轻。近些年作为汽车等交通工具的移动电源发展迅速，但由于工作温度较低，不适合用在煤气化联合循环之中。质子交换膜是 PEMFC 的关键技术，目前主要使用 Nation 膜。目前，限制 PEMFC 推广应用的关键有：1）制造成本；2）储氧困难。

12.2.6 煤气化湿空气透平循环技术（IGHAT）

整体煤气化湿空气透平（IGHAT-Integrated Gasification Humid Air Turbine Cycle）循环是在湿空气透平循环（HAT-Humid Air Turbine）的基础上设计的 IGCC 的新方案，把新颖

的 HAT 循环和先进的燃煤技术结合起来，是一种高效率、低污染和低比投资费用的燃煤发电技术。

该循环的基本思想是通过增加一套煤气化及粗煤气显热回收及净化系统，使燃气的湿蒸汽透平循环实现燃煤发电，即整体煤气化湿空气透平循环（IGHAT）。这样，就可以实现前面 HAT 循环所具有的提高发电效率，而且较大幅度地降低比投资费用的目的。图 12-14 所示为典型 IGHAT 循环热力系统。

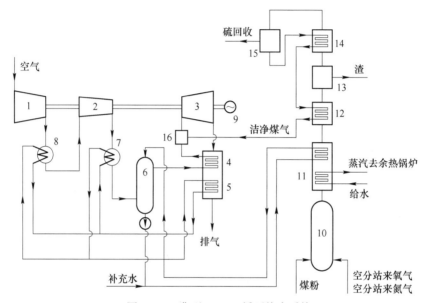

图 12-14　典型 IGHAT 循环热力系统

1—低压压气机；2—高压压气机；3—透平；4—回热器；5—省煤器；6—饱和器；
7—后冷器；8—中冷器；9—发电机；10—气化炉；11—煤气冷却器；12—换热器；
13—洗涤塔；14—低温煤气冷却器；15—脱硫设备；16—燃烧室

IGHAT 的优点在于：

（1）具有最大可能的供电效率。由于 IGHAT 系统中能充分利用煤的气化系统（包括气化炉、热煤气的显热利用系统以及粗煤气的除灰脱硫系统），使用全热能回收式的 Texaco 气化炉、Shell 气化炉或 Prenflo 气化炉，则其显热所具有的能量大约等于原煤低位发热量的 15%~20%，为充分利用热煤气的显热，可在热煤气显热利用系统中产生一部分过热蒸汽，利用空气间冷器以及回热器后燃气的低品位热能来预热进入饱和器中的热水，在具备了 HAT 循环高效率的同时又能保证在蒸汽轮机中多发一定数量的机械功，可以使供电效率得到最大可能地提高。

（2）大大降低投资费。研究表明，如果在煤气化系统中，使用高效激冷式 Texaco 气化炉或用液态排渣 BGL 气化炉产生的热煤气，其显热所具有的能量大约等于原煤低位发热量的 10% 左右，这部分能量可以完全被利用来加热进入饱和器的净化水，从而省去蒸汽轮机及其系统，而仅使用湿空气透平来完成做功，从而大大降低投资费。

（3）降低 NO_x 排放。随着燃料湿化程度的提高，NO_x 排放量也可大大降低。

整体煤气化湿空气透平联合循环技术（IGHAT）结合了先进煤气化技术和高效的湿空气透平循环的优点，是一种高效率、低污染和低比投资的煤炭利用节能发电系统，但

IGHAT 同时具有系统复杂、耦合程度大、相互影响多、控制复杂等特点，因此，目前国内外对 IGHAT 循环的研究还处于研究阶段。

12.2.7　煤基近零排放多联产技术

煤基多联产系统（见图 12-15）通过系统内物质和能量的交换，解决燃料和电独立生产时效率低、产品制造成本高的问题，在系统内部控制污染，大大降低各种污染物排放，具有高效、洁净、经济、灵活等特点，它集中体现能源的洁净利用与煤炭下游能源产品的多样化，在经济上达到充分的弹性结构，具有非常强劲的市场竞争力，是实现煤基洁净能源与化石优质能源竞争的重要途径，可以弥补正在开发的煤炭发电和利用单项新技术［超超临界燃煤发电、增压流化床燃烧、煤液化、整体煤气化联合循环（IGCC）、先进燃气轮机和燃料电池、天然气制液体燃料等］难以同时满足效率、成本和环境等多方面要求的不足。与常规燃煤发电和煤基化工相比，煤基多联产技术是一种跨越式发展，并且与氢能利用、削减 CO_2 排放的长远可持续发展目标相容。随着国民经济的发展和对环境保护的加强，以煤为原料的电、燃料及其他化学品的多联产技术必将是 21 世纪洁净煤技术的最重要发展方向。

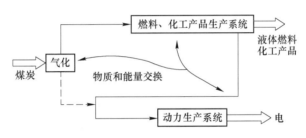

图 12-15　煤基多联产系统示意图

美国能源部 1999 年已开始实施的 21 世纪前景发展计划（VISION 21），强调多种先进技术的集成，大力推进煤炭的高效洁净综合利用技术，以期最终实现近零排放的煤炭利用系统（见图 12-16）。

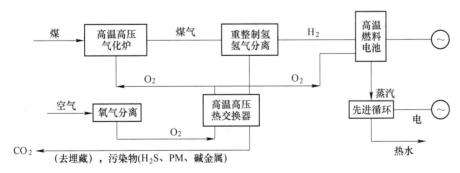

图 12-16　21 世纪前景发展计划（VISION 21）能源系统示意图

在 VISICON 21 中，统将多种先进的煤炭清洁高效利用技术优化集成，以期实现零排放。该系统以煤气化为基础，SO_2、NO_x、颗粒物、微量元素、有机物等可以以经济的方式较完全的去除，粗煤气经变换重整和分离制氢技术将 H_2 和 CO_2 分离出来，H_2 先通过燃料电池预热发电，再进行燃气-蒸汽联合循环，总发电效率可达 60%，CO_2 通过捕集回收可制取工业品或埋藏。

　　VISION 21 计划所提供的仅仅是一个概念或是系统的构思，并未限制未来燃煤电站的具体形式，在相关技术发展完备时，可以根据当时、当地的实际情况，优化设计出不同的电站形式，如图 12-17 所示为一系统工艺的构想图。

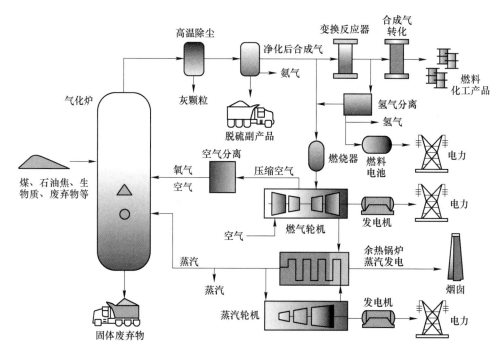

图 12-17　VISION 21 可实现系统构想图

　　在欧洲，荷兰的 Shell 公司也提出 Syn-gas Park（合成气工业园）多联产系统，如图 12-18 所示，该系统以煤或石油、渣油气化为核心，产生 CO 和 H_2 为主要成分的合成气，利用污染物控制技术在过程中脱除粉尘、NO_x、SO_2 等污染物。将生成的合成气一部分生产城市煤气，一部分进行一步法甲醇联产电力，一部分通过转化后进行合成氨等化工品的生产，同时供应联产工厂所需要的热和气，并且还可灵活调整化学品和供电的比例，弹性大，保证整体效率的最优化。

　　目前，我国也已经有许多研究机构和企业开展基于完全气化技术的多联产系统的开发与应用。上海焦化总厂于 1991 年开工建设，并于 1998 年完成一期工程，竣工验收的煤气、化工产品、热电多联供工程可以看作是煤的多联产技术的一次初步尝试。中科院工程热物理研究所提出了煤基化工与动力相结合的多联产系统-IGCC 多联产系统，并与兖州矿务局合作建成以兖州煤为原料的我国第一座具有自主知识产权的 76MW 级 IGCC 发电、24万吨级甲醇/年、醋酸产量为 20 万吨/年、硫黄为 2 万吨/年的多联产示范工程，其工艺流程如图 12-19 所示。

　　2005 年，中国工程院院士谢克昌在"973"项目"煤的热解、气化和高温净化过程的基础性研究"和"以煤洁净焦化为源头的多联产工业园构思"的基础上，提出了"气化

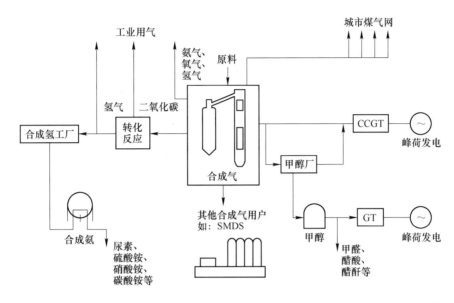

图 12-18 Shell 合成气工业园系统示意图

CCGT—闭合循环燃气轮机；GT—燃气轮机

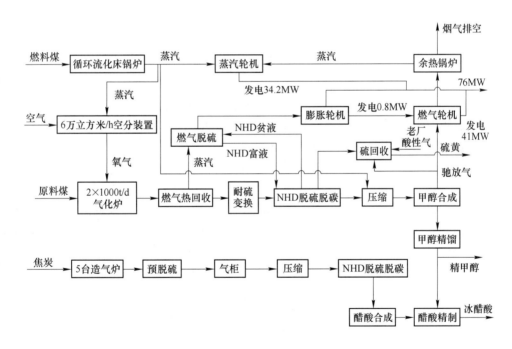

图 12-19 兖矿集团的多联产工艺系统

煤气和热解煤气共制合成气的多联产新模式"（简称"双头气"多联产），总体框架如图 12-20 所示。

"双头气"多联产系统将气化煤气富碳和焦炉煤气（热解煤气）富氢的特点相结合，首次提出将气化煤气与焦炉煤气进行重整，进一步提高气体中的合成气（H_2、CO）的有

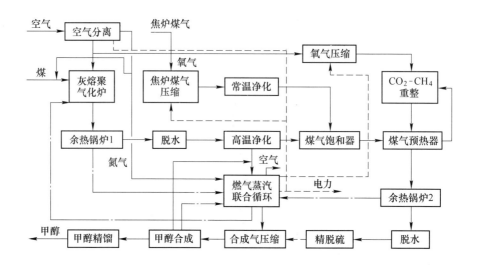

图 12-20　双头气多联产系统

效含量，并通过催化一体化实现醇醚燃料与电力的联产。该系统以我国传统煤化工的发展现状为出发点，充分考虑了我国焦化行业的现状，旨在开发一条焦炉气综合利用的新技术途径。

双头气多联产技术有四大创新点，即灰融聚流化床气化技术、高温碳体系催化 CH_4/CO_2 重整技术、浆态床一步法二甲醚催化剂制备技术和无相变工艺匹配脱硫净化技术。经过前期对系统的理论研究和技术攻关，2009 年 8 月 11 日，双头气多联产洁净煤示范项目在山西忻州禹王煤化工循环经济园区奠基。该项目以醇醚燃料和电力为最终产品，设计能力 1000t/a 醇醚燃料，总投资 2863 万元。

2014 年，清华大学金涌院士根据各个国家提出的煤基多联产工艺，结合煤炭清洁利用技术，对现有并且较成熟的工艺进行集成，提出了煤炭热力学高效和化学高价值利用的新工艺（Thermo-Chemical Comprehensive Utilization of Coal，TCCUC），该工艺包括"煤炭拔头技术-半焦富氧直燃制备高温燃气轮机工质系统-燃气发电-蒸汽发电系统-CO$_2$捕集技术-干馏拔头气体产物提质处理技术"，共 6 个技术模块，如图 12-21 所示。

经过干燥、磨细后的原料煤经过模块Ⅰ，进行低温干馏拔头处理得到半焦、焦炉煤气以及苯、萘、焦油等产品；固体半焦进入模块Ⅱ，在加压富氧的条件下充分燃烧，生成含尘和少量 SO_2 的高温高压气体，经过预除尘和钙剂脱硫剂高温脱硫，进入高温过滤除尘装置除去细小的粉尘，得到符合燃气轮机要求的纯净燃气；高温高压的洁净燃气进入模块Ⅲ和模块Ⅳ进行燃气-蒸汽联合循环发电；从模块Ⅲ蒸汽锅炉出来的烟气进入模块Ⅳ，对二氧化碳进行捕集；从模块Ⅰ出来的焦油、焦炉煤气、苯、萘等产品进入模块Ⅵ去生产高附加值的化学品。TCCUC 系统是对成熟技术的集成和创新，其中大多数工艺模块已有工业规模，但仍需要开展半焦加压直燃技术，耐超高温、耐强腐蚀的过滤技术，高温脱硫、脱硝脱碱金属技术和整体工艺的能量利用的优化等研究工作。

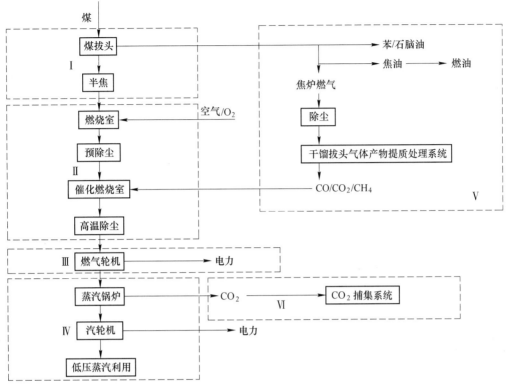

图 12-21 TCCUC 多联产系统概念图

13 ‖ 煤 基 材 料

　　煤炭作为一种不可再生资源，长期以来主要作为能源直接用于燃烧，不仅转化利用率低，而且造成严重的环境污染，为了使煤炭成为洁净、高效和便于使用的能源和原料，煤炭材料化应是重要研究方向。

　　煤炭有机大分子由许多结构相似但又不相同的结构单元组成，结构单元的核心是缩合程度不同的芳香烃及一些脂环、杂环，结构单元之间由氧桥及亚甲基桥联接，他们还带有侧链烷基、羟基、羧基、甲氧基等基团，大分子在三维空间交联成网络状结构，一些小分子以氢键或范德华力与其相连。从高分子材料科学角度看，煤炭自身就是由许多种大分子交联网络聚合物与无机矿物质组成的天然共混物，是人们难以用合成方法制得的有机高分子烃源，这就决定了在开发独特性能新材料方面煤炭具有很大的潜在优势。

13.1　煤基炭质吸附材料

　　吸附与人们的生产、生活密切相关。在两千多年前我国劳动人民已采用木炭来吸湿和除臭；近几十年来，利用各种吸附材料的强吸附能力和良好的选择性，将结构类似、物化性质接近的物质分开的吸附分离技术在石油、化工、冶金、食品和医药等行业中已得到广泛的应用，在保护环境、控制污染方面也发挥着越来越重要的作用。

　　常用的吸附材料（吸附剂）有活性白土、硅藻土、硅胶、活性氧化铝、天然或合成的沸石分子筛、脂类吸附剂、活性炭和炭分子筛等。其中活性炭和炭分子筛属于炭质吸附材料，可以由煤和植物等含碳物质制备。以煤为原料制备的炭质吸附材料称为煤基炭质吸附材料（或煤基炭质吸附剂）。与其他吸附剂（如沸石、硅胶、树脂等）相比，炭质吸附材料除具有高度发达的孔隙结构和巨大的内表面积外，还具有稳定的物理、化学性质和催化性能，可以在较高温度以及在 pH 值范围很广的溶液和多种溶剂中使用，广泛用于生活用水和废水的净化处理，用于油脂、食品、医药等领域的脱色、脱味；用于空气净化，溶剂回收，煤气及烟道气脱硫、脱氮等气相吸附领域，用作催化剂及催化剂载体等。

　　煤是很重要的炭质吸附剂原料之一。全球煤基活性炭产量约 80wt/a，占全球活性炭总量的 2/3。其中泥炭、褐煤、烟煤和无烟煤等原料，主要用于生产液相吸附炭；气相吸附用活性炭可用烟煤和无烟煤为原料，也可以泥炭和木材为原料。我国煤炭储量大，品种多，有丰富的生产炭质吸附剂的原料，我国煤基活性炭总产量约 60wt/a，随着我国环保力度的不断加强，煤基炭质吸附材料的生产和需求仍会高速增长。

13.1.2　炭质吸附材料概述

　　炭质吸附材料能够通过对各种含碳材料如木材、煤、泥炭及树脂等进行炭化、活化处理而制成，随着原料和制造方法的不同，产品炭的性能会有很大的差别。通常，活性炭的制备方法可以分为气体活化法和化学活化法两种。

13.1.2.1　气体活化法

活性炭制备过程中两个非常重要的步骤就是炭化和活化。

炭化是产生孔隙的过程，在惰性气氛中，原料经过热分解放出挥发分而变成炭化产物。炭化过程中大部分非碳元素——氢和氧因原料的高温分解而以气体形式被排出，剩余的碳原子则组合成碳的基本微晶结构。微晶的相互排列是不规则的，微晶之间留有空隙；但由于焦油物质的析出和分解，这些空隙就被无定形碳充填或封闭。所以，这样获得的炭化产物只有很小的吸附能力。

具有发达的孔隙结构和内表面积的活性炭是通过将上述炭化产物用水蒸气、CO_2 等在 $700 \sim 1000℃$ 下进一步活化而制得的。活化过程中，氧化性气体与碳之间进行气化反应，首先使炭化物孔隙中充填的焦油分解产物和无定形碳烧失（烧失率小于10%），使封闭孔隙打开，并形成新孔隙。当无定形碳被烧掉，炭表面被清理之后，微晶表面暴露出来，然后氧化性气体再与微晶的边角价键不饱和的点或者有杂原子存在的点（这些点较为活泼，即所谓的"活性点"）发生反应。这样，活化反应在不同的方向上以不同的速度进行。微晶的这种不断的不均匀的烧失导致新的孔隙不断形成，原有孔隙扩大，最终形成具有大孔、中孔和微孔的孔隙结构。采用的上述氧化性气体活化的方法，称为气体活化法。

13.1.2.2　化学活化法

化学活化法也称为药品活化法，是指在原料中添加限制形成焦油的物质（如氯化锌、磷酸等）以后，再将含碳原料进行炭化的方法。

煤的化学活化主要指采用强碱及其盐作为化学药剂，进行炭化和（或）活化的方法。例如，Durie 和 Schafer 将褐煤和 KOH 溶液混捏，然后挤条、干燥和活化，在 KOH 和干燥煤的质量比为 0.4 时，可得到碘值为 1265mg/g 的活性炭；用煤焦油制备的中孔炭微珠与 KOH 以 5∶1 混合，然后在 900℃ 下炭化 30min 就可得到比表面积为 3080m²/g 的活性炭。我国台湾省研究者以烟煤为原料，采用 $ZnCl_2$、H_3PO_4 和 KOH 三种化学药剂化学活化法制备活性炭。热重分析显示，这三种药剂都能抑制炭化过程中焦油类物质的析出。由于炭的氧化和气化机理不同，采用 KOH 比采用 $ZnCl_2$、H_3PO_4 活化法制得的活性炭的产率低。在每一种活化法的活化过程中，活性炭的孔隙随炭化温度的增加都达到最大值，然后随炭化温度的继续升高而降低。用 $ZnCl_2$、H_3PO_4、KOH 活化所得的最大比表面积分别为 960m²/g、770m²/g 和 3300m²/g。$ZnCl_2$、H_3PO_4 是酸性物质，不适合浸渍烟煤制备高孔隙活性炭，而用碱如 KOH 可制备具有高孔隙率的活性炭。

13.1.2.3　炭分子筛的制备

炭分子筛可以在惰性气氛中，将原料在适当的条件下进行热分解、炭化而得到；也可以通过对炭化料进行轻度活化处理，使炭化产物所具有的一次性孔隙进一步生成与扩大而得到。其原理与制备活性炭的原理相同，只是控制条件不同。但炭分子筛的制备方法还包括一个非常重要的步骤就是孔隙的调制。

进行孔隙调制的前驱物可以是炭化料，也可以是活化料。孔隙调制的方法可分为热收缩法、沉积法等。热收缩法是把活性炭在惰性气体中通过 1200~1800℃ 的高温进行热处理，使孔隙缩小的方法。这种方法的缺点是导致比孔容积减小，并需要高温，能耗大且设备要求高。沉积法又可分为液相碳沉积法和气相碳沉积法。液相碳沉积法又叫涂层法、被覆法，是将炭化物或活化产物在浸渍或者吸附了各种树脂及沥青等有机物质以后进行热处理，使热分解过程中生成的碳析出并覆盖在孔壁上以缩小孔径的处理方法。气相碳沉积法是将炭化物或活化产物在碳氢化合物蒸气与惰性气体的氛围中进行热处理时，把碳氢化合物热分解所形成的碳元素沉积到孔壁上的方法。

13.1.3 煤基炭质吸附材料的应用

炭质吸附材料是众所周知的吸附剂，它的历史可追溯到公元前 1550 年古埃及将各种炭作药用的记载，那时主要使用木炭。在 13 世纪，炭材料已用于糖溶液的净化。但是，认识炭质吸附剂具有吸附性并积极加以利用是从 1773 年谢勒（Scheel）发现木炭吸附气体的能力，洛维茨（lowitz）注意到木炭能从液体中脱除颜色的能力后开始的。

随着木炭应用领域的扩大，人们开始寻找更好的炭质材料，到 1909 年，欧洲最先开始制造粉状活性炭，此后，逐渐扩大了炭质吸附材料在食品工业和化学工业中的液相精制领域的应用范围。随后炭又被用来除去饮用水中的臭气和不愉快气味。炭质吸附材料在气相方面的应用是从第一次世界大战开始的，当时主要是将活性炭用于防毒面具来吸附和分解有毒气体。到 19 世纪 70 年代早期，国外对环境保护的要求逐步提高，并颁布了环境保护法规。这样，和水污染控制一样，炭质吸附材料在传统的工业应用领域用来净化空气受到重视。目前，炭质吸附材料已广泛应用于溶剂回收、空气净化、空气分离、气体的储存、烟气脱硫脱硝、二噁英类化合物的去除及半导体制造过程中有害气体吸附等气相吸附净化领域。

13.1.3.1 活性炭在水处理中的应用

随着工业化进程加速发展，饮用水水源日渐受到污染，造成水质难以处理，由此导致水中产生不愉快的气味和臭味；水质不断下降，水处理用氯量有所增加，又引起氯消毒副产物的问题。自来水用活性炭处理能去除水中的有机杂质和各种臭味，还可去除由于氯气或漂白粉处理水时产生的对人体有害的含氯碳氢化合物。

活性炭用于废水处理时，经常是在低浓度难以处理的有害污染物的处理中发挥作用。废水经物理、化学方法一级处理、生化曝气二级处理后，剩下的都是浓度极低、难以降解的有机物，再用活性炭进行三级处理，最终使废水达到排放标准。活性炭能有效去除水中的油、酚、汞氰、DDT、有机氯代烃等类物质，对一些重金属如汞、铅、镍、铬、锑、锡、锌、钴也有较强的吸附能力。

13.1.3.2 活性炭在食品工业的应用

活性炭在食品工业的应用已有很长时间的历史，最早活性炭是用于蔗糖精制脱色，以后又逐渐用于淀粉糖工业、酿造业、食用油工业及食品添加剂等工业部门。在食品工业中，一般活性炭主要用于直接精制含有产品或产品前一阶段成分的液体。例如，在酸剂工业，活性炭主要用于马来酸在转化成富马酸之前的脱色、己二酸在结晶之前的脱色。

13.1.3.3 活性炭在医药、医学及农业上的应用

近年来，随着医药工业的发展，以及人们对活性炭认识的增加和活性炭制备技术的进步，可以通过活性炭吸附细菌毒素处理消化系统的疾病和在透析设备上为那些肾功能失效和中毒的患者净化血液等。在抗菌素类药品、磺胺类药品、生物碱以及激素的生产中，要用活性炭脱色以提高药品的纯度，改善药品的稳定性，减少和消除副作用，如用氯化钠处理粗磺胺喹噁啉，二者之比为 1:0.26，然后活化，用活性炭粉脱色，加热至沸腾，分离出纯磺胺喹噁啉，可得到高收率的医药级磺胺喹噁啉。

在农业上，活性炭用来吸附一定量的乙烯，吸附土壤中的毒素和有害物质，控制土壤水分，消除某些农药对农作物的毒害。文献报道活性炭用于农业育苗过程中使用的组织培养基上，涉及的育苗种类有胡萝卜、李子、香蕉、番石榴、覆盆子等 22 种植物。不论是种子还是细胞，合适的生长培养基是育苗成功的关键。作为培养基的补充，活性炭具有重要作用。另外，在直接和土壤混合育苗上，活性炭也可促进种子提早发芽，提高发芽率；活性炭还能促进植物根部的发育和生长，医治植物根部的溃烂和创伤。

在农药的处理方面，活性炭是毒性百草枯和杀草死的紧急处理的著名吸附剂。研究发现，不同活性炭颗粒对百草枯和杀草死的吸附量没有影响，对百草枯的平衡吸附量大于对杀草死的平衡破坏吸附量。

13.1.3.4 煤基炭素材料在气相吸附领域的应用

煤基炭素材料在气相吸附领域应用时一般采用成型或无定形的粒状活性炭，以减少设备内的流体阻力。气相吸附用的装置有固定床、移动床和流化床。

活性炭在气相中的应用是从第一次世界大战开始的，主要是用于防毒面具上，通过用各种金属盐类浸渍活性炭来分解有毒气体。以后活性炭又逐渐用于各种工业的气相吸附剂，比如从工业废气中除去对人类身体和环境有害的物质；从工业气体中回收有价值的组分，分离气体混合物，净化气体。以煤、石油、天然气为原料制成的工业原料气中经常含有一些诸如硫化氢、二硫化碳、各种硫醇等硫化物杂质。活性炭在常温下具有加速硫化氢氧化为硫的催化作用，并且可以直接吸附二硫化碳、硫醇。在橡胶、合成树脂制造及油漆喷涂作业等环境中，使用的溶剂大量挥发，会污染环境，危害健康，引发火灾和爆炸事故。应用活性炭，可对低浓度的有机溶剂进行有效地吸收，使净化后的气体达到安全排放标准。活性炭能吸附回收的溶剂气体包括甲苯、二甲苯、甲醇、乙醇、异丙醇、乙醚、甲乙酮、丙酮、乙酸乙酯、氯乙烯、汽油等。二氧化硫是燃煤装置排放烟气中的主要污染物之一，针对烟气流量大、二氧化硫浓度低的难题，应用活性炭可以有效吸附脱除烟气中的二氧化硫，不仅可防止污染，而且回收了硫。原子能设施产生的放射性气体与一般的化学工业产生的有害气体相比具有浓度小而捕集或去除效率要求高的特点。活性炭不仅可以吸附除去核裂变的气态废弃物，而且由于活性炭可起到滞留床的作用，给放射性气体一定的停留时间，通过衰变使放射性减弱，控制了污染。

13.1.3.5 煤基炭质吸附材料在催化领域的应用

催化剂具有催化活性作用的主要原因是因为其本身的物质结构中含有活性中心。这些

活性中心大多是晶体的缺陷。活性炭是石墨碳和无定形碳的混合物，含有大量的不饱和键，特别是沿着六角形网状结晶格子边缘的原子更是如此，存在着类似结晶缺陷的结构。此外，活性炭中石墨层本身由于 π 电子结构的存在，以及活性炭的表面化合物，尤其是含有一些无机物质成分，都会使活性炭显示出催化活性。

活性炭作为催化剂，在加成卤化反应、卤化置换反应、脱氯化氢反应、氧化反应、醇的脱水反应、裂解、异构化、酯化、氢解等反应中已得到广泛应用。例如，在用一氧化碳和氯气合成光气（$O=CCl_2$）的加成卤化反应中，活性炭的加入使反应速度加快，收率提高。三聚氯氰是生产农药、染料、医药中间体等的主要原料，在除草剂和增白剂生产时用量也很大。用活性炭作催化剂，可以把原来的液相聚合催化工艺改为气相催化聚合工艺，结果转化率提高 300 倍，总收率超过 90%，产品质量也得到大幅度提高。

活性炭在工业上已广泛地被用作催化剂的载体。通过把活性炭在含催化剂的溶液中浸渍的方法可把催化剂负载在活性炭上。在用作催化剂载体时，活性炭不仅限于起到载体作用，它所具有的大比表面积、孔隙结构特性以及表面化学性质均会对催化剂的活性、选择性、使用寿命等产生影响。有时活性炭作为载体是不能用其他任何多孔材料所替代的。例如，活性炭作催化剂载体在合成醋酸乙烯酯单体生产维尼纶时得到大量使用。此外，在加氢、脱氢、芳构化、环化、异构化、脱卤化、水合、聚合等反应中的应用也非常广泛。

13.2 煤基电极材料

13.2.1 煤基电极材料概述

碳在自然界中分布很广，是地球上形成化合物最多的元素之一。自然界中单质碳主要以结晶形态存在，有三种同素异构体，即金刚石、石墨和炔炭，但数量有限。自然界中无烟煤是最接近纯碳的物质，含碳量在 90% 左右。煤是一种大量存在并被广泛开采的无定形碳，随着煤化作用的加深，依次形成泥煤、中等煤化度的褐煤、烟煤和发热量高的无烟煤。煤经过一定工艺加工处理后，可以获得炭素制品，具有许多特殊性质，是一种重要的非金属材料，尤其是作为电极材料有着广阔用途。

煤基电极材料的制备原材料包括用作骨料的固体原料和用作黏结剂的液体原料。固体原料包括沥青焦、石油焦、冶金焦、无烟煤和天然石墨等，液体原料则有煤沥青和煤焦油等。

13.2.2 煤基电极材料的应用

冶炼特殊钢、铁合金、铝、镁及其他有色和黑色金属的电炉与电解槽的工作空间，都用炭电极和人造石墨电极作为电流导体，因为在高温熔炼条件下，不能使用金属导体。在工业上广泛采用人造石墨炭素制品来代替合金钢、铝、铜以及巴比合金等金属，其品种有：坩埚、轴套、加热器、密封圈、板材、管材、铸模、热交换器及其他制品。按物理机械性能，电极厂的产品可分为两类：炭素电极及其他压制炭素制品；人造石墨电极及人造石墨异形制品。

炭素电极、炭板及炭块制品是用无烟煤、冶金焦和石油焦制成，使用煤焦油沥青做黏合剂。电弧炉用人造石墨电极是用人造石墨坯料加工成的异形制品，用低灰分石油焦和煤焦油沥青制成。

13.2.2.1　加热用电极

加热用电极主要用于电弧炼钢炉、矿热电炉和电阻炉等。

石墨电极主要用于电炉炼钢。电炉炼钢是利用石墨电极向炉内导入电流，强大的电流在电极下端通过气体产生电弧放电，利用电弧产生的热量来进行冶炼。根据电炉容量的大小，配用不同直径的石墨电极。为使电极连续使用，电极之间靠电极螺纹接头进行连接。我国电炉钢产量约占全国粗钢产量的 18%~25%，炼钢用石墨电极约占石墨电极总用量的 70%~80%。目前，国内每吨电炉钢的石墨电极单耗为 6~8kg，而国外则为 3.5~5kg。

炭电极和电极糊主要用于矿热电炉。矿热电炉主要用于生产铁合金、纯硅、黄磷、刚玉、冰铜和电石等，其特点是导电电极的下部埋在炉料中，因此除电极和炉料之间的电弧产生热量外，电流通过炉料时炉料的电阻也产生热量。炭电极（代号 TD）是以无烟煤和冶金焦为原料，或者是以石油焦和沥青焦为原料，经过焙烧加工成导电材料使用，不必经过石墨化热处理。炭电极的电阻率比石墨电极大 3~4 倍，导热性和抗氧化能力都不如石墨电极，但在常温下的抗压强度要比石墨电极大。炭电极无须石墨化，所以生产成本低，但使用时通过的电流密度要比石墨电极低得多，同样容量的电弧炉采用炭电极时其直径要比石墨电极大。电极糊是生产电石、铁合金的重要消耗性导电材料，是一种"自焙电极"，根据配方不同又可分为两类：标准和非标准电极糊（代号 THD）和密闭糊（代号 THM）。标准电极糊主要采用中温沥青为黏结剂；非标准电极糊的干料颗粒组成与标准电极糊相同，但为了适当提高电极糊的烧结速度，在中温沥青中加入少量煤焦油作黏结剂；密闭糊以无烟煤为主要原料，为了提高电极糊的烧结性能，需加入少量的石墨碎和石油焦，并采用低软化点的黏结剂。

炭电阻棒主要用于电阻炉。炭电阻棒（又称炭素格子砖，代号 TDZ）以沥青焦为原料，是将成型后的生制品在 1000℃ 左右的温度下焙烧而成。它主要用于竖式电阻炉生产氯化镁时作发热体和填充材料，炭电阻棒具有较高的抗碎强度，耐高温、耐腐蚀等特性，且具有适中的电阻值。

此外，大量的石墨电极毛坯还用于加工成各种坩埚、石墨舟皿、热压铸模和真空电炉发热体等异形产品。如在石英玻璃行业，每生产 1t 电熔管需用石墨电极坯料 10t，每生产 1t 石英砖消耗电极坯料 100kg。

13.2.2.2　电化学用电极

炭和石墨是电化学工业中应用最广泛的非金属电极材料。其应用可追溯到 19 世纪中叶，首先用于 Volta 电池及 Leclanche 电池。1896 年 Acheson 研制人造石墨成功，具有重大意义。人造石墨首先被用于氯碱工业。

炭和石墨在电化学中的应用，主要优点有导电及导热性能好，耐蚀性好，易加工成各种形态（板块、粉末、纤维）及不同形状的电极，价廉，易得；缺点则为抗碎强度低、易磨损，在一定条件下被氧化损耗。基于上述特点，炭和石墨在电化学工业中既可作为阳极和阴极材料，又可作为电催化剂载体、电极导电组分或骨架、集流体。电极的工作介质则包括水溶液和熔融盐。这类电极可用于工业电解和化学电源的多种电化学反应器中，见表13-1。

表 13-1　炭和石墨在电化学工业的应用

生产过程或反应器	应　用
氯碱工业	阳极
有机电合成	阳极、阴极
水电解	阳极、阴极、电催化剂载体
无机电合成	阳极、阴极
水处理	固定床或流化床电极
铝电解	阳极、电解槽内衬
熔盐电解（Mg、Na）	阳极
低温燃料电池	电催化剂载体、电催化剂、双极性电极隔板
锂非水电池	阴极的导电骨架
金属空气电池	空气电极
流体电池	阳极、阴极、电催化剂载体、集流体、双极性隔板

13.2.2.3　电工制品

A　电刷

电炭产品以电刷为主，电刷是电机中转动与固定部分导入或导出电流的中间物，制造电刷最理想的材料是石墨，因为它具有很好的润滑性和导电性，而且化学性质极稳定。电刷按原料组成和生产工艺不同可分为石墨刷、炭石墨刷、金属石墨刷和电化石墨刷。炭石墨刷的性能和用途见表 13-2。

表 13-2　炭石墨刷的成分和用途

组名	主要用途	原材料及制作过程	应用范围
中等	最通用的电机用	石墨粉及炭质物（炭黑、焦炭）加黏合剂（煤焦油、沥青）混合，压型，烧结温度 1000℃ 以上	容量较小的直流发电机，较小或中等容量的在间歇工作条件下运转的直流电动机
硬度			
较高	在困难条件下工作的电机用（受污秽的、受机械展动的、受冲击负荷的和有火花现象的）		电车用直流电动机及其他受冲击负荷的电动机，交流整流子电动机，整流子遭受污秽和发黑的电机，小型电机
硬度			

B　电接点用炭-石墨制品

在完善的电气设备和仪器中广泛使用着各种连接的接触点，滑动接触点特别是断开接触点工作时，由于与电路的断开部分相连接，在电路被断开的瞬间，两相接触的表面发生放电，由于熔融、汽化、电离及打击摩擦等物理作用和氧化等化学作用会破坏接触点的材料，使得很多纯金属、通过压型和烧结的金属混合物或合金都不能满足要求。只有炭有着极高的熔化温度（约 3900℃），此时它直接由固体变为气体，不氧化，并具有极低的磨擦系数，具有作为接触点的全部必要性能，用炭或金属-炭素混合物制备的接触点获得成功。按照制造的原材料区分，接触点有三种：（1）炭素接触点；（2）银-石墨接触点；（3）金属-石墨接触点。

C 发光炭棒

电影放映机用发光炭棒分为三种：特效 K——交流电影放映机用；KC——交、直流电影放映机用，还用于电影射影的照明弧光灯及探照灯；特 K——直流电影放映机用，也可用于录波器的弧光灯、显微镜或需要使用极大亮度光束的其他仪器中。

特效 K 和 KC 制造工艺过程和配方相同。第一阶段配方（人造炭块）：原油焦炭（末燃烧）63%，炭黑 15%，蒸馏过的煤焦油 22%。第二阶段配方：第一阶段人造炭块粉末 24%，煅烧过的石油焦炭 24%，炭黑 24%，蒸馏过的煤焦油 28%。而特 K 炭棒是经一个步骤制成的，配方为：煅烧过的石油焦炭 24%，炭黑 24%，蒸馏过的煤焦油 28%，特 K 炭棒废品 24%。

13.2.2.4 电信工程用炭石墨制品

微音器是电信工程常用的炭石墨制品。微音器用炭粒是用品质高、灰分低的无烟煤经特殊处理而成的，粒子黑色发亮，形状不规则，没有其他物质混合。微音器用炭素膜片是用纯炭材料的细粉加煤焦油结合剂，用压型、烧结与机械加工的方法制成。膜片的表面应该平滑、清洁，没有砂眼、裂纹及外来杂物的斑痕。微音器用炭素电极杯（座）是用纯炭素材料加煤焦油结合剂制成的，它的表面平滑、清净，没有砂眼、裂纹及其他杂物，其工作面（与炭粉接触处）不得有任何伤损，最好是经过磨光。

为了确保电话设备的安全，还经常用电话保安器，其中就有一种用炭块做成的炭素型避雷器。单极炭素型避雷器主要用在电话设备上，由两块炭块组成，中间隔一层云母。它实际上是一种电容器，击穿电压是 350～550V。另外还有一种表面皱褶的炭块，用于电报设备中。

13.2.2.5 煤基电极材料

小型电气设备，例如小容量的、电压随负荷而变的交流发电机或转数变动大的直流发电机，常需要自动调整电压的装置，这种自动电压调整器中经常使用由多层薄炭圈组成的炭柱。组成炭柱的炭圈还可以用在各种电路中的简单炭质变阻器内。

现代技术中广泛采用干电池作为电源。干电池的阳极都使用矩形截面的炭板或圆形截面的炭棒。要求它具有均一的平滑表面，不能有夹杂物的斑痕以及砂眼和裂缝。

此外，还有炭石墨电阻和发热材料、水银整流器和大型电子管用石墨制品、电加工用石墨电极及用金属粉末和石墨制成的自润滑（抗磨的）轴承等，都已广泛地使用于许多工业部门。

14 │ 煤系共伴生资源综合利用

我国煤系中共生伴生矿资源丰富，种类繁多，品质优良，分布广泛。含煤岩系中除主要矿产煤以外，还有高岭土（岩）、耐火黏土、铝土矿、膨润土、硅藻土、石墨、硫铁矿、油页岩、石膏、沉积石英岩、赤铁矿、菱铁矿、褐铁矿等多种矿产。很多煤共伴生矿种是国家的优势矿产，开发利用好这些资源对国家经济发展具有重要意义。

14.1 煤系高岭土

14.1.1 煤系高岭土综述

中国是世界煤炭资源大国，各时代煤系中蕴藏有大量可供开采、综合利用的共伴生矿物资源存在，其中最常见、分布最广的就是煤系高岭土，高岭石资源探明储量为31亿吨，其中煤系高岭土16.7亿吨。在众多煤系地层中，又以晚古生代石炭—二叠纪煤系地层中的高岭土分布最广、厚度最大、层位多、质量好、储量可观，开发应用价值巨大；中、新生代煤系地层中的高岭土次之。晚古生代石炭二叠纪煤系地层煤系高岭土主要分布于华北地区范围内各聚煤盆地的煤系地层中，主要赋存于华北地区的阴山-燕山-长白山一线以南，秦岭-伏牛山-张八岭一线以北，贺兰山-六盘山一线以东，渤海-郯庐断裂带以西的广大地区，包括北京、天津、河北、山东、山西、河南的全部和内蒙古、陕西、宁夏和甘肃的部分地区。煤系高岭土是中国独具特色非金属矿产资源，现已探明的主要煤系高岭土矿区有内蒙古准格尔煤田，高岭土储量为57亿吨；平朔矿区煤系高岭土储量也超过13亿吨。这些矿床中的煤系高岭土中高岭石含量高达90%~100%，而有害元素铁、钛含量极低。另外，在华北地区煤炭生产和加工过程中排弃的煤矸石中，高岭石的含量也超过80%。我国因煤炭开采而排弃的煤矸石累计有50多亿吨，占地2.3万公顷，已经成为我国排放量最大的工业固体废弃物，其中约50%为极具开发利用价值的煤系高岭土。

华北地区的晚古生代煤系高岭土主要分布于晚石炭世的本溪组和太原组、二叠纪山西组、下石盒子组和上石盒子组，既有坚硬致密的高岭岩，也有疏松的软质和半软质的高岭土。根据与煤层的关系，可以划分为以下3种主要类型。

（1）煤层夹矸及顶底板型高岭岩：一般赋存于煤层的夹矸和顶底板，多为硬质高岭岩，局部也可以见到软质高岭土。夹矸高岭岩厚度较薄，一般几厘米至几十厘米，个别达到1m以上，横向分布较为稳定，可以作为等时对比标志层。顶底板煤系高岭岩厚度较大，一般几十厘米至几米，但是横向厚度变化较大。该类型的高岭岩颜色较深，呈黑灰色-黑色，致密块状，贝壳状断口或砂状断口。

（2）与煤层不相邻的高岭岩：此种高岭岩一般成为独立的矿层，与煤层有一定的距离。厚度较大，可以达到1m至几米以上。例如，山东层高岭岩和淮南层高岭岩、华北与层土矿共生的高岭岩或高岭土等。此种高岭岩卜的高岭石多为隐晶质，常发育为豆状或鲕状结构，颜色呈灰色-浅灰色，具有贝壳状断口。

（3）木节土型软质高岭土：在地表露头或地下浅处与风化煤伴生，为富含有机质的高可塑性软质黏土，颜色呈紫色、棕色、白色等，厚度从几厘米到几米不等。主要分布于我国唐山、准格尔、平朔、老石旦等地。

14.1.2 煤系高岭土的用途

14.1.2.1 煅烧煤系高岭土

煅烧高岭土就是将水洗高岭土或经除杂、微细粉碎后的硬质高岭岩，在一定温度条件下进行焙烧后所得的产品。由于煅烧高岭土具有优越的光散射能力和油墨吸收性能，用它做造纸涂料，可以替代价格昂贵的钛白粉，改善纸张的光泽度、平滑度、不透明度和原纸覆盖性。作为塑料、橡胶的填料时，比普通高岭石填料对塑料、橡胶的收缩性、阻燃性、吸湿性和强度等性能指标改善作用更大。在石油化工工业，它作为催化剂载体的原材料，具有特殊离子交换及吸附性。由于煅烧土具有许多优良的特性，使工业制品的质量得到了改进和提高，同时又降低了生产成本，提高了企业经济效益。

14.1.2.2 高岭土/橡胶基复合材料

炭黑作为目前最常用的橡胶补强填充剂，价格非常昂贵，使得橡胶制品生产成本居高不下。为了降低原料成本，将无机材料进行表面改性，作为替代炭黑橡胶的补强填充剂，已经成为当今世界上聚合材料研究的热点。煤系高岭土是由硅酸盐矿物和具有类似于炭黑的有机碳质物组成的复合体。以煤系高岭土为主要原料，通过拣选、除杂、水浸泡等初加工后，采用相对富集、超细粉碎后制备出超细高岭土粉体，再经表面改性处理后得到橡胶填充剂。将它代替通用的炭黑材料作为橡胶的补充填充剂，并进行了填充橡胶的应用性能研究。研究结果表明，粒度小于 $38\mu m$（400 目）的煤系高岭土添加剂用于天然橡胶后，对橡胶已有较好的补强作用，且主要性能指标类似于通用炭黑，可以部分等量替换炭黑。为了研究表面改性对煤系高岭土的影响，将填充改性后的和改性前的煤系高岭土进行了对比，发现胶料硫化时，活化作用改性后比改性前强很多，硫化性能指标与炭黑填充的天然橡胶基本相同。因此，在橡胶生产中，可以用替代炭黑，其替代量在 25%～30%之间。

14.1.2.3 煤系高岭土塑料复合材料

弹性体增韧一直被视为改善性能的最有效的途径，但是弹性体改性又会降低基体材料刚性和强度。在实际生产过程中，为了获得良好的增韧效果，生产企业经常通过加入大量的弹性体来实现此目的，而造成的后果是基体的刚性和强度性能指标难以得到保证。如果仅采用纳米无机粒子增韧，基体的强度和韧性能得到保证，但是增韧的幅度却非常有限。为了使弹性体的增韧和无机纳米粒子的增韧增强能够同时实现，生产聚丙烯弹性体无机纳米粒子的多相复合体系正逐渐成为塑料复合材料研究的新热点和趋势。

14.1.2.4 煤系高岭土环保材料

高岭土具有一定的比表面积和吸附性能，经改性处理后，内部孔道有所改善，可呈现出选择吸附性能，在废水处理、重金属吸附、燃煤处理、光催化等环境保护治理方面均有良好的应用前景。煤系高岭土改性后可以制备改性高岭土重金属吸附材料、磁化高岭土重金属吸附材料、改性高岭土磷吸附材料、改性高岭土印染废水处理材料、活化煤系高岭土生活污水处理材料、高岭土高温吸附剂、高岭土空气污染吸附材料、高岭土放射性元素吸附材料、高岭土光催化剂载体等。

14.1.2.5 煤系高岭土高值化利用

使用煤系高岭土制备铝盐、沸石分子筛、耐火材料等。如三聚磷酸钠由于容易造成水体富营养化而逐渐被限制使用，沸石分子筛由于具有较大的 Ca^{2+} 交换量，是其理想的替代品。传统的沸石分子筛用直接化学原料合成，成本居高不下；利用煤系高岭土合成分子筛，既可以降低生产成本，又能减少对环境的污染。莫来石为硅酸盐矿物，具有耐火度高、荷重软化度高、体积稳定性好、电绝缘性强等优异性能，现已被广泛应用于冶金、玻璃、陶瓷、化学、电力、国防、燃气和水泥等工业。煤系高岭土经过煅烧粉碎分级以后，可以生产各种粒级的莫来石产品，用于耐火材料和精密铸造行业。

14.1.2.6 高岭土制备氧化铝

从高岭土中提取化合物的方法可以大致分为酸法和碱法两类。酸法需要先将高岭土中的氧化铝转化为铝盐，进行分离提取如氯化铝、硫酸、铵明矾等中间产物，然后再将铝盐煅烧后制得需要的氧化铝产品。碱法即用碱性物质来提取高岭土中的氧化铝，常见的提取方法有石灰石烧结法和硫化物法。硫化物是用 NaS 选择性地溶解 Al_2O_3，并能够抑制 SiO_2 的溶解，但该法在进行碳酸化时会放出对人体有害的气体，对环境污染较严重。石灰石烧结法类似于铝矾土烧结法制 Al_2O_3，但煤系高岭岩含 SiO_2 高，直接进行烧结，需要消耗大量石灰石并增加燃料消耗，生产过程中还会产生大量的赤泥渣，容易引起二次污染。

14.2 煤系耐火黏土

14.2.1 煤系耐火黏土综述

我国的耐火黏土基本上产于煤系中，为沉积型矿床。煤系中的耐火黏土在时间和空间上与高岭土的分布规律基本一致，石炭-二叠纪煤系耐火黏土矿床占 84%，泥盆纪、石炭纪、二叠纪、三叠纪、侏罗纪、古近纪、新近纪等煤系约占 16%。

我国北方的煤系耐火黏土主要分布在晚古生代，是国内最主要的耐火黏土矿床，其矿体厚、矿层延伸稳定，往往呈层状、似层状产出，少数为透镜体。中生代含煤地层中煤系耐火黏土主要分布于东北、内蒙古、鄂尔多斯、新疆等地，多为湖泊沼泽相沉积，成层性多数较好，与古生代矿床相比，其水铝石含量较低，且多为半硬质及软质黏土矿，成矿规模也较小。古近纪含煤盆地以舒兰矿区为代表，在古近纪含煤地层的中上部赋存大型软质耐火黏土矿，为湖相沉积。

我国南方的煤系耐火黏土矿床分布不如北方广泛且集中，一般规模较小，多以中、小型矿床为主，矿层厚度变化大，岩相不够稳定，矿体多数呈透镜状、扁豆状及似层状。从石炭纪至古近纪含煤地层均有分布，比较重要的有：湖北二叠纪梁山组的硬质黏土矿床；

湖南石炭纪测水组、二叠纪梁山组、龙潭组中的硬质-软质耐火黏土矿床；四川省二叠纪及侏罗纪煤系中的硬质黏土及贵州石炭纪煤系中的硬质黏土等。此外，在广东北部石炭纪煤系、广西中部及西部二叠纪和古近纪煤系、江西三叠纪煤系、福建二叠纪及中生代含煤地层、云南石炭纪、二叠纪及三叠纪含煤地层中都有耐火黏土矿床分布。

14.2.2 煤系耐火黏土的用途

耐火黏土主要用于冶金工业，作为生产定型耐火材料和不定性耐火材料的原料，用量约占全部耐火材料的 70%；耐火黏土在建筑工业上用以制作水泥窑和玻璃熔窑用的高铝砖、磷酸盐高铝耐火砖、高铝质熔铸砖；耐火黏土在研磨工业有重要用途，高铝黏土经过在电弧炉中熔融，制造研磨材料，其中电熔刚玉磨料是目前应用最广泛的一种磨料，占全部磨料产品的 2/3；高铝黏土还可以用来生产各种铝化合物，如硫酸铝、氯化铝、硫酸钾铝等化工产品；在陶瓷工业中，硬质黏土和变硬质黏土可以作为制造日用陶瓷、建筑瓷和工业瓷的原材料。

14.3 煤系铝土矿

14.3.1 煤系铝土矿综述

煤系铝土矿根据开发利用途径可进一步分为两大类：（1）作为矿物原生状态的铝土矿；（2）煤炭燃烧后的富 Al_2O_3 粉煤灰，原生状态为高铝煤。

煤系原生铝土矿一般分布于含煤地层的中下部，属于沉积型铝土矿，常常与煤炭、耐火黏土、硫铁矿等共生。广西、河南、山西和贵州四省区的储量合计占全国总储量的 90% 左右。山西省的煤系原生铝土矿赋存于石炭系本溪组的中下部；河南省的煤系原生铝土矿属于华北陆块石炭纪沉积型铝（黏）土矿，为石炭纪本溪组的一套铁铝碎屑岩，集中分布在黄河以南、京广线以西的豫西 10 多个县境内。贵州的煤系原生铝土矿赋存于梁山组底部古岩溶风化面上的沉积岩层中，分布在"黔中隆起"南北两侧的十几个县境内。

高铝煤是我国重要的铝土矿后备资源，富铝煤燃烧后形成富含 Al_2O_3 的粉煤灰也是煤系铝土矿的一个重要来源。高铝煤主要集中在阴山山脉以南、太行山山脉以西的华北石炭-二叠纪含煤区，包含鄂尔多斯盆地、山西省、河北省等地区。内蒙古中西部、山西省北部的发电厂粉煤灰中发现的 Al_2O_3 含量高达 50% 左右，相当于我国中级品位铝土矿中氧化铝的含量；2012 年准格尔专题研究，仅准格尔煤田东部地区，概略估算煤灰中的 Al_2O_3 资源即可达到 31.5 亿吨❶，2014 年在内蒙古准格尔煤田样品测试分析发现煤灰中 Al_2O_3 含量一般在 40%~50%，最大值接近 70%。

14.3.2 煤系铝土矿的用途

铝土矿是炼铝的主要矿石来源，世界上 95% 的氧化铝是由铝土矿生产出来的，其用量占世界铝土矿产量的 90% 以上；其次用于做耐火材料、研磨材料（如制造人造刚玉、砂轮、砂纸、磨等）、化学制品及高铝水泥的原料等。另外，铝土矿还可以制造合成莫来石、

---

❶ 据中国煤系共伴生矿产资源调查报告，2013。

高铝耐火砖、浇铸耐火砖、整体砖等耐火材料；作为原料制造硫酸铝、氯化铝及铝酸盐等；特级铝土矿还可用于糖汁、润滑油的脱色、净化及药品制造等。

14.4 煤矸石综合利用技术

14.4.1 煤矸石综述

煤矸石是在成煤过程中与煤共同沉积的有机化合物和无机矿物质混合在一起的岩石，以炭质灰岩为主要成分，是在煤矿建设和煤炭采掘，洗选加工过程中产生的固体排弃物。

按来源及最终状态，煤矸石可分为掘进矸石、选煤矸石和自燃矸石三大类。根据每年的煤炭产量和洗精煤产量不同，中国煤矸石年排放量大约在 8 亿吨左右。截至 2019 年，全国煤矸石累计堆存量 60 亿吨，占地 20 多万亩，全国煤矸石山有 1900 多座，煤矸石不仅占用大量土地，影响自然景观，而且会造成大气、土壤、水体污染，是亟须治疗的重大污染源（见图 14-1）。煤矸石的环境影响主要表现在以下几个方面。

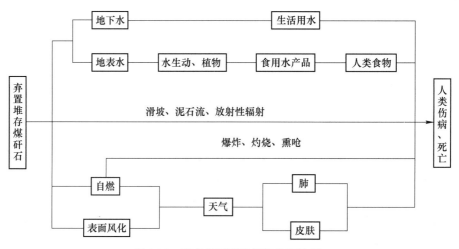

图 14-1 废弃煤矸石的污染危害途径

（1）侵占耕地。中国目前排放的煤矸石，累计占地已达 1.3 万公顷，而且还以每年 600 公顷左右的速度增长。这对于人均耕地不到 0.079 公顷的中国来说，所产生的影响是显而易见的。

（2）矸石山自燃。中国大约有三分之一的矸石山发生过自燃。全国目前尚有近 130 余座的矸石山由于其硫铁矿物和碳物质的存在而发生自燃。自燃的矸石山，每 $1cm^2$ 燃烧面积每天将向大气排放出 10.8kg 的 CO、26.5kg 的 SO_2、2kg 的 H_2S 和 2kg 的 NO_x。大量有害有毒气体的释放，给整个大气环境造成负面影响。由于降雨等作用污染水环境和土壤环境，从多方面造成了对人体健康、工农业生产的影响和破坏。

（3）风蚀扬尘。由于风化作用，矸石表面会风化成粉尘。由于风的作用，这些粉尘便可进入大气环境，对大气环境造成污染。

（4）淋溶水污染。煤矸石受降雨喷淋或长期处于浸渍状态，会发生一些化学反应，见式（14-1），反应产生的酸性物质以及矸石中其他有害成分如汞、酚、悬浮物、油质等，经过降水的冲刷和携带而进入水体、土壤，对水环境和土壤环境造成污染。

$$FeS_2 + 3\frac{3}{4}O_2 + 3\frac{1}{2}H_2O \longrightarrow 2H_2SO_4 + Fe(OH)_3\downarrow \tag{14-1}$$

（5）放射性污染。煤矸石一般不属于放射性废物，我国个别矿点的煤矸石中，含有一定比例的放射性元素，如镭-226，钍-232 和钾-40 等。

14.4.2 煤矸石的用途

煤矸石作为伴生煤炭开采的必然排放物，自古被人们看成"工业垃圾"。随着环境标准的日益严格，国内外不仅对矸石的治理越来越重视，还将矸石作为某种资源进行综合利用。综合利用煤矸石不仅可以消除污染，还可以为企业带来良好的经济、环境效益，变害为利、变废为宝，最大限度地发掘其经济价值。煤矸石的用途及综合利用技术如图 14-2 所示。

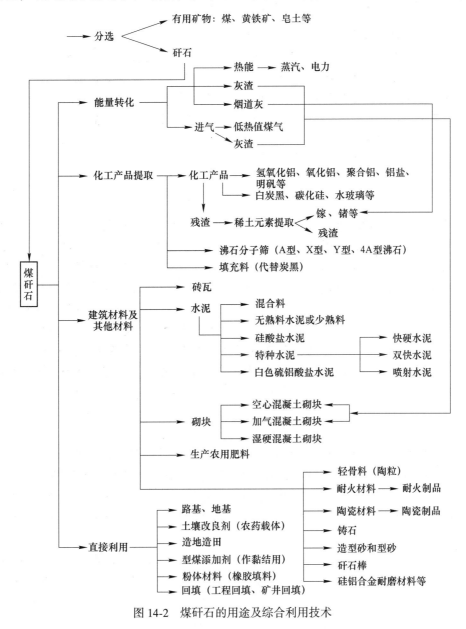

图 14-2　煤矸石的用途及综合利用技术

14.4.2.1 煤矸石的热值利用（能量转化）

根据矸石热值不同、煤中含碳量不同、矸石中矿物质含量不同，煤矸石可以有不同的用途。低位发热量在 6.27~12.54MJ/kg（1500~3000kcal/kg）、碳含量大于 20% 的煤矸石适宜于作为低热值锅炉燃料，采用循环流化床燃烧用于煤矸石发电。经过 30 多年的发展，全国煤矸石等低热值煤发电装机已达到约 3000 万千瓦，加上在建机组总装机规模约达 3500 万千瓦。矸石等低热值煤发电装机规模不断增长，为国家节能减排做出巨大贡献。虽然煤矸石发电装机在全国煤电总装机中占比不到 4%，但对煤矸石的消耗量占比约为 30%，年可燃用煤矸石、煤泥、中煤等低热值燃料 1.35 亿吨，相当于节约 4000 万吨标准煤。

14.4.2.2 煤矸石的再选和有价组分提取利用

煤矸石的矿物组成主要包括高岭土、长石、伊利石、方解石、水铝石、黄铁矿、蒙脱石、云母、绿泥石类以及少量的稀有金属矿物，其中高岭石含量高达 60% 以上。通过对其进行再选可进一步回收煤矸石固废中残留的有用矿物，是提高资源利用率、大量处理堆存尾矿的重要措施，如：通过浮选、重选等方法，得到铁矿石等有用矿物。通过物理、化学方法来提取或利用尾矿中的有用组分，如：使用盐酸浸取法得到结晶氯化铝、氯化铁，可用于生产氧化铝、氧化铁，而浸取后的残渣的主要成分为二氧化硅，可作生产橡胶的填充料以及生产水玻璃的原料。

14.4.2.3 煤矸石的建筑材料化利用

煤矸石由于硅、铝组分含量较高，可用于制备建材和装饰材料以及铝硅酸盐聚合凝胶材料等的基础原料，这也是煤矸石综合利用中最广泛的途径之一。在建材应用中，煤矸石可代替黏土作为原料，用于制备烧结砖；煤矸石还可以部分或全部替代黏土成分用于生产普通水泥，自燃或人工燃烧过的煤矸石具有一定活性，可作为水泥的活性混合材料生产普通硅酸盐水泥（掺量小于 20%）、火山灰质水泥（掺量 20%~50%）和少熟料水泥（掺量大于 50%），还可直接与石灰、石膏以适当的配比磨成无熟料水泥，可作为胶结料与沸腾炉渣做骨料或以石子、沸腾炉渣作粗细骨料制成混凝土砌块或混凝土空心砌块等建筑材料；煤矸石还可用于制备烧结轻质骨料，用于建造高层楼房；也可用于制备陶瓷或用于铺路等领域。

14.4.2.4 煤矸石井下充填和土地复垦

利用煤矸石生产的建材产品的附加值比较低，并不适合用于远距离运输，因此，大部分煤矸石都是就近消耗处理。其中，矿山采空区充填能使煤矸石不出矿井的情况就被使用，直接填充采空区，从而从源头杜绝煤矸石的排放，减少地表的下沉，降低发生地质灾害的风险，这是直接利用煤矸石最行之有效的一种途径，具有较高的技术优势、经济优势和环境优势。

矿山的复垦工作是指在煤矸石库上复垦或利用煤矸石在适宜地点覆土造田和种植农作物等，不仅能避免尾矿流失，污染江河，还能增加农业耕种面积，也可种草造林美化环境。

14.4.2.5　用煤矸石制造肥料

有的煤矸石有机质含量在 15% ~ 25%，甚至 25% 以上，并含有植物生长所必需的 B、Cu、Mo、Mn 等微量元素和较大的吸收容量，这种煤矸石适宜于生产肥料。利用煤矸石生产农用肥料，中国煤矸石肥料（煤矸石复合肥料和煤矸石微生物肥料）的研制试验和推广应用工作取得较大进展。煤科总院西安分院开发的全养分矸石肥料，是以煤矸石为主要原料，经粉碎后加入改性物质，经陈化后掺入适量氮、磷、钾和微量元素制成的一种有机-无机复合肥料。田间试验表明，西瓜、苹果等经济作物施用这种专用矸石肥料后，一般可增产 15% ~ 20%。辽宁南票矿务局与中国农科院合作开发生产的"金丰"牌微生物肥料，山东龙口和河南郑州等煤矿企业与北京田力宝科研所开发生产的"田力宝"微生物肥料，都取得了较好的经济效益和社会环境效益。

14.4.2.6　煤矸石的高值材料化利用

利用煤矸石固废生产高值工业新材料也是提高煤矸石附加值的一种有效途径，主要包括利用煤矸石制备白炭黑、分子筛、陶瓷、耐火材料等；利用煤矸石碳热还原方法制备 Al_2O_3-SiC 复相材料，将煤矸石与焦炭或炭黑等碳质材料进行混合并在高温下进行碳热还原反应即可原位合成得到 Al_2O_3-SiC 复相材料，类似的碳热还原方法还可以推广到其他低品位矿物的综合利用上，是一种大宗低品位矿石提高产品附加值的有效实现方法。

14.5　煤系其他矿产资源

14.5.1　煤系气

目前，煤层气和煤系致密砂岩气勘查开发已经成熟，煤系页岩气、煤系天然气水合物尚处在试验阶段。

煤层气资源主要分布于古生界石炭纪、二叠纪和中生界三叠纪、侏罗纪和白垩纪含煤地层中的煤层气资源量较为丰富，以中生界资源量最为丰富。煤层气资源量大于 10000 亿立方米的大型盆地共有 9 个，依次为鄂尔多斯、沁水、准噶尔、滇东黔西、二连、吐哈、塔里木、天山和海拉尔盆地（见图 14-3）。从煤的煤化度来看，低、中、高煤阶中的煤层气资源各占 30% 左右。高煤阶煤层气资源主要分布在华北中部山西省沁水盆地、滇东黔西和河南焦作等一带，其他地方也分散有少量因岩浆热变质作用而形成的高煤阶煤层气；中煤阶煤层气分布较为分散；低煤阶煤层气几乎都分布在中国西北和东北部地区，鄂尔多斯东北缘和云南新生代盆地也有少量分布。

煤系致密砂岩气盆地主要发育三套煤含煤地层，即石炭-二叠纪煤系（鄂尔多斯盆地、华北）、三叠纪须家河组煤系（四川盆地）和侏罗纪煤系（准噶尔、吐哈和塔里木盆地）。三者合计技术可采资源量 $(6.4 ~ 8.7) \times 10^{12} \, m^3$，约占全国陆上致密气资源总量的 78%。煤系炭质页岩在华北、华南地区和塔里木盆地广泛分布。四川盆地的上三叠纪须家河组和二叠纪、南方地区的上二叠纪龙潭组、渤海湾和鄂尔多斯盆地的石炭-二叠纪、西北地区的侏罗纪等海陆过渡相与陆相煤系页岩面积大、有机碳含量高、有机质类型以 Ⅲ 型干酪根为主、热演化程度适中，Ro 为 0.6% ~ 2.5%，处于生气阶段，部分处于生气高峰期。因

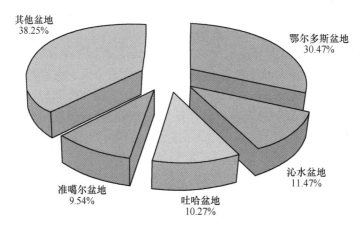

图 14-3　不同含煤盆地煤层气资源分布比例

此，煤系页岩气会成为中国页岩气勘探开发的重要领域。

14.5.2　煤系油页岩

我国油页岩形成地质年代范围较宽，从石炭纪、二叠纪、三叠纪、侏罗纪、白垩纪到古近纪都有产出。主要分布在松辽、鄂尔多斯、准噶尔等 3 个大型含煤盆地，涉及 22 个省（自治区）48 个含煤盆地。吉林、辽宁和广东等 3 省的油页岩资源量占全国的 85% 以上。煤与油页岩在盆地同时代地层中产出的地质现象从古生代到始新世均有发现，例如，依兰盆地内下段为煤与油页岩互层，上段则发育比较稳定的油页岩层。

14.5.3　煤系铁矿

北方煤系铁矿主要为山西式铁矿，又称为山西式"鸡窝状"铁矿，主要分布于河南、山西等地。河南煤系主要分布于豫西及豫西北地区；山西煤系铁矿遍及全省，尤以晋中、晋东南最为发育。南方煤系铁矿主要为綦江式铁矿，主要分布在四川綦江一带及贵州北部。

14.5.4　煤系硫铁矿

我国煤系硫铁矿主要赋存于北方的太原组和南方的龙潭组（乐平组）以及南方的下二叠纪、下石炭纪等地层的煤层中，以山东、贵州、四川和陕西四省资源量最多。

南方上二叠纪煤系底部普遍发育硫铁矿，常见厚度 1～2.5m，含硫量一般为 16%～20%，高者达 30%～40%；北方石炭-二叠纪煤田，在石炭纪和奥陶纪地层不整合面上也大范围发育有一层硫铁矿，矿层厚度一般为 0.9～2m，含硫量为 18%～21%，高者达 40% 左右。

煤系硫铁矿按地质时代分，以南方晚二叠纪资源量最多，其次为北方晚石炭纪，二者为我国煤系硫铁矿最重要的成矿期，其资源总量占各时代总量的 99%。据以往统计资料分析，我国煤系共伴生硫铁矿资源，以伴生资源为主，共生硫铁矿次之，两者的比例大致为 5∶1。

14.5.5 煤系铀矿

我国的煤系铀矿有砂岩型铀矿和煤岩型铀矿两大类。煤系中的铀矿与世界两大巨型铀成矿带密切相关。东西向欧亚巨型成矿带横贯我国整个北方地区，自西往东分布有伊宁盆地、吐哈盆地、柴达木盆地、鄂尔多斯盆地、二连盆地、开鲁盆地、辽东盆地等铀矿点。南北向滨太平洋巨型成矿带自北往南分布有内蒙古二连盆地，陕西神府-东胜矿区、铜川，四川大巴山、南桐矿区，贵州织金、晴隆矿区，云南砚山等地的铀矿点。煤岩型铀矿的勘查也取得较大成果，云南帮卖盆地煤中铀含量为 $71.50\mu g/g$，已查明属锗-铀-煤共生矿床类型；新疆伊犁盆地南缘 ZK0161 井中 12 号煤靠近顶板的部位的富铀煤煤中铀含量为 $767\mu g/g$。

14.5.6 煤中锂

煤中锂的富集状态既有无机结合态，也存在有机结合态。在内蒙古准格尔煤田的官板乌素、黑岱沟和哈尔乌素 3 个煤矿煤中的锂进行研究，发现 6 号煤中锂的加权平均含量在 3 个煤矿分别达到 $264\mu g/g$、$136\mu g/g$ 和 $126\mu g/g$，6 号煤层（包括夹矸）及顶底板中部分样品中 Li_2O 含量最高可达 0.549%，仅官板乌素煤矿锂的潜在资源量可达 1.321 万吨，折合 Li_2O 资源量约 2.829 万吨。目前中央地勘基金在准格尔开展的地质勘查项目中，煤中或煤层夹矸、顶底板岩层中 Li 含量超过 $100\mu g/g$。"山西平朔地区煤中锂镓资源调查评价"项目对山西平朔地区安太堡煤矿区的石炭-二叠系山西组、太原组 4、9、11 号煤层进行了较为系统的采样，发现煤中锂的平均含量分别为 $120.93\mu g/g$、$152.14\mu g/g$、$364.35\mu g/g$。依据测试数据估算，4、9 和 11 号煤中锂资源量为 90 万吨。

14.5.7 煤中镓

煤中镓高异常在全国各含煤地层中的分布较为普遍，在鄂尔多斯盆地周边、山西、河北、河南、山东等地，以及四川盆地周边、乌蒙山地区石炭-二叠纪煤中镓异常表现较为突出，是煤中伴生稀有金属元素分布最为广泛的一种。煤中镓富集成矿床规模的主要分布在鄂尔多斯盆地东侧准格尔煤田、陕西渭北煤田、山西省北部地区的各大煤田中。煤中镓的含量一般小于 $20\mu g/g$，平均为 $5\sim10\mu g/g$，少数煤中镓含量可达 $50\mu g/g$ 以上，特别是含 Al_2O_3 高的煤矸石中的镓含量更高，总体而言，我国石炭-二叠纪煤中镓含量最高，算数平均值可达 $17.19\mu g/g$，另一个明显的特征是煤中富铝，镓含量随之增高，充分显示了镓、铝的亲和性。

在大同 8404 孔 4 煤层与 8137 孔 6 煤层中，个别分层煤样镓含量达到 $82.6\mu g/g$ 和 $146.0\mu g/g$；寿阳勘探区 6 煤和 15 煤层局部分层原煤镓含量分别高达 $1500\mu g/g$（P64 孔）、$630\mu g/g$（P23 孔）和 $1410\mu g/g$（P23 孔）。山西省大同魏家沟勘查区 2 号煤层取样 3 件，煤中镓含量分别为 $30.6\mu g/g$、$45.4\mu g/g$ 和 $40.8\mu g/g$，镓金属资源量为 0.55 万吨；阳泉坪头勘查区 9 上煤层取样 3 件，煤中镓含量分别为 $30.1\mu g/g$、$34.7\mu g/g$ 和 $25.8\mu g/g$，镓金属资源量为 10.92 万吨；平朔朔南规划区 10 号煤层镓含量达 $31.75\mu g/g$，镓金属资源量为 7.79 万吨。

内蒙古准格尔煤田各煤层中镓的平均含量在 $18.8\sim26.0\mu g/g$，但分布很不均匀，尽管镓在黑岱沟煤矿主采煤层中富集成矿，但其他矿区煤中未达到成矿规模。平面上，主采煤层在准格尔煤田北部以及中部富集镓；垂直上，太原组底部煤层与山西组煤层中镓的含量较太原组中上部煤层中高；同一煤层中，靠近顶底板的煤分层中镓含量较中部分层中高。准格尔煤田6号煤层全层煤样中镓的平均含量为44.8μg/g。结合黑岱沟矿区6号煤层的保有储量，计算出煤中镓资源量为4.9057万吨，是世界上独特的与煤共伴生的超大型镓矿床。

14.5.8 煤中锗

我国在20世纪中期开展过煤中锗资源调查，相继发现了一系列含锗煤矿，但大多数煤中锗含量普遍偏低。近些年在云南省滇西地区，内蒙古锡林郭勒盟胜利煤田和呼伦贝尔市伊敏煤田相继发现了超大型含锗煤矿。

云南临沧超大型锗矿床产于临沧盆地新近系砂岩，锗矿体赋存于盆地西缘的褐煤中。现已发现锗资源有工业价值的矿区有帮卖（大寨和中寨）、腊东（白塔）矿区、芒回矿区、等嘎矿区，锗均匀分布在整个褐煤层。内蒙古锡林郭勒盟胜利煤田乌兰图嘎锗矿属煤层中的超大型锗矿床，锗金属资源量达1600t，约占中国锗储量的30%。乌兰图嘎煤-锗矿床在横向上矿层连续分布，层位也比较稳定，随煤层向西北方向略有倾斜，倾角一般5°左右，为近水平微倾斜矿层。矿层平均厚度9.88m，西北部厚、东南部薄，厚度变化较均匀，规律明显，形态简单。横向上，从盆地边缘向盆内方向，煤层由薄变厚，渐变规律明显，但是含锗的品位则由高变低，也具有明显的方向渐变性。

内蒙古伊敏煤田大磨拐河组各煤层多数有锗异常，主要分布在五牧场全区及伊敏南露天西南部边缘，其中以五牧场区发育最好，具工业价值的含锗煤层达5层以上。锗一般赋存在煤层及炭泥岩夹矸中，锗含量一般50~200μg/g，最高可达470μg/g。初步预计锗资源量超过4000t，成为继胜利煤田之后的又一特大型煤伴生锗矿田。

参 考 文 献

[1] 杜计平，孟宪锐. 采矿学 [M]. 徐州：中国矿业大学出版社，2009.

[2] 国家安全生产监督管理总局，等. 煤矿安全规程 [M]. 北京：煤炭工业出版社，2016.

[3] 郭奉贤. 采矿生产技术 [M]. 北京：煤炭工业出版社，2014.

[4] 谢和平，王金华，鞠杨，等. 煤炭革命的战略与方向 [M]. 北京：科学出版社，2018.

[5] 谢和平，刘见中，高明忠，等. 特殊地下空间的开发利用 [M]. 北京：科学出版社，2018.

[6] 王君利. 采煤概论 [M]. 北京：中国劳动社会保障出版社，2018.

[7] 王德明. 矿井通风与安全 [M]. 徐州：中国矿业大学出版社，2007.

[8] 谢俊文，等. 急-倾斜厚煤层高效综放长壁开采技术 [M]. 北京：煤炭工业出版社，2005.

[9] 赵耀江，等. 非煤矿山安全生产法规与安全生产技术 [M]. 北京：煤炭工业出版社，2004.

[10] 李白英，等. 开采损害与环境保护 [M]. 北京：煤炭工业出版社，2004.

[11] 钱鸣高，许家林，王家臣. 再论煤炭的科学开采 [J]. 煤炭学报，2018，43（1）：1-13.

[12] 钱鸣高，许家林. 科学采矿的理念与技术框架 [J]. 中国矿业大学学报（社会科学版），2011，13（3）：1-7.

[13] 王家臣，张锦旺. 综放开采顶煤放出规律的BBR研究 [J]. 煤炭学报，2015，40（3）：487-493.

[14] 钱鸣高. 煤炭的科学开采 [J]. 煤炭学报，2010，35（4）：529-534.

[15] 钱鸣高，缪协兴，许家林，等. 论科学采矿 [J]. 采矿与安全工程学报，2008（1）：1-10.

[16] 邓雪杰，张吉雄，黄鹏，等. 特厚煤层上向分层充填开采顶板移动特征分析 [J]. 煤炭学报，2015，40（5）：994-1000.

[17] 张吉雄，李猛，邓雪杰，等. 含水层下矸石充填提高开采上限方法与应用 [J]. 采矿与安全工程学报，2014，31（2）：220-225.

[18] 钱鸣高. 绿色开采的概念与技术体系 [J]. 煤炭科技，2003（4）：1-3.

[19] 钱鸣高. 中国能源与煤炭工业 [J]. 煤，2000（1）：1-5.

[20] 王家臣，吕华永，王兆会，等. 特厚煤层卸压综放开采技术原理的实验研究 [J]. 煤炭学报，2019，44（3）：906-914.

[21] 王家臣. 我国放顶煤开采的工程实践与理论进展 [J]. 煤炭学报，2018，43（1）：43-51.

[22] 朱拴成. 煤矿安全高效开采理论技术与实践 [M]. 徐州：中国矿业大学出版社，2010.

[23] 王家臣，宋正阳. 综放开采散体顶煤初始煤岩分界面特征及控制方法 [J]. 煤炭工程，2015，47（7）：1-4.

[24] 王家臣，张锦旺. 急倾斜厚煤层综放开采顶煤采出率分布规律研究 [J]. 煤炭科学技术，2015，43（12）：1-7.

[25] 王家臣，等. 采矿与安全科学技术研究论文集 [M]. 北京：煤炭工业出版社，2012.

[26] 王家臣. 厚煤层开采理论与技术 [M]. 北京：冶金工业出版社，2009.

[27] 杨胜利，赵斌，李良晖. 急倾斜煤层伪俯斜走向长壁工作面煤壁破坏机理 [J]. 煤炭学报，2019，44（2）：367-376.

[28] 郭忠平，王凯，陈建杰. 急倾斜极近距离煤层联合开采采煤方法研究 [J]. 煤炭科学技术，2017，45（1）：68-72.

[29] 王家臣，魏炜杰，张锦旺，等. 急倾斜厚煤层走向长壁综放开采支架稳定性分析 [J]. 煤炭学报，2017，42（11）：2783-2791.

[30] 屠洪盛，屠世浩，白庆升，等. 急倾斜煤层工作面区段煤柱失稳机理及合理尺寸 [J]. 中国矿业大学学报，2013，42（1）：6-11.

[31] 张吉雄，张强，巨峰，等. 深部煤炭资源采选充绿色化开采理论与技术 [J]. 煤炭学报，2018，43

（2）：377-389.

[32] 张吉雄，缪协兴，张强，等．"采选抽充采"集成型煤与瓦斯绿色共采技术研究 [J]．煤炭学报，2016，41（7）：1683-1693.

[33] 钱鸣高，缪协兴，许家林．资源与环境协调（绿色）开采及其技术体系 [J]．采矿与安全工程学报，2006（1）：1-5.

[34] 钱鸣高，许家林，缪协兴．煤矿绿色开采技术 [J]．中国矿业大学学报，2003（4）：5-10.

[35] 周跃进，陈勇，张吉雄，等．充填开采充实率控制原理及技术研究 [J]．采矿与安全工程学报，2012，29（3）：351-356.

[36] 张志华，白金锋，刘洋，等．煤炭气化过程数学模型构建的研究进展 [J]．煤炭科学技术，2019，47（11）：196-205.

[37] 王振飞，李琛光．神东矿区块煤工业气化试验研究 [J]．洁净煤技术，2018，24（S2）：52-55.

[38] 谌伦建，徐冰，叶云娜，等．煤炭地下气化过程中有机污染物的形成 [J]．中国矿业大学学报，2016，45（1）：150-156.

[39] 王国法，庞义辉，马英．特厚煤层大采高综放自动化开采技术与装备 [J]．煤炭工程，2018，50（1）：1-6.

[40] 康红普，林健，吴拥政．锚杆构件力学性能及匹配性 [J]．煤炭学报，2015，40（1）：11-23.

[41] 王国法，庞义辉，李明忠，等．超大采高工作面液压支架与围岩耦合作用关系 [J]．煤炭学报，2017，42（2）：518-526.

[42] 王国法，庞义辉，张传昌，等．超大采高智能化综采成套技术与装备研发及适应性研究 [J]．煤炭工程，2016，48（9）：6-10.

[43] 康红普，徐刚，王彪谋，等．我国煤炭开采与岩层控制技术发展 40 年及展望 [J]．采矿与岩层控制工程学报，2019，1（2）：7-39.

[44] 康红普，杨景贺．锚杆组合构件力学性能实验室试验及分析 [J]．煤矿开采，2016，21（3）：1-6.

[45] 王国法，庞义辉．特厚煤层大采高综采综放适应性评价和技术原理 [J]．煤炭学报，2018，43（1）：33-42.

[46] 康红普，王金华，林健．煤矿巷道支护技术的研究与应用 [J]．煤炭学报，2010，35（11）：6.

[47] 谢和平，鞠杨，高明忠，等．煤炭深部原位流态化开采的理论与技术体系 [J]．煤炭学报，2018，43（5）：1210-1219.

[48] 谢和平，高峰，鞠杨，等．深地煤炭资源流态化开采理论与技术构想 [J]．煤炭学报，2017，42（3）：547-556.

[49] 谢和平，周宏伟，薛东杰，等．我国煤与瓦斯共采：理论、技术与工程 [J]．煤炭学报，2014，39（8）：1391-1397.

[50] 袁亮．煤炭精准开采科学构想 [J]．煤炭学报，2017，42（1）：1-7.

[51] 周福宝，刘春，夏同强，等．煤矿瓦斯智能抽采理论与调控策略 [J]．煤炭学报，2019，44（8）：2377-2387.

[52] 周福宝，李建龙，李世航，等．综掘工作面干式过滤除尘技术实验研究及实践 [J]．煤炭学报，2017，42（3）：639-645.

[53] 周福宝，孙玉宁，李海鉴，等．煤层瓦斯抽采钻孔密封理论模型与工程技术研究 [J]．中国矿业大学学报，2016，45（3）：433-439.

[54] 魏连江，周福宝，梁伟，等．矿井通风网络特征参数关联性研究 [J]．煤炭学报，2016，41（7）：1728-1734.

[55] 张国枢．通风安全学 [M]．徐州：中国矿业大学出版社，2011.

[56] 张先尘，等．中国采煤学 [M]．北京：煤炭工业出版社，2003.

[57] 杜计平，等．煤矿特殊开采方法 [M]．北京：中国矿业大学出版社，2011.

[58] 许延春，等．沉陷控制与特殊开采 [M]．徐州：中国矿业大学出版社有限责任公司，2017.

[59] 张瑞新，毛善君，赵红泽，等．智慧露天矿山建设基本框架及体系设计 [J]．煤炭科学技术，2019，47 (10)：1-23.

[60] 孙健东，张瑞新，程鹏，等．我国露天煤矿拉斗铲倒堆工艺应用综述 [J]．煤炭工程，2019，51 (1)：28-34.

[61] 何富连，赵勇强，武精科．深井高瓦斯碎裂软岩底抽巷围岩控制技术 [J]．煤矿安全，2018，49 (9)：118-121.

[62] 何富连，施伟，武精科．预应力锚杆加长锚固应力分布规律分析 [J]．煤矿安全，2016，47 (1)：212-215.

[63] 何富连，吴焕凯，李通达，等．深井沿空掘巷围岩主应力差规律与支护技术 [J]．中国煤炭，2014，40 (3)：40-44.

[64] 师皓宇，马念杰，许海涛．基于能量理论的煤与瓦斯突出机理探讨 [J]．中国安全生产科学技术，2019，15 (1)：88-92.

[65] 马念杰，马骥，赵志强，等．X 型共轭剪切破裂-地震产生的力学机理及其演化规律 [J]．煤炭学报，2019，44 (6)：1647-1653.

[66] 赵志强，马念杰，郭晓菲，等．大变形回采巷道蝶叶型冒顶机理与控制 [J]．煤炭学报，2016，41 (12)：2932-2939.

[67] 中国煤炭工业劳动保护科学技术学会，等．煤矿与非煤矿山安全评价指导手册 [M]．徐州：中国矿业大学出版社，2006.

[68] 周英．采煤概论 [M]．北京：煤炭工业出版社，2015.

[69] 郭国语，等．矿井建设管理新模式的成功探索与实践 [M]．北京：煤炭工业出版社，2005.

[70] 何满潮，郭志飚．恒阻大变形锚杆力学特性及其工程应用 [J]．岩石力学与工程学报，2014，33 (7)：1297-1308.

[71] 邹涛，刘军，曾梅，等．煤热解技术进展及工业应用现状 [J]．煤化工，2017，45 (1)：40-44.

[72] 吉登高，张丽娟，高明峰，等．我国水煤浆制备与燃烧技术的发展 [J]．选煤技术，2004 (4)：15-17，91.

[73] 何国锋，詹隆，王燕芳．水煤浆技术发展与应用 [M]．北京：化学工业出版社，2012.

[74] 王越，白向飞．粉煤成型机理研究进展 [J]．洁净煤技术，2014，5 (3)：8-11.

[75] 王彦彦，盛金贵，霍志红，等．增压流化床燃煤联合循环技术特点及环保特性 [J]．电力科学与工程，2010，26 (6)：38-43.

[76] 徐明明．煤基多联产 TCCUC 新工艺关键技术研究 [D]．石家庄：河北科技大学，2016.

[77] 金涌，胡永琪，胡山鹰，等．煤炭热力学高效和化学高价值利用新工艺 [J]．化工学报，2014，65 (2)：381-389.

[78] 王乐意．双气头多联产示范工程启动 [N]．中国化工报，2009-8-13 (2).

[79] 葛玲娟．双气头多联产系统中主要化工单元过程工艺参数的优化 [D]．太原：太原理工大学，2008.

[80] 薛冰．双气头多联产系统的经济评估 [D]．太原：太原理工大学，2010.

[81] 伍泽广．煤系高岭土制备多品种氧化铝和硅质无机填料研究 [D]．北京：中国矿业大学（北京），2012.

[82] 孙升林，吴国强，曹代勇，等．煤系矿产资源及其发展趋势 [J]．中国煤炭地质，2014，26 (11)：1-11.

[83] 张翔，朱建荣．煤炭清洁加工利用：40 年"洗白记" [N]．中国煤炭报，2018.

[84] 夏灵勇，魏立勇，刘敏，等．稀缺炼焦煤中煤再选潜势研究 [J]．选煤技术，2019 (1)：18-23.

[85] 姜锋．高硫炼焦煤微波脱硫实验研究 [D]．淮南：安徽理工大学，2015.

[86] 亢旭．微波脱硫对炼焦煤煤质影响的研究 [D]．徐州：中国矿业大学，2015.

[87] 孙凤杰．基于中煤柱浮选过程的多流态强化机理与能量耗散规律研究 [D]．徐州：中国矿业大学，2017.

[88] 巩林盛，李琛光，陈林浩，等．中煤可再选性类型划分与再选原则工艺的选择 [J]．煤炭加工与综合利用，2017 (9)：8, 17-21.

[89] 王羽玲．太西无烟煤超纯制备工艺与装备研究 [D]．徐州：中国矿业大学，2009.

[90] 陈建军，钟世刚．低阶煤浮选工艺研究 [J]．洁净煤技术，2018, 24 (S2)：78-81.

[91] 李甜甜．伊泰低阶煤煤泥浮选试验研究 [D]．徐州：中国矿业大学，2014.

[92] 陈清如，刘炯天．中国洁净煤 [M]．徐州：中国矿业大学出版社，2009.

[93] 周安宁，黄定国．洁净煤技术 [M]．徐州：中国矿业大学出版社，2010.

[94] 徐振刚，曲思建．中国洁净煤技术 [M]．北京：煤炭工业出版社，2012.

[95] 卓建坤，陈超，姚强．洁净煤技术 [M]．北京：化学工业出版社，2016.

[96] 谢广元，张明旭，边炳鑫，等．选矿学 [M]．徐州：中国矿业大学出版社，2004.

[97] 黄波．界面分选技术 [M]．北京：冶金工业出版社，2012.

[98] 武文，莫若平，王志民．伊敏煤田锗资源赋存特征及地质工作建议力 [J]．内蒙古地质，2002, (3).

[99] 西安煤炭科学研究所地质室煤中伴生元素课题组．煤中锗的分布及其成因的初步探讨 [J]．煤田地质与勘探，1973 (1).

[100] 高颖，郭英海．河东煤田北部煤中镓的分布特征及赋存机理分析 [J]．能源技术与管理，2012, (1).

[101] 王文峰，秦勇，刘新花，等．内蒙古准格尔煤田煤中镓的分布赋存与富集成因 [J]．中国科学：地球科学，2011, (2).

[102] 刘钦甫，杨晓杰，张鹏飞，等．中国煤系高岭岩（土）资源成矿机理与开发利用 [J]．矿物学报，2002, 22 (4)：359-363.

[103] 李家毓，周兴龙，雷力．我国煤系高岭土的开发利用现状及发展趋势 [J]．云南冶金，2009, (1).

[104] 黄文辉，唐修义．中国煤中铀、钍和放射性核素 [J]．中国煤炭地质（中国煤田地质），2002, 14：55-63.

[105] 杨建业，狄永强，张卫国．伊犁盆地 ZK0161 井褐煤中铀及其他元素的地球化学研究 [J]．煤炭学报，2011, (6).

[106] 代世峰，任德贻，李生盛．内蒙古准格尔超大型镓矿床的发现 [J]．科学通报，2006, (2)：177-185.

[107] 代世峰，任德贻，李生盛．内蒙古准格尔黑岱沟主采煤层的煤相演替特征 [J]．中国科学（D辑：地球科学），2007.

[108] 秦勇，王文峰，程爱国．首批煤炭国家规划矿区煤中镓的成矿前景 [J]．中国煤炭地质，2009, 21 (1).

[109] 吴国代，王文峰，秦勇．准格尔煤中镓的分布特征和富集机理分析 [J]．煤炭科学技术，2009, (4).

[110] 张勇，秦身钧，杨晶晶，等．煤中镓的地球化学研究进展 [J]．地质科技情报，2014, (5).

[111] 邓明国，秦德先，雷振，等．滇西褐煤中锗富集规律及远景评价 [J]．昆明理工大学学报（理工版），2003, (1)：1-7.

[112] 敖卫华, 黄文辉, 马延英. 中国煤中锗资源特征及利用现状 [J]. 资源与产业, 2007, 10.

[113] 孔德顺. 煤系高岭土及其应用研究进展 [J]. 化工技术与开发, 2014, 43 (7): 39-41.

[114] 唐修义, 赵继尧. 微量元素在煤中的赋存状态 [J]. 中国煤炭地质 (中国煤田地质), 2002, (S1).

[115] 刘招君, 孟庆涛, 柳蓉. 中国陆相油页岩特征及成因类型 [J]. 古地理学报, 2009, (2).

[116] 赵平. 青海省柴北缘油页岩物性研究 [J]. 中国煤炭地质, 2011, (12).

[117] 刘池洋, 毛光周, 邱欣卫. 有机-无机能源矿产相互作用及其共存成藏 (矿) [J]. 自然杂志, 2013, (1).

[118] 李宝华. 煤田测井在砂岩型铀矿勘查选区中的应用 [J]. 中国煤炭地质, 2014, (9).

[119] 窦永昌, 岳海东. 与煤伴 (共) 生可燃有机矿产的开发利用 [J]. 矿产综合利用, 2007, (2).

[120] 曹代勇, 姚征, 李靖. 煤系非常规天然气评价研究现状与发展趋势 [J]. 煤炭科学技术, 2014, (1).

[121] 中华人民共和国自然资源部. 中国矿产资源报告 [M]. 北京: 地质出版社, 2019.

[122] 葛志臣. 探讨煤炭企业开展清洁能源高效利用技术的发展 [J]. 现代企业文化, 2018 (8): 227.

[123] 卢寿慈, 翁达. 界面分选原理及应用 [M]. 北京: 冶金工业出版社, 1992.

[124] 张双全. 煤化学 [M]. 徐州: 中国矿业大学出版社, 2004.

[125] 朱银惠. 煤化学 [M]. 北京: 化学工业出版社, 2005.

[126] 解京选, 武建军. 煤炭加工利用概论 [M]. 徐州: 中国矿业大学出版社, 2008.

[127] 谌伦建, 张传祥, 黄光许, 等. 工业型煤技术 [M]. 北京: 煤炭工业出版社, 2012.

[128] 梁大明, 孙仲超, 等. 煤基炭材料 [M]. 北京: 化学工业出版社, 2011.

[129] 刘炯天, 吴立新, 吕涛, 等. 煤炭提质技术与输配方案的战略研究 [M]. 北京: 科学出版社, 2017.

[130] 李芳芹, 等. 煤的燃烧与气化手册 [M]. 北京: 化学工业出版社, 1997.

[131] 毛健雄. 煤的清洁燃烧 [M]. 北京: 科学出版社, 2000.

[132] 阎维平. 洁净煤发电技术 [M]. 北京: 中国电力出版社, 2008.

[133] 章名耀. 洁净煤发电技术及工程应用 [M]. 北京: 化学工业出版社, 2010.

[134] 郝临山, 彭建喜. 洁净煤技术 [M]. 北京: 化学工业出版社, 2010.

[135] 张顺利, 丁力, 郭启海, 等. 煤热解工艺现状分析 [J]. 煤炭加工与综合利用, 2014 (8): 46-51.

[136] 刘思明. 低阶煤热解提质技术发展现状及趋势研究 [J]. 化学工业, 2013 (1): 7-13.

[137] 徐全清, 卢雁, 张香平, 等. 煤热解与制备高价值化学品的研究现状与趋势 [J]. 河南师范大学学报 (自然版), 2006, 34 (3): 78-82.

[138] 曲旋, 张荣, 毕继诚. 循环流化床燃烧/煤热解多联供技术研究现状 [J]. 科技创新与生产力, 2008 (2): 70-72.

[139] 么秋香, 樊英杰, 冉伟利, 等. 煤热解催化剂的研究现状及未来发展趋势 [J]. 煤化工, 2015 (1): 22-25.

[140] 史俊高, 安晓熙, 房有为. 我国低阶煤热解提质技术现状及研究进展 [J]. 中外能源, 2019 (4).

[141] 陈浩, 熊君霞, 何国锋. 我国水煤浆技术现状及发展趋势 [J]. 煤炭经济研究, 2019, 39 (6): 85-88.

[142] 刘常春. 燃用煤矸石分选提质研究 [J]. 煤炭工程, 2017, 49 (9): 97-100.

[143] 任尚锦, 孙鹤, 夏玉才, 等. 干法末煤跳汰机的研制及应用 [J]. 煤炭加工与综合利用, 2015 (11): 9-11.

[144] 任尚锦，孙鹤，夏玉才，等 . TFX-9 型干法末煤跳汰机的研发与应用 [J]. 煤炭加工与综合利用，2017（7）.

[145] 陈文茂 . 重介浅槽分选技术在洗煤厂中的研究与应用 [J]. 能源与节能，2018（1）：184-185.

[146] 朱书全，张明旭，赵跃民，等 . 低品质煤大规模提质利用的基础研究立项报告 [J]. 科技创新导报，2016（6）：164-165.

[147] 孔德文，晁世永，严雅明，等 . 低品质煤替代高品质煤炼焦研究 [J]. 煤化工，2015（2）：1-4.

[148] 包洪光 . 低品质煤（矸石）脱灰及综合应用探索研究 [D]. 长沙：中南大学，2014.

[149] 乔治忠，刘利波 . TDS 智能干选机在准能哈尔乌素选煤厂的应用研究 [J]. 选煤技术，2017（5）：41-43.

[150] 李慧 . TDS 智能干选机分选原理 [J]. 山东煤炭科技，2017（10）：111-113.

[151] 侯鹏辉 . 块煤 TDS 智能干选机在曙光煤矿选煤厂的应用 [J]. 煤炭加工与综合利用，2019（4）：39-41.

[152] 陈鹏 . 中国煤炭分类的完整体系（上）[J]. 中国煤炭，2000，26（9）：5-8.

[153] 陈鹏 . 中国煤炭分类的完整体系（下）[J]. 中国煤炭，2000，26（10）：7-11.

[154] 贾艳阳，曹亦俊 . 我国配煤技术的现状与发展趋势 [J]. 煤炭技术，2012（1）：18-19.

[155] 李文华，姜利 . 动力配煤技术的现状及发展 [J]. 中国煤炭，1997（7）：13-16，59.

[156] 陶秀祥，骆振福，杨毅 . 空气重介流化床选煤技术的现状与发展 [J]. 煤炭科学技术，1994（8）：19-23.

[157] 韦鲁滨，梁世红，魏汝晖，等 . 新型空气重介质流化床分选特性研究 [J]. 中国矿业大学学报，2011（5）：70-73.

[158] 韦鲁滨，陈清如，赵跃民 . 空气重介质流化床三产品的分选特性 [J]. 过程工程学报，1999（2）：140-143.